"十四五"职业教育河南省规划教材

食品添加剂应用技术

主　编　杨玉红　蔡太生
副主编　刘殿锋　刘英语　张　瑜
参　编　贾俊伟　刘婷婷　匡　燕　蒋明利

大连理工大学出版社

图书在版编目(CIP)数据

食品添加剂应用技术 / 杨玉红, 蔡太生主编. -- 大连: 大连理工大学出版社, 2024.8 (2025.6重印)
高等职业教育食品类课程系列规划教材
ISBN 978-7-5685-4338-5

Ⅰ. ①食… Ⅱ. ①杨… ②蔡… Ⅲ. ①食品添加剂－高等职业教育－教材 Ⅳ. ①TS202.3

中国国家版本馆CIP数据核字(2023)第068553号

大连理工大学出版社出版
地址:大连市软件园路80号 邮政编码:116023
营销中心:0411-84707410 84708842 邮购及零售:0411-84706041
E-mail: dutp@dutp.cn URL: https://www.dutp.cn
沈阳市永鑫彩印厂印刷 大连理工大学出版社发行

幅面尺寸:185mm×260mm   印张:15.5   字数:394千字
2024年8月第1版   2025年6月第2次印刷

责任编辑:李 红   责任校对:马 双
封面设计:张 莹

ISBN 978-7-5685-4338-5   定 价: 55.00元

本书如有印装质量问题,请与我社营销中心联系更换。

编审委员会

主　编　杨玉红（鹤壁职业技术学院）

　　　　　蔡太生（鹤壁职业技术学院）

副主编　刘殿锋（濮阳职业技术学院）

　　　　　刘英语（上海中侨职业技术大学）

　　　　　张　瑜（鹤壁职业技术学院）

参　编　贾俊伟（黄河水利职业技术学院）

　　　　　刘婷婷（广州工商学院）

　　　　　匡　燕（湖南化工职业技术学院）

　　　　　蒋明利（鹤壁金地食品配料有限公司）

主　审　汤高奇（河南农业职业学院）

前言

食品添加剂是食品生产中最具魅力的基础原料之一,是现代食品工业的支柱,掌握食品添加剂的基本知识及使用对今后指导食品生产至关重要,食品添加剂应用技术是食品类专业的一门重要的专业课。

本教材以习近平新时代中国特色社会主义思想为指导,全面推动习近平新时代中国特色社会主义思想进教材、进课堂、进头脑。"以企业岗位(群)任职要求、职业标准"作为教材主体内容,将"立德树人、课程思政"有机融入教材。根据《国家职业教育改革实施方案》促进产教融合校企"双元"育人、工学结合的要求,紧扣最新食品安全国家标准,校企"双元"合作,以食品添加剂在食品加工中的功能为主线,着重阐述"为什么要使用食品添加剂"、"使用什么食品添加剂"和"怎样使用食品添加剂"等问题,减少有关食品添加剂资料性内容的篇幅,强调食品添加剂的单项应用训练及在各类食品中的综合运用训练,以让学生学会使用各类食品添加剂为宗旨。以任务驱动的形式,将课程学习分成若干项目,注重从岗位工作实际需求组织编写教材内容。

教材主要特色与创新表现:(1)落实党的二十大精神,体现职业教育特色。以党的二十大"强化食品药品安全监管"为出发点,对接乡村振兴与绿色发展(食品农产品供给安全)现代产业行业,以职业教育国家教学标准为准则,将食品质量安全与高职实践育人理念有效结合,服务经济社会发展和国家发展战略。(2)产教融合,校企"双元"合作开发。编写团队由专业带头人、骨干教师、食品检测行业专家组成,团队成员具有较强的专业教学经验和专业实践能力。行业企业人员深度参与教材大纲制定、教材内容选取及课程资源建设。(3)岗课赛证融通,信息技术资源配套。融入粮农食品安全评价、食品合规管理"1+X"职业技能等级考核标准,对接全国职业院校技能大赛食品安全与质量检测赛项。配套课件、微课、动画、操作视频等数字资源,为学习者自主学习与教师课堂授课构建完善的辅助平台。(4)紧跟食品安全国家标准更新,培养德才兼备高素质人才。典型任务和技术标准随食品安全国家标准而更新,实验技术手段随科技发展而创新,安全防护和环境保护随国家标准而改进,课程思政巩固和壮大了奋进新时代的主流思想。

本教材依据最新国家标准和法规,突出实践和应用,主要内容包括食品添加剂基础知识、食品防腐剂的使用、调色类食品添加剂的使用、食品用香料的使用、调味类食品添加剂的使用、调质类食品添加剂的使用、食品抗氧化剂的使用、营养强化剂的使用、食品用酶制剂的使用、食品加工助剂的使用及各类食品中食品添加剂的综合选用等。

本教材可作为高等职业院校智能食品加工技术、食品质量与安全、食品检验检测技术、绿色食品加工与检验等相关食品专业教学用书,同时也可供食品企业、质量管理部门等专业技术人员参考。

本教材由杨玉红(鹤壁职业技术学院)、蔡太生(鹤壁职业技术学院)任主编并统稿,刘殿锋(濮阳职业技术学院)、刘英语(上海中侨职业技术大学)、张瑜(鹤壁职业技术学院)任副主编,贾俊伟(黄河水利职业技术学院)、刘婷婷(广州工商学院)、匡燕(湖南化工职业技术学院)、蒋明利(鹤壁金地食品配料有限公司)参与编写。具体编写分工如下:刘殿锋编写项目一及项目十一的知识点一,刘英语编写项目二、项目五,刘婷婷编写项目三、项目四,贾俊伟、张瑜编写项目六、项目七,杨玉红、匡燕编写项目八、项目九、项目十,蔡太生编写项目十一的知识点二、知识点三,蒋明利编写项目十一的知识点四。河南农业职业学院食品学院院长汤高奇教授对全书进行了审阅。

本教材在编写过程中,得到国内有关高等院校、企业专家的热情帮助和大连理工大学出版社的大力支持,在此谨致以诚挚的谢意。编写过程中,编者参考了许多国内同行的论著及部分网络资料,材料来源未能一一注明,在此向原作者表示诚挚的感谢。由于食品添加剂发展迅速,新品种、新技术、新成果不断涌现,与化学、生物学、微生物学、食品工艺学、营养学、化学工程学、毒理学等学科密切相关,尽管作者多次校对,但书中不当之处在所难免,恳请同仁和读者批评指正,以便进一步修改、完善。

编　者

2024年8月

所有意见和建议请发往:dutpgz@163.com

欢迎访问职教数字化服务平台:https://www.dutp.cn/sve/

联系电话:0411-84707492　84706671

目 录

项目一　食品添加剂基础知识 ··· 1

学习目标与要求 ··· 1

认知与解读 ·· 2

　　知识点一　认识食品添加剂 ··· 2

　　知识点二　食品添加剂的安全性使用 ·· 11

操作与体验 ··· 19

　　技能一　食品添加剂的分类 ·· 19

　　技能二　食品添加剂使用标准检索 ··· 20

拓展与提升 ··· 23

项目二　食品防腐剂的使用 ··· 25

学习目标与要求 ··· 25

认知与解读 ··· 26

　　知识点一　认识食品防腐剂 ·· 26

　　知识点二　食品防腐剂的使用方法 ··· 27

　　知识点三　常见的食品防腐剂 ··· 29

　　知识点四　食品加工用杀菌剂 ··· 37

操作与体验 ··· 38

　　技能一　食品防腐剂在液态食品中的使用及效果评价 ··················· 38

　　技能二　食品防腐剂在固态食品中的使用及效果评价 ··················· 39

　　技能三　食品防腐剂抑菌能力的测定 ·· 40

拓展与提升 ··· 41

项目三　调色类食品添加剂的使用 …… 43

学习目标与要求 …… 43
认知与解读 …… 44
　　知识点一　食品着色剂的使用 …… 44
　　知识点二　食品护色剂的使用 …… 64
　　知识点三　食品漂白剂的使用 …… 67
操作与体验 …… 71
　　技能一　食品色素的调色应用 …… 71
　　技能二　果蔬加工中护色剂的选用与效果体验 …… 73
　　技能三　漂白剂在粉丝类制品中的使用及效果评价 …… 74
拓展与提升 …… 75

项目四　食品用香料的使用 …… 78

学习目标与要求 …… 78
认知与解读 …… 79
　　知识点一　认识食品用香料 …… 79
　　知识点二　天然食品用香料的使用 …… 81
　　知识点三　合成食品用香料的使用 …… 84
　　知识点四　食品用香精的使用 …… 88
操作与体验 …… 95
　　技能一　食品用香精的调配 …… 95
　　技能二　食品用香精在饮料调香中的应用与效果体验 …… 96
拓展与提升 …… 98

目 录

项目五　调味类食品添加剂的使用 ·· 102

学习目标与要求 ·· 102
认知与解读 ·· 103
知识点一　甜味剂的使用 ·· 103
知识点二　酸度调节剂的使用 ··· 107
知识点三　增味剂的使用 ·· 111

操作与体验 ·· 116
技能一　常用甜味剂的性能比较 ··· 116
技能二　常用酸度调节剂的性能比较 ·· 117

拓展与提升 ·· 119

项目六　调质类食品添加剂的使用 ·· 121

学习目标与要求 ·· 121
认知与解读 ·· 122
知识点一　增稠剂的使用 ·· 122
知识点二　乳化剂的使用 ·· 125
知识点三　其他调质类食品添加剂 ·· 128

操作与体验 ·· 132
技能一　增稠剂在饮料制作中的应用及效果评价 ······························· 132
技能二　乳化剂在乳饮料制作中的应用及效果评价 ··························· 133
技能三　凝固剂在果冻制作中的应用及效果评价 ······························· 133
技能四　膨松剂在糕点制作中的应用及效果评价 ······························· 134

拓展与提升 ·· 135

项目七　食品抗氧化剂的使用······137

- 学习目标与要求······137
- 认知与解读······138
  - 知识点一　食品抗氧化剂的概念、分类及作用机理······138
  - 知识点二　食品抗氧化剂的正确使用方法······139
- 操作与体验······144
  - 技能一　油脂中抗氧化剂的选用与效果体验······144
  - 技能二　苹果汁中抗氧化剂的选用与效果体验······145
  - 技能三　几种食品抗氧化剂的性能试验······145
- 拓展与提升······146

项目八　营养强化剂的使用······149

- 学习目标与要求······149
- 认知与解读······150
  - 知识点一　认识营养强化剂······150
  - 知识点二　常用的营养强化剂及其在食品中的应用······152
- 操作与体验······162
  - 技能一　营养强化剂在运动饮料中的应用及效果评价······162
  - 技能二　营养强化剂在儿童饮料中的应用及效果评价······162
- 拓展与提升······163

项目九　食品用酶制剂的使用······166

- 学习目标与要求······166
- 认知与解读······167
  - 知识点一　认识食品用酶制剂······167

知识点二　常用食品用酶制剂及其在食品中的应用 …………………………… 168

　操作与体验 ……………………………………………………………………………… 170

　　技能一　果汁制作中果胶酶的选用与效果体验 ………………………………… 170

　　技能二　面包制作中复合酶的选用与效果体验 ………………………………… 171

　拓展与提升 ……………………………………………………………………………… 173

项目十　食品加工助剂的使用 …………………………………………………… 177

　学习目标与要求 ………………………………………………………………………… 177

　认知与解读 ……………………………………………………………………………… 178

　　知识点一　认识食品加工助剂 …………………………………………………… 178

　　知识点二　常用的食品加工助剂及其在食品中的应用 ………………………… 182

　操作与体验 ……………………………………………………………………………… 186

　　技能一　硅藻土在果汁澄清中的应用及效果评价 ……………………………… 186

　　技能二　被膜剂在水果表面的使用及效果评价 ………………………………… 187

　拓展与提升 ……………………………………………………………………………… 189

项目十一　各类食品中食品添加剂的综合选用 ……………………………… 191

　学习目标与要求 ………………………………………………………………………… 191

　认知与解读 ……………………………………………………………………………… 192

　　知识点一　粮油食品中食品添加剂的综合选用 ………………………………… 192

　　知识点二　果蔬类食品中食品添加剂的综合选用 ……………………………… 199

　　知识点三　肉制品中食品添加剂的综合选用 …………………………………… 206

　　知识点四　饮料类食品中食品添加剂的综合选用 ……………………………… 213

　操作与体验 ……………………………………………………………………………… 220

　　技能一　食品添加剂在月饼制作中的综合使用 ………………………………… 220

技能二　食品添加剂在番茄酱制作中的综合使用 …………………………………… 221

　　技能三　食品添加剂在香肠制作中的综合使用 …………………………………… 223

　　技能四　食品添加剂在橙汁饮料制作中的综合使用 ……………………………… 225

拓展与提升 …………………………………………………………………………………… 227

参考文献 ………………………………………………………………………………… **229**

食品添加剂应用技术微课列表

序　号	名　称	类　型	页　码
1	食品添加剂——成就与担当	文本	1
2	食品添加剂定义和分类	视频	2
3	食品添加剂的作用	视频	4
4	食品添加剂的安全性	视频	11
5	食品添加剂的使用要求	视频	13
6	防腐剂——创新守护安全	文本	25
7	引起食品变质的微生物因素	视频	26
8	食品防腐剂使用时的注意事项	视频	27
9	防腐剂的分类	视频	29
10	调色剂——创新点亮食品美学	文本	43
11	天然色素	视频	44
12	食品中的色素	视频	44
13	人工合成色素	视频	45
14	吡咯色素	视频	50
15	酚类色素	视频	54
16	护色剂	视频	64
17	常用护色剂及其助剂	视频	65
18	漂白剂	视频	67
19	香精香料——中国引领行业	文本	78
20	食品用香料	视频	79
21	食品用香精	视频	88
22	调味剂——平衡传统与现代	文本	102

续表

序号	名称	类型	页码
23	甜味剂	视频	103
24	酸度调节剂	视频	107
25	食品鲜味剂	视频	111
26	调质剂——创新提升品质	文本	121
27	凝固剂	视频	128
28	膨松剂	视频	129
29	抗氧化剂——科技守护健康	文本	137
30	抗氧化剂的定义及自由基	视频	138
31	抗氧化剂作用机理	视频	139
32	抗氧化剂的使用方法、选用原则和发展趋势	视频	139
33	抗氧化剂的分类及常用抗氧化剂	视频	141
34	营养强化剂——健康引领者	文本	149
35	营养强化剂的使用意义和特点	视频	150
36	氨基酸类强化剂	视频	152
37	维生素类强化剂	视频	153
38	酶制剂——传统与科技的融合	文本	166
39	矿物质类强化剂	视频	158
40	酶制剂的定义及发展历史	视频	167
41	助剂科学用　安全我守护	文本	178
42	被膜剂	视频	185
43	月饼——传承文化　彰显匠心	文本	196
44	酱卤匠心　传承文化	文本	206

项目一

食品添加剂基础知识

食品添加剂——
成就与担当

学习目标与要求

▶ 知识目标 ◀

1. 了解食品添加剂的毒理学评价方法和程序、《食品安全国家标准 食品添加剂使用标准》（GB 2760—2024）的组成内容以及我国相关食品添加剂的法律、法规和标准管理体系。

2. 知道食品添加剂的概念、种类及其在食品加工中的作用和使用意义。

3. 理解 LD_{50}、ADI 等具有代表性的安全性指标的含义及食品添加剂最大使用量的确定方法。

4. 掌握《食品安全国家标准 食品添加剂使用标准》（GB 2760—2024）检索方法和常用食品添加剂的选择与使用原则。

▶ 能力目标 ◀

1. 能够科学认识和客观评价食品添加剂的安全性和积极作用。

2. 能熟练查询 GB 2760—2024 中各种添加剂的使用范围、使用限量、残留限量。

3. 能精准计算和称量各种食品添加剂。

▶ 职业素养目标 ◀

1. 通过学习食品添加剂安全使用、相关标准及法律法规等方面基础知识，培养诚信意识和遵纪守法意识。

2. 通过正确认识食品添加剂使用的利与弊，树立辩证思维，以辩证性思维正确全面看待和处理问题。

3. 通过食品添加剂依法添加、按标准添加意识的培养，养成良好的职业道德和职业素养。

▶ 学习重点与难点 ◀

重点：食品添加剂的功能分类，我国现行的食品添加剂相关的法律、法规和标准管理体系。

难点：食品添加剂使用标准的检索方法，食品添加剂使用的毒理学依据。

认知与解读

知识点一　认识食品添加剂

随着食品工业的快速发展，食品添加剂已经成为食品工业技术进步和科技创新的重要推动力，是食品工业中的重要组成部分。有人甚至将食品添加剂誉为现代食品工业的灵魂，认为没有食品添加剂就没有现代食品工业。我国目前批准使用的食品添加剂有2 300多种，按功能划分为防腐剂、膨松剂、香料、着色剂、甜味剂等。

一、食品添加剂的定义、分类及作用

(一)食品添加剂的定义

食品添加剂是一种能够改善食品本身的色、香、味，提高食品的品质，延缓食品变质的天然或者人工合成的物质。

全世界对食品添加剂的定义大致相同，但略有差异。我国《食品安全国家标准　食品添加剂使用标准》(GB 2760—2024)对食品添加剂的定义为：为改善食品品质和色、香、味，以及为防腐、保鲜和加工工艺的需要而加入食品中的人工合成或者天然物质。食品用香料、胶基糖果中基础剂物质、食品工业用加工助剂、营养强化剂也包括在内。《中华人民共和国食品安全法》(2021修正)规定：食品添加剂是指"为改善食品品质和色、香、味以及为防腐、保鲜和加工工艺的需要而加入食品中的人工合成或者天然物质，包括营养强化剂"。因此，在我国营养强化剂也属于食品添加剂。

联合国粮农组织/世界卫生组织(FAO/WHO)、国际食品法典委员会(CAC)对食品添加剂的定义为：食品添加剂是指有意识地一般以少量添加于食品，以改善食品的外观、风味和组织结构或贮存性质的非营养物质。按照这一定义，以增强食品营养成分为目的的营养强化剂不应该被包括在食品添加剂范围内。

在欧盟，食品添加剂是指在食品的生产、加工、制备、处理、包装、运输或贮存过程中，由于技术性目的而人为添加到食品中的任何物质。这些添加物本身无论是否具有营养价值，通常并不作为某种食品来消费，而且也不作为典型的食品成分来使用。

在美国，食品添加剂是指有意使用的，导致或者期望导致它们直接或者间接地成为食品成分或影响食品特征的物质。在食品包装或者食品容器生产过程中使用的物质，如果能直接或者间接地成为(被包装的或者容器中的)食品成分或者影响食品特征，就符合食品添加剂的定义。

在日本，食品添加剂是指在食品制造过程中为了保存食品而加入食品，使之混合、浸润及其他目的所使用的物质。

虽然不同的国家对食品添加剂的定义存在一定差异，但是基本属性和定义相同，即食品添加剂是一种天然或者人工合成的物质，添加食品添加剂的目的是改善食品的色、香、味，同时，一些食品添加了有防腐或者保鲜效果的食品添加剂，在一定程度上有效地防止了食品因为微生物快速繁殖而变质,获得更长的食品保质期,为不同区域的食品流通提供了有利条件。

(二)食品添加剂的分类

食品添加剂有多种分类方法,可按其来源、功能和用途、安全性评价等不同来分类。

1. 按来源不同划分

按来源不同,食品添加剂可分为天然食品添加剂和人工合成食品添加剂两类。天然食品添加剂是指以动植物或微生物的代谢产物等为原料,经提取所获得的天然物质。人工合成食品添加剂则是利用各种化学合成的方法所得到的物质,其中又可分为一般化学合成品与人工合成天然等同物,如苋菜红、胭脂红是一般化学合成品;而β-胡萝卜素、叶绿素铜钠就是通过化学方法得到的天然等同色素。

2. 按功能和用途不同划分

由于各国对食品添加剂的定义不同,因而分类也有所不同。我国在《食品安全国家标准 食品添加剂使用标准》(GB 2760—2024)中,将目前所允许使用的食品添加剂按功能和用途不同分成了23类,具体见表1-1。

表1-1　　　　　　　　食品添加剂功能和用途类别

序号	类别	功能和用途
1	酸度调节剂	用以维持或改变食品酸碱度的物质
2	抗结剂	用于防止颗粒或粉状食品聚集结块,保持其松散或自由流动的物质
3	消泡剂	在食品加工过程中降低表面张力,消除泡沫的物质
4	抗氧化剂	能防止或延缓油脂或食品成分氧化分解、变质,提高食品稳定性的物质
5	漂白剂	能够破坏、抑制食品的发色因素,使其褪色或使食品免于褐变的物质
6	膨松剂	在食品加工过程中加入的,能使产品发起形成致密多孔组织,从而使制品膨松、柔软或酥脆的物质
7	胶基糖果中基础剂物质	赋予胶基糖果起泡、增塑、耐咀嚼等作用的物质
8	着色剂	赋予和改善食品色泽的物质
9	护色剂	能与肉及肉制品中呈色物质作用,使之在食品加工、保藏等过程中不致分解、破坏,呈现良好色泽的物质
10	乳化剂	能改善乳化体中各种构成相之间的表面张力,形成均匀分散体或乳化体的物质
11	酶制剂	由动物或植物的可食或非可食部分直接提取,或由传统或通过基因修饰的微生物(包括但不限于细菌、放线菌、真菌菌种)发酵、提取制得,用于食品加工,具有特殊催化功能的生物制品
12	增味剂	补充或增强食品原有风味的物质
13	面粉处理剂	促进面粉的熟化和提高制品质量的物质
14	被膜剂	涂抹于食品外表,起保质、保鲜、上光、防止水分蒸发等作用的物质
15	水分保持剂	有助于保持食品中水分而加入的物质

续表

序号	类别	功能和用途
16	营养强化剂	其定义符合《食品安全国家标准 食品营养强化剂使用标准》(GB 14880—2012)中的规定
17	防腐剂	防止食品腐败变质、延长食品贮存期的物质
18	稳定剂和凝固剂	使食品结构稳定或使食品组织结构不变,增强黏性固形物的物质
19	甜味剂	赋予食品甜味的物质
20	增稠剂	可以提高食品的黏稠度或形成凝胶,从而改变食品的物理性状,赋予食品黏润、适宜的口感,并兼有乳化、稳定或使呈悬浮状态作用的物质
21	食品用香料	能够用于调配食品用香精,并使食品增香的物质
22	食品工业用加工助剂	有助于食品加工顺利进行的各种物质,与食品本身无关,如助滤、澄清、吸附、脱模、脱色、脱皮、提取溶剂等
23	其他	上述功能类别中不能涵盖的其他功能

注:每个添加剂在食品中常常具有一种或多种功能。本表仅列出该食品添加剂常用的功能。

在食品添加剂的各种分类方法中,按功能和用途分类的方法是最具有实用价值的,因为这种方法便于按食品加工的要求快速地查找出所需要的添加剂。

3. 按安全性评价不同划分

国际食品添加剂法典委员会(CCFA)在联合国粮农组织和世界卫生组织食品添加剂专家联合委员会(JECFA)讨论的基础上将食品添加剂分为A、B、C三类,每类再细分为两类。

A类是JECFA已制定人体每日允许摄入量(ADI)和暂定ADI者,其中:

A(1)类:经JECFA评价认为毒理学资料清楚,已制定出ADI或者认为毒性有限的无须规定ADI者。

A(2)类:JECFA已制定暂定ADI,但毒理学资料不够完善,暂时许可用于食品者。

B类是JECFA曾进行过安全性评价,但未建立ADI,或者未进行过安全性评价者,其中:

B(1)类:JECFA曾进行过安全性评价,因毒理学资料不足,未制定ADI者。

B(2)类:JECFA未进行过安全性评价者。

C类是JECFA认为在食品中使用不安全或应该严格限制作为某些食品的特殊用途者,其中:

C(1)类:JECFA根据毒理学资料认为在食品中使用不安全者。

C(2)类:JECFA认为应严格限制在某些食品中做特殊应用者。

随着毒理学及分析技术的发展,某些食品添加剂的安全性评价有可能发生变化,因此其所在的安全性评价类别也会随之发生变化。例如糖精,原属A(1)类,后因报告可使大鼠致癌,经JECFA评价,暂定ADI 0~2.5 mg/kg(bw),归为A(2)类。直到1993年再次对其评价时,认为对人类无生理危险,制定ADI 0~5 mg/kg(bw),又转为A(1)类。因此,关于食品添加剂安全性评价分类的情况,应随时关注新的变化。

(三)食品添加剂的作用

食品添加剂是食品工业的重要组成部分,在当今食品生产中是不可或缺的物

食品添加剂的作用

质成分,没有食品添加剂就没有现代食品工业。食品添加剂对于提升食品的成色品质,改善食品的色、香、味,延长食品的保藏期限等都起到非常重要的作用。

食品添加剂的主要作用可归纳为以下几个方面:

1. 有利于延长食品的保质期,防止食品腐败变质

食品从生产到食用会经过很长一段时间,在这个过程中为防止食品变质,就可能使用到食品添加剂。食品添加剂中的防腐剂可以防止微生物导致的食品腐烂变质,达到延长保质期的作用。抗氧化剂可以防止或延长食品成分氧化变质,这两种食品添加剂的应用可有效保持食品在保质期内的质量,提高食品稳定性和耐藏性。

我国许多原来受地域所控制的消费食品,如鲜鱼、鲜奶、鲜肉,现在可以千里迢迢地走遍全中国、全世界。如果没有防腐保鲜剂和其他食品添加剂,这几乎是不可能实现的。

2. 有利于改善食品的感官性状

食品的色、香、味、形、质构等都是衡量食品质量的重要指标,随着人们生活水平的提高,目前人们对于食品的色、香、味等都有了较高的要求。但在食品加工中,往往会发生变色、褪色等现象,质地和风味也可能会有所改变,给销售带来一定的影响。如果在食品加工过程中,适当使用着色剂、护色剂、漂白剂、食品用香料以及乳化剂、增稠剂等添加剂,可显著提高食品的感官质量。

3. 保持和提高食品的营养价值

目前,社会中存在一个普遍的认知误区:所有的食品添加剂都对人体有害。其实,许多食品添加剂都能够增加食品的营养价值,食用后会参与人体的新陈代谢。例如,抗坏血酸被广泛应用于肉制品加工中,其本身就是一种维生素C,可以对肉质起到保护作用。在食品加工时,适当地添加某些属于天然营养素范围的营养强化剂、品质改良剂,可大大提高食品的营养价值,这对防止营养不良和营养缺乏、促进营养平衡、提高人们的健康水平具有重要意义。另外,防腐剂和抗氧化剂在防止食品腐败变质的同时,对保持食品的营养价值也有一定的作用。

4. 增加食品的品种和方便性

当今社会,随着生活节奏的日益加快,人们为了节约大量的社会劳动时间要求一些食品能够使用方便,这就大大促进了食品品种的开发和方便食品的发展。今天,不少超级市场已拥有多达万种以上的食品可供消费者选择。尽管这些食品的生产大多通过一定的包装和不同加工方法地处理,但它们大都依赖于防腐、抗氧、乳化、增稠,以及不同的着色、增香、调味乃至其他各种食品添加剂配合使用的结果。正是这些工业化食品、食品半成品、方便食品等的发展,才给生活和工作节奏日益加快的人们带来极大的方便。

5. 有利于食品的加工操作

在食品的加工中使用消泡剂、助滤剂、稳定和凝固剂等食品添加剂,往往有利于食品的加工。例如:当使用葡萄糖酸-δ-内酯作为豆腐凝固剂时,有利于豆腐生产的机械化和自动化;在面包的加工中,膨松剂是必不可少的基料;在制糖工业中添加乳化剂,可缩短糖膏煮炼时间,消除泡沫,提高过饱和溶液的稳定性,使晶粒分散、均匀,降低糖膏黏度,提高热交换系数,稳定糖膏,进而提高糖果的产量与质量。在食品加工过程中,如果不使用食品添加剂,可能会导致操作比较困难，无法达到预期的食品效果。总之，食品添加剂的使用，有利于食品的加工操作，对于改进食品工业生产工艺和技术、开发工业化传统食品具有十分重要的作用。

6. 满足其他特殊需要

社会上存在着不同的人群，除按年龄分为婴儿、儿童、青年、老年等外，尚有不同职业岗位、不同类常见病多发病人。通过借助各种食品添加剂，可以开发出满足不同人群需要的各类食品。例如，糖尿病人不能吃蔗糖，可用甜味剂如三氯蔗糖、天门冬酰苯丙氨酸甲酯、甜叶菊糖等来代替蔗糖用于加工食品；对于缺碘人群供给碘强化食盐，可防止因缺碘而引起的甲状腺肿大；二十二碳六烯酸（DHA）是组成脑细胞的重要营养物质，对儿童智力发育有重要作用，可在儿童食品如奶粉中添加，以促进儿童健康成长。

二 食品添加剂使用标准及检索

《食品安全国家标准　食品添加剂使用标准》(GB 2760—2024)是食品添加剂的通用标准，正确理解和使用本标准，对食品生产企业及餐饮行业、食品监管机构和检测机构来说都尤为重要。《食品安全国家标准　食品添加剂使用标准》(GB 2760—2024)列入的食品添加剂种类有23类，数量共2 300多种，附录A列出278种（类）；附录B列出允许使用的食品用天然香料388种，合成香料1 504种；附录C列出可在各类食品加工过程中使用，残留量不需要限定的加工助剂37种，需要规定功能和使用范围的加工助剂80种，食品用酶制剂列出66种。

（一）《食品安全国家标准　食品添加剂使用标准》(GB 2760—2024)的内容组成

《食品安全国家标准　食品添加剂使用标准》(GB 2760—2024)包括前言、正文和附录三部分。第一部分前言中，主要阐述本标准与2011年版本相比的主要变化。第二部分正文包括七个方面的内容：①范围；②术语和定义；③食品添加剂的使用原则；④食品分类系统；⑤食品添加剂的使用规定；⑥食品用香料；⑦食品工业用加工助剂。第三部分附录共包括六个，涵盖本标准正文部分规定的具体内容。附录A~F及其中的附表见表1-2。

表1-2　《食品安全国家标准　食品添加剂使用标准》(GB 2760—2024)的附录内容组成及其附表

序号	组成	主要内容及其附表
1	附录A	食品添加剂的使用规定
		表A.1 食品添加剂的允许使用品种、使用范围以及最大使用量或残留量
		表A.2 表A.1中例外食品编号对应的食品类别
2	附录B	食品用香料使用规定
		表B.1 不得添加食品用香料、香精的食品名单
		表B.2 允许使用的食品用天然香料名单
		表B.3 允许使用的食品用合成香料名单
3	附录C	食品工业用加工助剂使用规定
		表C.1 可在各类食品加工过程中使用，残留量不需限定的加工助剂名单（不含酶制剂）
		表C.2 需要规定功能和使用范围的加工助剂名单（不含酶制剂）
		表C.3 食品用酶制剂及其来源名单

续表

序号	组成	主要内容及其附表
4	附录D	食品添加剂功能类别
5	附录E	食品分类系统
		表E.1 食品分类系统
6	附录F	附录A中食品添加剂使用规定索引

(二)《食品安全国家标准 食品添加剂使用标准》(GB 2760—2024)各附录使用

1. 附录A 食品添加剂使用规定

表A.1规定了食品添加剂的允许使用品种、使用范围以及最大使用量或残留量。

表A.2规定了表A.1中例外食品编号对应的食品类别。

表A.1列出的食品添加剂按照规定的使用范围和最大使用量使用。如允许某一食品添加剂应用于某一食品类别时,则允许其应用于该类别下的所有类别食品,另有规定的除外。下级食品类别中与上级食品类别中对于同一食品添加剂的最大使用量规定不一致的,应遵守下级食品类别的规定。

表A.1列出的同一功能且具有数值型最大使用量的食品添加剂(仅限相同色泽着色剂、防腐剂、抗氧化剂)在混合使用时,各自用量占其最大使用量的比例之和不应超过1。

表A.1未包括对食品用香料和用作食品工业用加工助剂的食品添加剂的有关规定。

上述各表中的"功能"栏为该食品添加剂的主要功能,供使用时参考。

2. 附录B 食品用香料使用规定

(1)食品用香料、香精的使用原则。

在食品中,使用食品用香料、香精的目的是使食品产生、改变或提高食品的风味。食品用香料一般配制成食品用香精后用于食品加香,部分也可以直接用于食品加香。食品用香料、香精不包括只产生甜味、酸味或咸味的物质,也不包括增味剂。

食品用香料、香精在各类食品中按生产需要适量使用,表B.1中所列食品没有加香的必要,不得添加食品用香料、香精,法律、法规或国家食品安全标准另有明确规定者除外。除表B.1所列食品外,其他食品是否可以加香应按相关食品产品标准规定执行。

用于配制食品用香精的食品用香料品种应符合本标准的规定。用物理方法、酶法或微生物法(所用酶制剂应符合本标准的有关规定)从食品(可以是未加工过的,也可以是经过了适合人类消费的传统食品制备工艺加工过程的)中制得的具有香味特性的物质或天然香味复合物可用于配制食品用香精。

注:天然香味复合物是一类含有食用香味物质的制剂。

具有其他食品添加剂功能或其他食品用途的食品用香料,应配制成食品用香精用于食品加香,在食品中发挥其他食品添加剂功能时,应符合本标准相应规定,发挥其他用途时应符合相应标准的规定。如:苯甲酸、肉桂醛、瓜拉纳提取物、双乙酸钠(又名二醋酸钠)、琥珀酸二钠、磷酸三钙、氨基酸类等。

食品用香精可以含有对其生产、贮存和应用等所必需的食品用香精辅料(包括食品添加剂和食品)。食品用香精辅料应符合以下要求：

食品用香精中允许使用的辅料应符合《食品安全国家标准 食品用香精》(GB 30616—2020)的规定。在达到预期目的前提下尽可能减少使用品种。

作为辅料添加到食品用香精中的食品添加剂不应在最终食品中发挥功能作用,在达到预期目的前提下尽可能降低在食品中的使用量。

食品用香料、食品用香精的标签应符合《食品安全国家标准 食品添加剂标识通则》(GB 29924—2013)的规定。

凡添加了食品用香料、食品用香精的预包装食品应按照《食品安全国家标准 预包装食品标签通则》(GB 7718—2007)进行标示。

食品用香料质量规格应符合《食品安全国家标准 食品用香料通则》(GB 29938—2020)及相关香料产品标准的规定。

(2)食品用香料名单。

食品用香料包括天然香料和合成香料两种。

允许使用的食品用天然香料名单见表 B.2。

允许使用的食品用合成香料名单见表 B.3。

3. 附录C 食品工业用加工助剂使用规定

(1)食品工业用加工助剂(以下简称"加工助剂")的使用原则。

加工助剂应在食品生产加工过程中使用,使用时应具有工艺必要性,在达到预期目的前提下应尽可能降低使用量。

加工助剂一般应在制成最终成品之前除去,无法完全除去的,应尽可能降低其残留量,其残留量不应对健康产生危害,不应在最终食品中发挥功能作用。

加工助剂应该符合相应的质量规格要求。

(2)食品工业用加工助剂的使用规定。

表 C.1 以加工助剂名称汉语拼音排序规定了可在各类食品加工过程中使用,残留量不需限定的加工助剂名单(不含酶制剂)。

表 C.2 以加工助剂名称汉语拼音排序规定了需要规定功能和使用范围的加工助剂名单(不含酶制剂)。

表 C.3 以酶制剂名称汉语拼音排序规定了食品加工中允许使用的酶。各种酶的来源和供体应符合表中的规定。

4. 附录D 食品添加剂功能类别

附录D将目前所允许使用的食品添加剂按功能用途不同分成了23类,具体见前述的表1-1。

5. 附录E 食品分类系统

该食品分类系统用于界定食品添加剂的使用范围,只适用于本标准,不是法定产品归类,也不得用于产品标签,即本标准的分类系统不适用于其他标准如《食品安全国家标准 食品中污染限量》(GB 2762—2022)、《食品安全国家标准 食品中农药最大残留限量》(GB 2763—2019)等标准。

该食品分类系统将食品共分为 16 大类,大类编号顺序与 CAC 基本一致。按类别依次为大类、亚类、次亚类、小类、次小类,同级食品代码位数相同。每类由 3~10 位数字组成,一般不超过 4 级,个别食品级别分到 5 级,各级之间以"."分割。

使用该分类系统需注意以下几点:

①食品分类采用分级系统,如允许某一食品添加剂应用于一个总的类别时,则允许其应用于总类下的所有亚类(另有规定的除外)。反之,下级食品允许使用的食品添加剂不能被认为可应用于其上级食品。因此,在查找一个食品类别中允许使用的食品添加剂时,需要特别注意食品类别的上下级关系。

②每一类食品类别规定了相应的允许使用的食品添加剂及其使用量。

③食品分类系统适用于所有食品,包括不允许使用添加剂的食品。

6. 附录 F 附录 A 中食品添加剂使用规定索引

附录 F 是按食品添加剂名称汉语拼音顺序排列的附录 A 中食品添加剂使用规定索引。

(三)食品添加剂使用标准检索方法

检索《食品安全国家标准 食品添加剂使用标准》(GB 2760—2024)前,先在计算机上下载一个该标准的 PDF 格式文件,然后用 Microsoft Edge 或 Adobe Reader 等软件打开。检索时,按"Ctrl+F"快捷键就会弹出一个搜索对话框,检索者根据需要可以通过以下三种方法检索:(1)按食品添加剂名称进行检索;(2)按食品添加剂功能类别进行检索;(3)按食品类别进行检索。

值得注意的是,查询食品添加剂的使用范围和最大使用量时,不但要检索《食品安全国家标准 食品添加剂使用标准》(GB 2760—2024),同时也要检索国家卫健委等部门自 GB 2760—2024 公布后的食品添加剂有关公告。

1. 按食品添加剂名称进行检索

检索某一种食品添加剂的使用范围和最大使用量时,可以把要检索的食品添加剂名称输入搜索框内再按 Enter 键,就可以搜索到该食品添加剂的相关内容:如功能、可能在哪些食品中使用、最大使用量等。

【例 1.1】检索黄原胶

黄原胶(又名汉生胶)　　　　　xanthan gum

CNS 号:20.009　　　　　　　　INS 号:415

功能:稳定剂、增稠剂

食品分类号	食品名称	最大使用量/(g·kg^{-1})	备注
——	各类食品,表 A.2 中编号为 1~4、6~49、63~68 的食品类别除外	按生产需要适量使用	
02.02.01.01	黄油和浓缩黄油	5.0	
06.03.02.01	生湿面制品(如面条、饺子皮、馄饨皮、烧卖皮)	10.0	
06.03.02.02	生干面制品	4.0	
11.01.02	赤砂糖、原糖、其他糖和糖	5.0	
13.01.03	特殊医学用途婴儿配方食品	9.0	使用量仅限粉状产品,液态产品按照稀释倍数折算

2. 按食品添加剂功能类别进行检索

检索某一功能的食品添加剂的种类、使用范围及最大使用量时,可以把要检索的食品添加剂功能名称输入搜索框内,再按Enter键,就可以搜索到具有该功能的食品添加剂相关内容。找到第一种具有该功能的食品添加剂后,继续按Enter键就会出现第二种,依此法直到检索信息从头开始,说明信息检索完毕。

【例1.2】检索着色剂

检索到第一种着色剂,出现的信息如下:

β-阿朴-8′-胡萝卜素醛　　　β-apo-8′-carotenal
CNS号:08.018　　　　　　INS号:160e
功能:着色剂

食品分类号	食品名称	最大使用量/(g·kg^{-1})	备注
01.02.02	风味发酵乳	0.015	以β-阿朴-8'-胡萝卜素醛计
01.06.04	再制干酪及干酪制品	0.018	以β-阿朴-8'-胡萝卜素醛计
03.0	冷冻饮品(03.04食用冰除外)	0.020	以β-阿朴-8'-胡萝卜素醛计
05.02	糖果	0.015	以β-阿朴-8'-胡萝卜素醛计
07.0	焙烤食品	0.015	以β-阿朴-8'-胡萝卜素醛计
12.10.02	半固体复合调味料	0.005	以β-阿朴-8'-胡萝卜素醛计
14.0	饮料类[14.01包装饮用水、14.02.01果蔬汁(浆)、14.02.02浓缩果蔬汁(浆)除外]	0.010	以β-阿朴-8'-胡萝卜素醛计,以即饮状态计,相应固体饮料按稀释倍数增加使用量

再按Enter键,就会检索到第二种着色剂。

3. 按食品类别进行检索

检索某一类别的食品中可以使用哪些食品添加剂及其最大使用量时,可以将要检索的食品名称或食品分类号输入搜索框内,再按Enter键,搜索到第一种在该食品中可以使用的食品添加剂及其最大使用量,继续按Enter键就会出现第二种,依此法直到检索信息从头开始,说明信息检索完毕。

【例1.3】检索发酵肉制品类

食品分类号:08.03.06,食品名称:发酵肉制品

食品添加剂名称	功能	最大使用量/(g·kg^{-1})	备注
茶多酚(又名维多酚)	抗氧化剂	0.3	以油脂中儿茶素计
甘草抗氧化物	抗氧化剂	0.2	以甘草酸计
迷迭香提取物	抗氧化剂	0.3	
纳他霉素	防腐剂	0.3	表面使用,混悬液喷雾或浸泡,残留量<10 mg/kg

续表

食品添加剂名称	功能	最大使用量/(g·kg^{-1})	备注
硝酸钠,硝酸钾	护色剂、防腐剂	0.5	以硝酸钠(钾)计,残留量≤30 mg/kg
亚硝酸钠,亚硝酸钾	护色剂、防腐剂	0.15	以亚硝酸钠计,残留量≤30 mg/kg
植酸(又名肌醇六磷酸),植酸钠	抗氧化剂	0.2	
竹叶抗氧化物	抗氧化剂	0.5	

【例1.4】检索啤酒和麦芽饮料

食品分类号:05.03.05,食品名称:啤酒和麦芽饮料

食品添加剂名称	功能	最大使用量	备注
二氧化硫及亚硫酸盐(包括二氧化硫,焦亚硫酸钾,焦亚硫酸钠,亚硫酸钠,亚硫酸氢钠,低亚硫酸钠)	漂白剂、防腐剂、抗氧化剂	0.01 g/kg	最大使用量以二氧化硫残留量计
海藻酸丙二醇酯	增稠剂、乳化剂、稳定剂	0.3 g/kg	
甲壳素(又名几丁质)	增稠剂、稳定剂	0.4 g/kg	
焦糖色(加氨生产)	着色剂	50.0 g/L	
焦糖色(普通法)	着色剂	按生产需要适量使用	
焦糖色(亚硫酸铵法)	着色剂	50.0 g/L	

知识点二　食品添加剂的安全性使用

随着现代食品工业的发展,人们食用的工业食品品种越来越多,随食品进入人体的食品添加剂数量和种类也越来越多。虽然理想的食品添加剂应该是对人体有益无害的,但目前大多数食品添加剂是通过化学合成或溶剂萃取得到的,往往有一定的毒性。因此,使用食品添加剂时,如何将食品添加剂的毒性影响降至最低,保证使用的安全显得极为重要。

一　食品添加剂的安全使用

(一)食品添加剂的安全性评价

食品添加剂的安全性评价是指根据有关法律规定与卫生要求,以食品添加剂的理化性质、质量标准、使用效果、使用范围、使用量、毒理学评价结果为依据而做出的综合性评价。其中最重要的是毒理学评价。安全性评价应该鉴别可能的有害作用,并利用足够的毒

理学资料来确定受试物质的安全使用剂量。食品专家委员会和食品添加剂法典委员会（CCFA）负责集中研究食品添加剂的安全性问题。

合理使用食品添加剂对人体健康以及食品都是有益无害的。对食品来说，食品颜色、食品味道、食品形状以及适当的保持期是保证食品质量的标准，食品在不添加食品添加剂的情况下，加工后在食品色泽、食品味道以及食品形状方面都很难被消费者接受，食用期限也很难适应市场流通需要。以目前的认知，在食品生产中严格按国家标准添加食品添加剂，食用这些含食品添加剂的食品是安全的。

(二)食品添加剂使用中的安全问题

食品添加剂的不当使用主要体现在以下几个方面：

1. 超量使用食品添加剂

在食品加工中，使用食品添加剂必须严格按照国家规定，不得超过国家标准规定的最大使用量，只有这样才能确保食品对人体安全无害。但是在食品添加剂使用过程产生的诸多问题中，超剂量使用的问题最为突出。有些食品生产企业为了延长食品的保质期，使用过量的防腐剂，牟取暴利。这些防腐剂在少量时不会对人体构成危害，但是如果超量使用，虽然延长了食品的保质期，但是对人体造成了巨大的伤害。

2. 超范围使用食品添加剂

《食品安全国家标准 食品添加剂使用标准》（GB 2760—2024）对每种食品添加剂的使用范围都有明确规定，不能将只允许在A食品中添加的食品添加剂添加到B食品当中。如果在使用过程中超出了标准规定的范围，就会对人体的健康造成威胁。在实际生活中一些不良商家为了降低食品制作的成本，经常会采用超范围添加食品添加剂的方式，使食品的外观及味道等更好，以此提高销售量，为自己创造更多的收益。例如，柠檬黄是一种仅限于冷冻食品、配制酒、糖果等食品的着色剂，但是在食品的实际加工生产当中，有些不法商家为了盲目追求食品的色泽、口感效果，擅自扩大了使用范围，在其他食品中频繁添加。这种现象就会造成食品安全隐患。

3. 滥用复合食品添加剂

复合食品添加剂是指将两种以上的食品添加剂按照一定的配比和工艺流程制备的具有特定功能的食品添加剂，在火锅、烧腊、调味酱等领域被大量使用，这一类食品添加剂生产配方和生产工艺往往被企业冠以"企业商业机密"而不愿公开。但是正是因为生产企业不能明确标示复合食品添加剂的含量配比和成分说明，使得该复合食品添加剂的消费者没有办法判定它的具体情况，给食品添加剂的监管带来很大的困难。

4. 隐瞒食品添加剂使用信息

隐瞒食品添加剂使用信息指的是食品标签在食品添加剂使用上存在标注方面的问题，主要包括欺骗标注以及模糊标注两种情况。欺骗标注指的是一些食品在食品标签上标明不含有食品添加剂之类的字样，但是在配料表中却含有香料、人工合成色素等食品添加剂。模糊标注表现为在食品标签的不起眼部分进行标注或者标注表述不明确等。

5. 重复、多环节使用食品添加剂

重复、多环节使用食品添加剂一般有两种情况。一种是在某一食品中添加了单一的食品添加剂后，又因其他功用加入了复合食品添加剂，而复合食品添加剂由于配方保密不便公开，可能会出现重复添加的情况。如在一些月饼的生产过程中，面粉原料已经添加了食品防腐剂，在月饼的馅料中还会添加食品防腐剂，甚至在制作馅料的原料中，如叉烧、酱料本身就已经含有防腐剂，这样，最终导致月饼的防腐剂含量可能就超标。另一种是多个环节进行添加，如乳化剂，奶油当中有添加，面包当中也有添加，糖果当中又有添加，到最后，由这些产品组合成的糕点成品的乳化剂含量就有可能超标。

现代食品工业加工过程中，食品添加剂有其独有的价值，已逐渐发展成现代食品加工过程中不可或缺的物质之一。然而，不按法律法规使用食品添加剂将给人们的生活带来极大的健康问题。所以，应积极学习食品添加剂，采取科学、合理、有效的措施管控食品添加剂的使用，引导消费者理性地认识食品添加剂，对不合理使用食品添加剂的行为进行打击，推进食品添加剂的安全使用。

(三) 食品添加剂的使用原则

《食品安全国家标准 食品添加剂使用标准》(GB 2760—2024)中规定的食品添加剂使用原则具体如下：

食品添加剂的使用要求

1. 食品添加剂使用时应符合以下基本要求

(1) 不应对人体产生任何健康危害；
(2) 不应掩盖食品腐败变质；
(3) 不应掩盖食品本身或加工过程中的质量缺陷或以掺杂、掺假、伪造为目的而使用食品添加剂；
(4) 不应降低食品本身的营养价值；
(5) 在达到预期效果的前提下尽可能降低在食品中的使用量。

2. 在下列情况下可使用食品添加剂

(1) 保持或提高食品本身的营养价值；
(2) 作为某些特殊膳食食品的必要配料或成分；
(3) 提高食品的质量和稳定性，改进其感官特性；
(4) 便于食品的生产、加工、包装、运输或者贮藏。

3. 食品添加剂质量标准

按照本标准使用的食品添加剂应当符合相应的质量规格要求。

4. 带入原则

(1) 在下列情况下食品添加剂可以通过食品配料(含食品添加剂)带入食品：
① 根据本标准，食品配料中允许使用该食品添加剂；
② 食品配料中该添加剂的使用量不应超过允许的最大使用量；

③应在正常生产工艺条件下使用这些配料,并且食品中该添加剂的含量不应超过由配料带入的水平;

④由配料带入食品的该添加剂的含量应明显低于直接将其添加到该食品中通常所需要的水平。

(2)当某食品配料作为特定终产品的原料时,批准用于上述特定终产品的添加剂允许添加到这些食品配料中,同时该添加剂在终产品中的含量应符合本标准的要求。在所述特定食品配料的标签上应明确标示该食品配料用于上述特定食品的生产。

二、食品添加剂的毒理学评价

为了安全使用食品添加剂,需对其进行毒理学评价。食品添加剂的毒理学评价是指从毒理学角度对食品添加剂的安全性做出评价的研究过程。食品安全性毒理学评价通过动物毒性试验与对人群的观察,解析食品中的某种物质(含食品固有物质、添加物质或污染物质)的毒性及潜在的危害,对该物质能否投入市场做出安全性的评估或提出人类安全接触的条件,以达到最大限度地减轻其危害作用、保障人民身体健康的目的。

(一)我国对食品添加剂的毒理学评价要求

由于食品添加剂有数千种之多,有的沿用已久,有的已由FAO/WHO等国际组织做过大量同类的毒理学评价试验,并已得出结论。因此,《食品安全国家标准 食品安全性毒理学评价程序》(GB 15193.1—2014)规定凡属我国首创的物质,特别是化学结构提示有潜在慢性毒性、遗传毒性或致癌性,或该受试物产量大、使用范围广、人体摄入量大,应进行系统的毒性试验。对其他食品添加剂可视国际上的评价结果等分别进行不同阶段的试验。《食品安全国家标准 食品安全性毒理学评价程序》(GB 15193.1—2014)规定的食品添加剂选择毒性试验的原则如下:

1. 香料

(1)凡属世界卫生组织(WHO)已建议批准使用或已制定日允许摄入量者,以及香料生产者协会(FEMA)、欧洲理事会(COE)和国际香料工业组织(IOFI)四个国际组织中的两个或两个以上允许使用的,一般不需要进行试验。

(2)凡属资料不全或只有一个国际组织批准的,先进行急性经口毒性试验和遗传毒性试验组合中的一项,经初步评价后,再决定是否需进行进一步试验。

(3)凡属尚无资料可查、国际组织未允许使用的,先进行急性经口毒性试验、遗传毒性试验和28 d经口毒性试验,经初步评价后,决定是否需进行进一步试验。

(4)凡属用动植物可食部分提取的单一高纯度天然香料,如其化学结构及有关资料并未提示具有不安全性的,一般不要求进行毒性试验。

2. 酶制剂

(1)由具有长期安全使用历史的传统动物和植物可食部分生产的酶制剂,世界卫生组织已公布日允许摄入量或不需规定日允许摄入量者或多个国家批准使用的,在提供相关证明材料的基础上,一般不要求进行毒性试验。

(2)对于其他来源的酶制剂,凡属毒理学资料比较完整,世界卫生组织已公布日允许摄入量或不需规定日允许摄入量者或多个国家批准使用,如果质量规格与国际质量规格标准一致,则要求进行急性经口毒性试验和遗传毒性试验。如果质量规格标准不一致,则需增加28 d经口毒性试验,根据试验结果考虑是否进行其他相关毒理学试验。

(3)对于其他来源的酶制剂,凡属新品种的,需要先进行急性经口毒性试验、遗传毒性试验、90 d经口毒性试验和致畸试验,经初步评价后,决定是否需要进一步的试验。凡属一个国家批准使用,世界卫生组织未公布日允许摄入量或资料不完整的,均要进行急性经口毒性试验、遗传毒性试验和28 d经口毒性试验,根据试验结果判定是否需要进一步的试验。

(4)通过转基因方法生产的酶制剂按照国家对转基因管理的有关规定执行。

3. 其他食品添加剂

(1)凡属毒理学资料比较完整,世界卫生组织已公布日允许摄入量或不需规定日允许摄入量者或多个国家批准使用的,如果质量规格与国际质量规格标准一致,则要求进行急性经口毒性试验和遗传毒性试验。如果质量规格标准不一致,则需增加28 d经口毒性试验,根据试验结果考虑是否进行其他相关毒理学试验。

(2)凡属一个国家批准使用,世界卫生组织未公布日允许摄入量或资料不完整的,则可先进行急性经口毒性试验、遗传毒性试验、28 d经口毒性试验和致畸试验,根据试验结果判定是否需要进一步的试验。

(3)对于由动、植物或微生物制取的单一组分、高纯度的食品添加剂,凡属新品种的,需要先进行急性经口毒性试验、遗传毒性试验、90 d经口毒性试验和致畸试验,经初步评价后,决定是否需要进一步的试验。凡属国外有一个国际组织或国家已批准使用的,则进行急性经口毒性试验、遗传毒性试验和28 d经口毒性试验,经初步评价后,决定是否需要进一步的试验。

(二)毒理学指标

为保证食品添加剂的使用安全,各种食品添加剂能否使用、使用范围和最大使用量,各国都有严格的规定。这些规定是建立在一整套科学严密的毒理学评价基础上的,在试验动物体内试验得到的毒理学评价的毒性参数可分为两类:一类为毒性上限参数,是在急性毒性试验中以死亡为终点的各项毒性参数;另一类为毒性下限参数,即有害作用阈剂量及最大未观察到有害作用剂量,可以从急性、亚急性、亚慢性和慢性毒性试验中得到。

在各种毒性参数中,其中最具有代表性的国际上公认的主要毒性参数为半数致死量(LD_{50})、日允许摄入量(ADI)和一般公认为安全(GRAS)。

1. 半数致死量

半数致死量(LD_{50})指引起一组受试动物半数死亡的剂量,单位以每千克体重的质量(mg)表示。LD_{50}常用以表示急性毒性的大小,是任何食品添加剂都必须进行的毒理学评价中的毒性试验参数。在动物试验中,不可能用一次试验的结果代表该种属总体的50%死亡率的剂量,故LD_{50}是一个经过统计学处理计算得到的数值。LD_{50}越小,表示外源化学物的毒性越强;反之,LD_{50}越大,则毒性越低。

物质的毒性往往受给予方式影响,不同的给饲途径,其LD_{50}不同。一般而言,口服毒性会低于静脉注射的毒性。对食品添加剂来说,主要采用经口LD_{50},即经口一次给予或24 h多次给予动物后,在短时间内动物所产生的毒性反应。我国原卫生部1983年提出将各物质按其对大鼠经口半数致死量的大小分为六大类:极毒、剧毒、中等毒、低毒、实际无毒、无毒,见表1-3。

表1-3　　　　　　　　　　各物质半数致死量分类

级别	大鼠经口 LD_{50}/($mg \cdot kg^{-1}$)	对人的推断致死量/($g \cdot 人 \cdot d^{-1}$)
极毒	<1	0.05
剧毒	1~50	0.5
中等毒	51~500	5
低毒	501~5 000	50
实际无毒	5 001~15 000	500
无毒	>15 000	2 500

虽然人与动物不同,但通过做多种动物的试验,一般对多种动物毒性很低的物质,对人的毒性往往也很低;而对多种动物半数致死量都小的物质,则可认为将对人表现有很大的毒性。

2. 日允许摄入量

日允许摄入量(ADI),是指人在一生中每天摄入某种食品添加剂后,以现代手段未能检出各种急性、慢性有害作用的剂量,通常以每人每日每千克体重的毫克摄入量来表示。ADI是用来衡量食品添加剂毒性大小常用的参数,是国内外评价食品添加剂安全性的首要和最终依据,也是制定食品添加剂使用标准的重要依据。在这一安全剂量内,终身每天摄取,对人体都是安全无害的,不会造成不良反应(慢性中毒)。《食品安全国家标准　食品添加剂使用标准》(GB 2760—2024)的适用范围和最大使用量,都是依据ADI来进行限定的。因此,依照《食品安全国家标准　食品添加剂使用标准》(GB 2760—2024)使用食品添加剂是不会危害人体健康的。

由于动物试验等条件的不同,同一添加剂的ADI也可不同。目前国际上采用的是由食品添加剂专家委员会通过严格的毒理学试验确定所制定的ADI,向各国政府建议。政府机构再根据本国国民的膳食结构的调查结果对食品添加剂专家委员会推荐的ADI做适当的修改,制定符合本国国情的ADI。

日允许摄入量可以通过计算得出:ADI=NOAEL(最大无作用剂量)/SF(安全因子)或ADI=NOAEL/UF(不确定系数)。其中NOAEL为未观察到有害作用剂量水平(no-observed-adverse-effect-level),是指在规定的试验条件下,用现有技术手段或检测指标,未能观察到与染毒有关的有害效应的受试物最高剂量或浓度。所以NOAEL是一个通过严谨试验得出的数据。而SF(安全因子)或UF(不确定系数)则是一个系数,一般取100或200进行计算。NOAEL可以说是通过试验得出的一个在安全范围内的极限最大摄入量,而ADI的摄入量仅为NOAEL的1/100甚至是1/200。

ADI的制定程序具体如下:

(1)确定NOAEL

NOAEL是在分析评价相关毒理学资料的基础上,找到最敏感动物的最敏感的终点,并且经过数据评价和统计分析获得的。在毒性评价过程中,要特别注意是否存在致突变性、繁殖和发育毒性、致癌性、神经毒性等特殊毒性效应。要尽可能利用其他参考资料,如发达国家和国际组织的相关评价报告、公开发表的有关文献资料等,选择最适合的试验,确定与制定食品添加剂ADI有关的NOAEL。确定NOAEL时应说明所使用的试验数据和敏感的终点。

(2)选择安全因子或不确定系数

在推导ADI时,存在试验动物数据外推和数据质量等因素引起的不确定性,可采用安全因子或不确定系数来减少上述不确定性。安全因子或不确定系数一般为100,即将试验动物的数据外推到一般人群(种间差异)以及从一般人群外推到敏感人群(种内差异)时所采用的系数。

(3)计算ADI

通过ADI=NOAEL/SF(安全因子)或ADI=NOAEL/UF(不确定系数),即可计算出ADI。

制定日允许量的一些特殊情况:

①类别ADI(group ADI)

如果毒性作用类似的几种化合物用作或用于食品,则应对该组化合物制定类别ADI以限制其累加摄入。制定类别ADI时,有时可根据该组化合物的平均NOAEL,但常用该组化合物中最低的NOAEL,同时还考虑个别化合物研究的相对质量和试验周期。

②ADI无须规定(ADI not specified)

根据已有资料(化学、生化、毒理学等)表明某种受试物毒性很低且其使用量和人类膳食中的总摄入量对人体健康不产生危害,则可不必规定具体ADI。但符合这一要求的物质必须有良好的生产规范的制约,并不得用于掺假,掩盖食品质量缺陷或导致营养不平衡。

③暂定ADI(temporary ADI)

当某种物质的安全资料有限,或根据最新资料对已制定ADI的某种物质的安全性提出疑问,如要求进一步提供所需安全性资料的短期内,有充分的资料认为在此短期内使用该物质是安全的,但同时又不足以确定长期食用安全时,可制定暂定ADI并使用较大的安全系数(通常为100×2),还需规定暂定ADI的有效期限,并要求在此期间经过毒理学试验结果充分证明该受试物是安全的,暂定ADI改为ADI;如毒理学试验结果证明确有安全问题,撤销暂定ADI。

④ADI不能提出(no ADI allocated)

下列情况,不对受试物提出ADI:第一,安全性资料不充足;第二,认为在食品中应用是不安全的;第三,未制定特性鉴别及纯度检测的方法和规格说明。

3. 一般公认为安全

一般公认为安全(GRAS)是美国食品药品监督管理局(FDA)对食品添加剂安全性方面的一种分类,指一般公认安全的食品添加剂,被列入GRAS的食品添加剂都被认为是公认安全的食品添加剂,这种观点也被各国所认同。

GRAS是美国食品法律中一个特别的成分类别,也是全世界食品法律法规中最独特的存在身份,虽然获得GRAS确认的要求和程序几经变更,也不是食品销售的法定程序,但却是对食品安全性的高度认可和对食品消费者健康的有力保障。GRAS的确定与食品添加剂的审批具有本质上的不同。GRAS的确定是由食品工业界依据相关的法律法规,公开的科学证据或长期使用的历史,以及其在特定使用条件下的安全性得到专家们的普遍认可等,自身做出的决定。而食品添加剂则是由FDA依据食品添加剂法规,对申请人提供的科学证据,这些证据可以是公开的或不公开的,进行评估做出的决定。

按FDA的规定,凡属于GRAS者,均应符合下述一种或数种情况:

(1)某一天然食品中存在。

(2)已知其在人体内极易代谢(一般剂量范围内)。

(3)化学结构与某一已知安全的物质非常近似。

(4)较大地理范围内证实已有长期安全使用历史(如在某些国家已安全使用30年以上)。

或同时具备以下条件:

(1)在某一国家最近已使用10年以上。

(2)在任何一种最终食品中平均最高用量不超过10 mg/kg。

(3)在美国的年消费量低于454 kg。从化学结构成分分析或实际应用中,均证明其在安全性上没有问题。

由于现代食品工业具有创新性和竞争力,因此食品行业需要用创新产品迅速应对消费者偏好的变化。《联邦食品、药品和化妆品法》(FFDCA)明确了在食品中添加物质的两种监管机制,即"一般公认安全"(GRAS)程序和食品添加剂申请程序(FAP)。GRAS程序是食品工业界在促进产品创新的同时确保产品安全的有力工具之一。目前的FAP程序通常比GRAS程序耗时更长,产品上市滞后,将不能满足食品行业技术的飞速发展和消费者需求的快速变化。GRAS程序包含与食品添加剂申请程序(FAP)相同的信息来支持其在食品中的应用,但所需时间更短,行业可以更快速地响应市场对新产品和创新产品的需求。此外,GRAS程序还允许食品行业更快地与其他公认的国家和国际标准(如CODEX和JECFA标准)协调。因此,GRAS程序为生产者提供了一种良好的机制,以解决可能被视为无意中的技术性贸易壁垒的情况。

(三)食品添加剂最大使用量(E)的确定

某种食品添加剂在食品中允许的含量,决定了该物质一日摄取含量的总和,如果摄入量运用ADI标准,应缩小使用范围,或降低含量,或采用其他添加剂来替代。在确定摄入量时要进行社会膳食调查,调查本地区的食品摄入,从而计算出食品添加剂的摄入量。食品添加剂最大使用量的确定方法如下:

1. 通过慢性毒性试验得到最大无作用剂量(NOAEL)。
2. 确定安全因子/不确定系数。
3. 计算人体日允许摄入量(ADI)。
4. 确定人体每日允许摄入总量(A)。

$$A = \text{ADI} \times 平均体重 \tag{1-1}$$

5. 进行人群的膳食调查,计算膳食中含有该添加剂的各种食品的每日摄入量(C)。

$$C = \sum C_i \tag{1-2}$$

C_i表示通过膳食调查统计确定的,添加该添加剂的每种食品的单品摄入量。

6. 计算摄入总食品中平均允许含量(D)。

$$D = A/C \tag{1-3}$$

7. 计算食品添加剂的最大使用量(E)。

$$E = A/C \times C_i \tag{1-4}$$

根据不同食品摄入量占总食品摄入量的比例,计算单种食品中该添加剂的最大使用量。以每千克体重摄入的质量数(mg)表示。原则上总是希望食品中的最大使用量标准低于最高允许量,具体要按照其毒性及使用等实际情况确定。

操作与体验

技能一　食品添加剂的分类

目的与要求

掌握食品添加剂的功能分类方法，能根据对某种食品添加剂功能的了解或通过检索《食品安全国家标准　食品添加剂使用标准》(GB 2760—2024)，将食品添加剂按其功能归类。

仪器与材料

计算机，《食品安全国家标准　食品添加剂使用标准》(GB 2760—2024)等。

方法与步骤

根据对表1-4所列食品添加剂功能的了解或在《食品安全国家标准　食品添加剂使用标准》(GB 2760—2024)中检索这些食品添加剂的功能，填写表1-4。

表1-4　　　　　　　　　　食品添加剂功能归类

序号	食品添加剂名称	功能类别	备注
1	苯甲酸钠		
2	山梨酸钾		
3	甜蜜素		
4	丁基羟基茴香醚		
5	液体石蜡		
6	柠檬酸		
7	柠檬酸铁铵		
8	聚甘油脂肪酸酯		
9	硫黄		
10	碳酸氢铵		
11	硬脂酸		
12	紫胶红		
13	亚硫酸钠		
14	乳酸脂肪酸甘油酯		
15	α-淀粉酶		
16	琥珀酸二钠		
17	碳酸镁		

续表

序号	食品添加剂名称	功能类别	备注
18	乳酸钠		
19	乳酸钙		
20	刺梧桐胶		
21	黄原胶		
22	羧甲基淀粉钠		
23	八角茴香油		
24	玫瑰醇		
25	二氧化硅		
26	聚丙烯酰胺		
27	苋菜红		
28	维生素 E		
29	微晶纤维素		
30	壳聚糖		

效果与评价

一、效果

1.经过本次实训,掌握食品添加剂按功能分类的方法,提高对食品添加剂功能的认识。

2.经过本次实训,显著提高学生的自学能力,检索文献能力,分析和解决实际问题的能力。

二、评价

1.实训态度。从是否预习,实训纪律如何,对食品添加剂功能分类的学习是否兴趣浓厚、积极主动,在实训前问答环节回答问题是否正确等方面来评价。

2.实训过程。实训认真,能独立进行实训,检索《食品安全国家标准 食品添加剂使用标准》(GB 2760—2024)方法正确,对实训中出现的有关问题基本能正确处理,实训数据记录完整等。

3.实训结果。实训报告完成及时、数据真实、书写工整,对食品添加剂功能分类正确,对实训结果能进行综合分析和运用。

技能二　食品添加剂使用标准检索

目的与要求

了解《食品安全国家标准 食品添加剂使用标准》(GB 2760—2024)的组成内容,掌握检索食品添加剂使用标准的方法,能够熟练运用不同的方法检索食品添加剂使用标准。

▶ 仪器与材料 ◀

计算机,《食品安全国家标准 食品添加剂使用标准》(GB 2760—2024)。

▶ 方法与步骤 ◀

一、根据食品添加剂名称检索《食品安全国家标准 食品添加剂使用标准》(GB 2760—2024)

在计算机上打开 PDF 格式的《食品安全国家标准 食品添加剂使用标准》(GB 2760—2024),按"Ctrl+F"快捷键,在弹出的搜索框中输入要检索的食品添加剂名称,再按 Enter 键,检索食品添加剂的相关信息。

运用上述方法,检索苯甲酸、苯甲酸钠、山梨酸、山梨酸钾、丁基羟基茴香醚、二丁基羟基甲苯、没食子酸丙酯、特丁基对苯二酚、糖精钠、环己基氨基磺酸钠,并将检索到的信息填入表 1-5 中。

表 1-5　　　　　　　　　　食品添加剂检索信息统计表

序号	食品添加剂名称	功能	允许添加的食品种类	食品分类号	最大使用量/(g·kg⁻¹)	备注
1						
2						
3						
4						
5						
6						
7						
8						
9						
10						

二、根据食品添加剂功能类别检索《食品安全国家标准 食品添加剂使用标准》(GB 2760—2024)

在《食品安全国家标准 食品添加剂使用标准》(GB 2760—2024)中,检索某一功能的食品添加剂,如防腐剂、抗氧化剂,将结果填入表 1-6 中。

表 1-6　　　　　　　　　　食品添加剂功能信息统计表

序号	食品添加剂名称	功能	允许添加的食品种类	食品分类号	最大使用量/(g·kg⁻¹)	备注
1						
2						
3						
4						

续表

序号	食品添加剂名称	功能	允许添加的食品种类	食品分类号	最大使用量/(g·kg⁻¹)	备注
5						
6						
7						
8						

三、根据食品类别检索《食品安全国家标准 食品添加剂使用标准》(GB 2760—2024)

在《食品安全国家标准 食品添加剂使用标准》(GB 2760—2024)中，检索某一种食品(如面包、果酒)中允许使用的食品添加剂，将结果填入表1-7中。

表1-7　　　　　　　　　某食品中允许使用的食品添加剂统计表

序号	食品添加剂名称	功能	允许添加的食品种类	食品分类号	最大使用量/(g·kg⁻¹)	备注
1						
2						
3						
4						
5						
6						
7						
8						
9						
10						

效果与评价

一、效果

1. 经过本次实训，学生能熟练掌握《食品安全国家标准 食品添加剂使用标准》(GB 2760—2024)的检索方法，能够根据工作需要迅速检索到食品添加剂的相关信息。

2. 经过本次实训，学生能显著提高信息检索能力和信息整理能力。

二、评价

1. 实训态度。从是否预习，实训纪律如何，对食品添加剂功能分类的学习是否兴趣浓厚、积极主动，在实训前问答环节回答问题是否正确等方面来评价。

2. 实训过程。实训认真，能独立进行实训，检索《食品安全国家标准 食品添加剂使用标准》(GB 2760—2024)方法正确，对实训中出现的有关问题基本能正确处理，实训数据记录完整等。

3. 实训结果。实训报告完成及时、数据真实、书写工整，对食品添加剂功能分类正确，对实训结果能进行综合分析和运用。

拓展与提升

国际食品法典委员会与食品添加剂专家委员会

（一）国际食品法典委员会（CAC）

国际食品法典委员会（CAC）由联合国下属的粮农组织（FAO）和世界卫生组织（WHO）于1963年联合成立。CAC制定了一系列协调性的国际食品标准、指南和行为准则，其宗旨是保护消费者的健康，确保食品交易过程中的公平操作。此外，该委员会对国际政府和非政府组织承担的所有食品标准方面的工作起促进协调作用。CAC的标准是建立在可利用的最好科学技术之上的，同时得到了独立的国际风险评估机构以及由联合国粮农组织和世界卫生组织设立的专门咨询机构的协助。尽管推荐规范是由成员国自愿使用，但在许多情况下，国际食品法典委员会的标准具有国家立法的基础作用。

目前CAC具有186个成员（185个成员国和1个成员组织——欧洲联盟）及220个观察员（50个国际的政府组织、154个非政府组织和16个联合国组织），覆盖全球98%的人口。国际食品法典委员会的标准已成为全球消费者、食品生产和加工者、各国食品管理机构和国际食品贸易重要的基本参照标准。它对食品生产、加工者的观念以及消费者的意识已产生了巨大影响，并对保护公众健康和维护公平食品贸易做出了不可估量的贡献。

中国于1984年正式加入国际食品法典委员会，1986年成立了中国食品法典委员会，由与食品安全相关的多个部门组成。原国家卫生计生委为委员会主任单位，负责参加国际食品法典工作的组织协调；原农业部为副主任单位，负责对外组织联络。委员会秘书处设在国家食品安全风险评估中心。秘书处的工作职责包括：组织参与国际食品法典委员会及下属分委员会开展的各项食品法典活动、组织审议国际食品法典标准草案及其他会议议题、承办委员会工作会议、食品法典的信息交流等。经过近四十年的工作实践，我国已全面参与国际法典工作的相关事务，在多项标准的制、修订工作中突显了我国的作用，得到了国际社会的认可。

（二）食品添加剂专家委员会（JECFA）

联合国下属的世界粮农组织（FAO）和世界卫生组织（WHO）于1955年9月在日内瓦召开了第一次国际食品添加剂会议，商讨有关食品添加剂的管理和成立世界性国际机构等事宜。1956年在罗马成立了FAO/WHO所属的食品添加剂专家委员会（JECFA），由世界权威专家组织以个人身份参加，以纯科学的立场对世界各国所用的食品添加剂进行评议，并将评议结果不定期于"FAO/WHO，Food and Nutrion Paper-FNP"上公布。

JECFA作为一个科学建议的机构为FAO、WHO及其成员国政府及食品法典委员会（CAC）服务。在制定国家标准时所有国家都应依据可靠的食品中化学物的危险性评估来进行，但大多数国家无专门技术力量和充足的资金对大量化学物进行独立的危险性评估。JECFA在提供可靠的专家建议方面起到了重要的作用。一些国家使用JECFA的资料来制定本国的标准。同样，食品添加剂与污染物法典委员会（CCFAC）和食品兽药残留法典委员会（CCRVDF）也在JECFA评价的基础上制定食品中化学物的标准。

（三）食品添加剂与污染物法典委员会（CCFAC）

食品添加剂与污染物法典委员会（CCFAC）是食品法典委员会（CAC）9个横向委员会中的一个重要委员会。它于1964年成立，当时名为食品添加剂法典委员会（CCFA），1988年改名为食品添加剂和污染物法典委员会,即CCFAC。

自1964年成立以来,CCFAC一直与FAO/WHO所属的食品添加剂联合专家委员会(JECFA)保持密切的联系。CCFAC和JECFA作为危险性管理者和危险性评估者,始终保持着密切的工作联系。CCFAC根据食品法典标准中提出的有关添加剂和污染物的新问题,向JECFA提供需进行毒理学评价(或再次评价)的食品添加剂和污染物重点名单。在要求对指定化学物质进行评价时,CCFAC需提供背景情况,并明确解释该项请求的理由。JECFA主要根据重点名单对食品添加剂、污染物、天然毒素及兽药残留进行危险性评估,向CCFAC提供关于暴露评估的食物中污染物和天然毒素的现有数据的有效性和分布方面的科学意见;关于重要的具体食品对暴露量作用程度的详细情况;危险性评估中不确定性的程度和来源;危险性评估中所使用的所有假设,包括用于说明不确定性的默认假设的依据;危险性评估结论等内容,作为CCFAC和食品法典委员会做出危险性管理决定的依据。

通过CCFAC与JECFA之间的有关食品危险性的信息交流,CCFAC可以获得最佳的危险性评估结果,用于制定使用食品添加剂的安全条件及食品中污染物和毒素的最大安全允许量以及行为规范。从而保证消费者在该规定范围内使用添加剂是安全的,而且为满足现代社会食品生产和市场需要,其使用也是合理的。

> **思考与练习**
>
> 一、名词解释
> 1.食品添加剂 2.日允许摄入量(ADI) 3.半致死量(LD_{50}) 4.最大无作用剂量(NOAEL)
> 二、简答题
> 1.食品添加剂的作用有哪些?
> 2.简述食品添加剂的使用原则。
> 3.食品安全性评价主要包括哪些内容?

项目二

食品防腐剂的使用

防腐剂——创新
守护安全

学习目标与要求

知识目标

1. 了解主要食品防腐剂的使用方法、限量标准及相关注意事项。
2. 知道食品防腐剂的基本概念及其分类。
3. 理解食品防腐剂的主要作用机理。
4. 掌握合成、天然食品防腐剂的性能及其应用。

能力目标

1. 能独立完成食品防腐剂在食品中的使用及效果评价。
2. 会测定食品防腐剂的抑菌能力。

职业素养目标

1. 通过熟悉食品防腐剂的使用限量标准,树立安全使用防腐剂的理念。
2. 通过学习食品防腐剂使用的利弊,养成辩证看待问题的习惯。

学习重点与难点

重点:化学合成食品防腐剂、天然食品防腐剂的应用。
难点:食品防腐剂的作用机理。

认知与解读

>>> 知识点一　认识食品防腐剂 <<<

一　食品防腐剂的概念

食品防腐剂是防止食品腐败变质、延长食品贮存期的物质,是用于防止食品在贮存、流通过程中由微生物繁殖而引起变质,提高食品保存性,延长食品保藏期而在食品中使用的添加剂。从抗微生物的概念出发,可更确切地将此类物质称为抗微生物剂或抗菌剂。

二　食品防腐剂的作用机理

食品腐败的原因是多种多样的,包括物理、化学和生物因素,而且这些因素往往是同时或连续发生的。但是一般来说,由于自然界中微生物具有种类众多、在地球上广泛存在、繁殖速度惊人等特点,加上食品中营养丰富,为微生物可能的生长繁殖提供了极佳的条件。因此,细菌、霉菌和酵母菌之类微生物的生长通常是食品腐败变质的最主要原因。

引起食品变质的微生物因素

微生物繁殖需要有适合的客观条件,即适当的水分、温度、氧、渗透压、pH和光等。控制食品所处的环境条件或加入食品防腐剂均可达到食品防腐的目的。防止食品腐败变质可采用物理方法(如冷冻干制、腌渍烟熏、加热辐射等)处理,然而实践证明最有效的办法是使用食品防腐剂。

食品防腐剂抑制与杀灭微生物的机理是十分复杂的,目前使用的食品防腐剂一般认为是通过以下几种途径或作用方式来实现对微生物的抑制与杀灭作用的:

(1)破坏微生物细胞膜的结构或者改变细胞膜的通透性,使微生物体内的酶类和代谢产物逸出细胞,导致微生物正常的生理平衡被破坏而失活。

(2)食品防腐剂与微生物的酶作用,如与酶的巯基作用,破坏多种含硫蛋白酶的活性,干扰微生物体内的正常代谢,从而影响其生长和繁殖。通常防腐剂作用于微生物的呼吸酶系,如乙酰辅酶A合成酶、脱氢酶、电子传递酶系等。

(3)其他作用,如食品防腐剂作用于蛋白质,导致蛋白质的部分变性,与蛋白质的交联作用导致其正常的生理作用无法进行等。

相对来说,食品微生物学的发展对食品防腐剂作用机理的研究还不十分透彻,有待进一步深入研究。

三　食品防腐剂的分类

食品防腐剂按作用可分为杀菌剂和抑菌剂。二者常因浓度、作用时间和微生物性质等的不同而不易区分。此外还有乳酸链球菌素,它是一种由乳酸链球菌产生、含34个氨基酸的肽类抗菌素。按来源分,食品防腐剂有化学合成食品防腐剂和天然食品防腐剂两大类。化学合成食品防腐剂又分为有机防腐剂与无机防腐剂。前者主要包括苯甲酸、山梨酸等,后者主要包括亚硫酸盐和亚硝酸盐等。天然食品防腐剂通常是从动物、植物和微生物的代谢产物中提取的。

知识点二　食品防腐剂的使用方法

一、食品防腐剂应具备的条件

目前世界各国用于食品防腐的药剂种类很多,食品防腐剂应该符合卫生标准,食品防腐剂本身性质较稳定,与食品不发生化学反应;加入食品后在一定的时期内有效,在食品中有很好的稳定性;防腐剂应在低浓度下具有较强的抑菌作用;防腐剂本身不应具有刺激气味和异味;防腐剂不应阻碍消化酶的作用,不影响肠道内有益菌的作用,对人体正常功能无影响;防腐剂应价格合理、使用方便等。

食品防腐剂使用时的注意事项

二、食品防腐剂的使用方法

与各类食品添加剂一样,食品防腐剂必须严格按《食品安全国家标准　食品添加剂使用标准》(GB 2760—2024)规定添加,不能超标使用。在食品的生产加工过程中,食品防腐剂在种类、性质、使用范围、价格和毒性等不同的情况下,应严格按规定使用。

(一)正确选用食品防腐剂

不同的食品防腐剂理化特性不一样,食品防腐剂的风味和理化特性与食品相容,则可用于这些食品,相反则不能。另外,每种食品防腐剂往往只对一类或某几种微生物有抑制作用,由于不同食品中污染菌的情况不一样,需要的防腐剂也不一样。应了解各类食品防腐剂所能抑制的微生物种类,有些食品防腐剂对霉菌有效果,有些对酵母有效果,只有掌握这一特性,才能对症下药,一般以复配形式来进行综合防腐保鲜的较多。

(二)注意食品防腐剂的使用量和使用范围

应了解各类食品防腐剂的毒性和使用范围,按照安全使用量和使用范围进行添加。随着食品添加剂的不断开发与相应独立实验的研究进展,添加剂的种类与使用范围也在不断地进行调整和变化,有些传统的防腐剂已不再被列入食品添加剂的名单,并被禁止在食品加工中使用。

因此,对食品防腐剂的使用种类、范围及限量的分析检测是对食品添加剂管理的主要内容之一。如苯甲酸钠,因其毒性较强,在有些国家已经禁用,中国也严格规定了其只能在酱类、果酱类、酱菜类、罐头类和一些酒类中使用。

(三)注意食品防腐剂有效的pH范围

由于未电离分子比较容易渗透进微生物的细胞膜,所以pH是决定食品防腐剂效果的重要因素。应了解各类食品防腐剂的有效使用环境,酸性防腐剂只能在酸性环境中使用,其在酸性环境中强有效的防腐作用,在中性或偏碱性的环境中作用较弱。

食品pH对酸性防腐剂的防腐效果有很大的影响,一般来说,苯甲酸及苯甲酸钠适用于pH=4.5~5.0或pH<4.5的酸性环境,山梨酸及山梨酸钾适用于pH=5.0~6.0或pH<5.0的酸性环境,对羟基苯甲酸酯类使用时pH=4.0~8.0,而酯型防腐剂中的尼泊金酯类也能在pH=4.0~8.0时使用,且效果较好。酸性防腐剂的防腐作用主要是依靠溶液内的未电离分子。如果溶液中氢离子浓度增加,电离被抑制,未电离分子比例就增大,所以低pH的防腐作用较强。

(四)食品防腐剂的溶解与分散

食品防腐剂必须在食品中均匀分散,如果分散不均匀就达不到较好的防腐效果。所以防腐剂要充分溶解和分散于整个食品中。溶解时溶剂的选择要注意,有的食品不能有酒味,就不能用乙醇作溶剂;有的食品不能过酸,就不能用太多的酸溶解。

溶解后的防腐剂溶液有时存在不好分散的情况,由于加到食品中化学环境改变,局部防腐剂过浓,会有防腐剂析出。如用醇溶解的对羟基苯甲酸酯类,加到水相后,若未及时均质,则会很快析出,浮出水相表面,这样会降低防腐剂的有效浓度,影响食品的外观。苯甲酸盐、山梨酸盐加到酸性食品中,如某一局部太多,也会析出苯甲酸或山梨酸盐的块状物。

(五)食品的热处理

一般情况下加热可增强食品防腐剂的防腐效果,在加热杀菌时加入防腐剂,可以缩短杀菌时间。

(六)减少食品的污染菌

食品防腐剂一般杀菌作用很小,只有抑菌的作用,在添加防腐剂之前,应保证食品灭菌完全,不应有大量的微生物存在,否则防腐剂的加入将不会起到理想的效果。因为在食品中的微生物基数大,尽管其生长受到一定程度的抑制,微生物增殖的绝对量仍然很大,最终会通过其代谢分解产物使防腐剂失效。

如山梨酸钾,不但不会起到防腐的作用,反而会成为微生物繁殖的营养源。因此不管是否使用防腐剂,加工过程中严格的卫生管理都是十分重要的。

(七)食品防腐剂的并用

各种食品防腐剂都有各自的作用范围,在某些情况下两种以上食品防腐剂的并用,往往具有协同作用,比单独作用更为有效。例如在饮料中并用苯甲酸钠与二氧化硫,在有的果汁中并用苯甲酸钠与山梨酸,可达到扩大抑菌范围的效果。

食品防腐剂的使用往往结合一定的杀菌处理和密封或隔绝等措施,来达到防腐或保鲜的目的,为了充分发挥防腐剂的作用和达到较好的防腐或保鲜效果,应在使用防腐剂之前综合考虑各种影响因素,如选择的防腐剂种类是否适宜加工的食品;食品的形态是否对防腐剂的形式和防腐效果有影响;体系酸碱度是否利于防腐剂的溶解和分散等。

知识点三　常见的食品防腐剂

一　化学合成食品防腐剂

化学合成食品防腐剂主要分为有机防腐剂和无机防腐剂两大类。有机防腐剂主要有苯甲酸及其盐类、山梨酸及其盐类、丙酸及其盐类、对羟基苯甲酸酯类及其盐类以及乳酸、醋酸等,还有一些其他类型的有机化合物,如联苯、邻苯基苯酚及其钠盐(OPP及SOPP)、苯并咪唑(TBZ)等化合物。无机防腐剂主要有硝酸盐及亚硝酸盐类、二氧化硫、亚硫酸以及盐类等,这部分内容将在项目三中进行介绍。下面介绍几种常用的有机防腐剂。

防腐剂的分类

(一)苯甲酸及其钠盐

苯甲酸亦称安息香酸,分子式为$C_7H_6O_2$,相对分子质量为122.12。

苯甲酸钠亦称安息香酸钠,分子式为$C_7H_5NaO_2$,相对分子质量为144.11。它们的结构式分别如下:

苯甲酸　　苯甲酸钠

1. 性状

苯甲酸为白色有丝光的鳞片状结晶或针状结晶,质轻无味或微有安息香或苯甲醛的气味。苯甲酸的化学性稳定,有吸湿性,在常温(25 ℃)下溶于水(0.34 g/100 mL)。溶于热水(90 ℃)(4.55 g/100 mL),也溶于乙醇、氯仿、乙醚和挥发性油、非挥发性油,微溶于己烷。苯甲酸的相对密度为1.316,熔点为121.7 ℃,沸点为249.2 ℃。苯甲酸钠为白色颗粒或结晶性粉末。无臭或微带安息香气味,味微甜,有收敛性,在空气中稳定;在常温(25 ℃)下易溶于水(53.0 g/100 mL),其水溶液的pH为8。在常温(25 ℃)下溶于乙醇(1.4 g/100 mL)。

2. 性能

苯甲酸为一元芳香羧酸,酸性较弱,其25%饱和水溶液的pH为2.8,其杀菌、抑菌效力随介质的酸度增高而增强。在碱性介质中则失去杀菌、抑菌作用。pH为3.5时,0.125%的溶液在1 h内可杀死葡萄球菌等;pH为4.5时,对一般菌类的抑制最小浓度约为0.1%;pH为5时,即使5%的溶液,杀菌效果也不可靠;其防腐的最适pH为2.5~4.0。苯甲酸对细菌抑制力较强,对酵母、霉菌抑制力较弱。

苯甲酸钠防腐效果小于苯甲酸,pH为3.5时,0.05%溶液能防止酵母生长;pH为6.5时,溶液的浓度需提高至2.5%方能有此效果。这是因为苯甲酸钠只有在游离出苯甲酸的条件下才能发挥防腐作用。在酸性较强的食品中,苯甲酸钠的防腐效果好。1.18 g苯甲酸钠的防腐效能相当于1.0 g的苯甲酸。

3. ADI

苯甲酸及其钠盐的ADI为0~5 mg/kg(体重)(苯甲酸及其钠盐的总量,以苯甲酸计)(FAO/WHO,1994)。

4. 使用范围和最大使用剂量(g/kg,以苯甲酸计)

碳酸饮料,特殊用途饮料,0.2;配制酒,0.4;蜜饯,0.5;复合调味料,0.6;除胶基糖果以外的其他糖果,果酒,0.8;风味冰、冰棍类、果酱(罐头除外)、腌渍的蔬菜、调味糖浆、食醋、酱油、酿造酱、半固体复合调味料、液体复合调味料、果蔬汁(浆)类饮料、蛋白饮料、茶、咖啡、植物(类)饮料、风味饮料,1.0;胶基糖果,1.5;浓缩果蔬汁(浆)(仅限食品工业用),2.0。

5. 使用方法

因苯甲酸的溶解度小,故使用时应根据食品特点选用热水或乙醇溶解。因苯甲酸易随水蒸气挥发,故加热溶解时要戴口罩,避免对操作人员身体造成损害。另外,不宜有酒味的食品不能用乙醇溶解。苯甲酸钠可直接用洁净的水配制成较浓的水溶液,然后再按标准添加到食品中去。

(二)山梨酸及其钾盐

山梨酸是一种不饱和脂肪酸,又名2,4-己二烯酸、2-丙烯基丙烯酸,又称为清凉茶酸,分子式为$C_6H_8O_2$,相对分子质量为112.13。山梨酸钾,又名2,4-己二烯酸钾,是山梨酸的钾盐,分子式为$C_6H_7KO_2$,相对分子质量为150.22。它们的结构式分别如下:

$$CH_3CH=CHCH=CHCOOH$$
山梨酸

$$CH_3CH=CHCH=CHCOOK$$
山梨酸钾

1. 性状

山梨酸为无色针状结晶或白色结晶性粉末,无味或略有特殊气味和酸味,耐光、耐热性好,长期暴露在空气中会被氧化而变色,熔点为132~135 ℃,沸点为228 ℃(分解),易溶于乙醇等有机溶剂,难溶于水。

山梨酸钾为无色或白色鳞片状结晶或结晶性粉末,无臭或微有臭味,长期暴露在空气中易吸潮,被氧化分解而变色。山梨酸钾易溶于水,也易溶于高浓度的蔗糖和食盐溶液。1%山梨酸钾水溶液的pH为7~8。

2. 性能

山梨酸是使用最多的防腐剂,大多数国家都使用它。1945年,美国Gooding发现山梨酸具有良好的防霉性能,它对霉菌、酵母菌和好气性细菌的生长发育起抑制作用,而对厌氧性细菌几乎无效。山梨酸为酸性防腐剂,在酸性介质中对微生物有良好的抑制作用,随pH增大防腐效果减弱,pH为8时丧失防腐能力,适用于pH在5.5以下的食品。

山梨酸钾具有很强的抑制腐败菌和霉菌的作用,其毒性远低于其他防腐剂,已成为广泛使用的防腐剂。在酸性介质中山梨酸钾能充分发挥防腐作用，在中性条件下防腐作用小。

3. ADI

山梨酸及其钾盐的ADI为0~25 mg/kg（体重）（山梨酸及其钾盐的总量，以山梨酸计）（FAO/WHO，1994）。

4. 使用范围和最大使用剂量（g/kg，以山梨酸计）

熟肉制品（08.03.08肉罐头类除外），预制水产品（半成品），0.075；葡萄酒，0.2；配制酒，0.4；风味冰、冰棍类，经表面处理的鲜水果，蜜饯，经表面处理的新鲜蔬菜，加工食用菌和藻类（04.03.02.01冷冻食用菌和藻类、04.03.02.04食用菌和藻类罐头除外），酿造酱，饮料类[14.01包装饮用水、14.02.01果蔬汁（浆）除外]，果冻，胶原蛋白肠衣，0.5；配制酒（仅限青稞干酒），0.6 g/L；果酒，0.6；干酪、再制干酪、干酪制品及干酪类似品，氢化植物油，人造黄油（人造奶油）及其类似制品（如黄油和人造黄油混合品），脂肪含量80%以下的乳化制品，果酱（罐头除外），腌渍的蔬菜，豆干再制品，新型豆制品（大豆蛋白及其膨化食品、大豆素肉等），除胶基糖果以外的其他糖果，面包，糕点，焙烤食品馅料及表面用挂浆，腌制水产品（仅限即食海蜇），风干、烘干、压干等水产品，熟制水产品（可直接食用），其他水产品及其制品，调味糖浆，食醋，酱油，复合调味料，乳酸菌饮料，1.0；胶基糖果，其他杂粮制品（仅限杂粮灌肠制品），方便米面制品（仅限米面灌肠制品），肉灌肠类，蛋制品（改变其物理性状）[10.03.01脱水蛋制品（如蛋白粉、蛋黄粉、蛋白片）、10.03.03蛋液与液态蛋除外]，1.5；浓缩果蔬汁（浆）（仅限食品工业用），2.0。

5. 使用方法

山梨酸在水中的溶解度低，使用前要将山梨酸溶解在乙醇溶液里，再加入食品。溶解时注意不要使用铜铁容器。在需要加热的产品中使用山梨酸时，为防止山梨酸受热挥发，最好在加热过程的后期添加。使用时可以用直接添加、喷洒、浸渍、干粉喷雾、在包装材料上处理等多种形式。

山梨酸钾与碱、氧化剂和还原剂有配伍禁忌。当遇到非离子型表面活性剂和塑料时山梨酸钾的抗菌活性会有所降低。重金属盐能催化氧化反应。

（三）丙酸及其钠盐、钙盐

丙酸，分子式为$C_3H_6O_2$，相对分子质量为74.08。丙酸钠，分子式为$C_3H_5NaO_2$，相对分子质量为96.06。丙酸钙，分子式为$C_6H_{10}CaO_4$，相对分子质量为186.22。它们的结构式分别如下：

$$CH_3-CH_2-COOH$$
丙酸
$$CH_3-CH_2-COONa$$
丙酸钠
$$(CH_3-CH_2-COO)_2Ca$$
丙酸钙

1. 性状

丙酸为无色透明油状液体，具有刺激性气味；熔点为-22 ℃，沸点为141 ℃，相对密度为0.993~0.997（20 ℃），离子平衡常数$K_a=1.34\times10^{-5}$（25 ℃）；可溶于水、乙醇及其他有机溶剂。丙酸钠为无色透明晶体、颗粒或结晶性粉末,无臭或略带丙酸气味;熔点在400 ℃以上(分解),在潮湿空气中易潮解;极易溶于水,1 g本品可溶于1 mL水(15 ℃),溶于乙醇(4.4 g/100 mL);其10%水溶液pH为8.49。丙酸钙为白色颗粒或结晶性粉末,无臭或略带丙酸气味;熔点在400 ℃以上(分解),有吸湿性;易溶于水,不溶于醇、醚类;其10%水溶液pH为7.4。

2. 性能

丙酸是一元羧酸,它是通过抑制微生物合成β-丙氨酸而起抗菌作用的,故在丙酸钠中加入少量β-丙氨酸,其抗菌作用即被抵消,但是对棒状曲菌、枯草杆菌、假单胞杆菌等仍有抑制作用。

丙酸钠对防霉菌有良好的效能,而对细菌抑制作用较小,对酵母菌无作用。它能使蛋白质变性、酶变性,防止产生黄曲霉毒素。在丙酸钠中起防腐作用的主要是未离解的丙酸,所以应在酸性范围内使用。

丙酸钙的防腐性能与丙酸钠相同,在酸性介质中游离出丙酸,从而发挥抑菌作用。丙酸钙能抑制面团发酵时枯草杆菌的繁殖,pH为5.0时最小抑菌浓度为0.01%,pH为5.8时最小抑菌浓度为0.188%,最适pH应低于5.5,其他参照丙酸钠。丙酸钙抑制霉菌的有效剂量较丙酸钠小,并会降低化学膨松剂的作用,故常用丙酸钠;然而使用丙酸钙可补充食品中的钙质。

3. ADI

丙酸及其钠盐、钙盐的ADI无须规定(FAO/WHO,1994)。

4. 使用范围和最大使用剂量(g/kg,以丙酸计)

生湿面制品(如面条、饺子皮、馄饨皮、烧麦皮),0.25;原粮,1.8;豆类制品,面包,糕点,食醋,酱油,液体复合调味料,2.5;调理肉制品(生肉添加调理料),熏、烧、烤肉类,3.0。

5. 使用方法

丙酸及其盐类一般在生面团的加工阶段添加,面包中一般使用丙酸钙,如使用丙酸钠会使pH升高,延迟生面团的发酵(最佳pH为4.5);糕点中一般使用丙酸钠,如用丙酸钙,膨松剂会与钙离子反应,减少二氧化碳的生成。用于杨梅罐头加工工艺时,应使用3%~5%的水溶液,加工前必须洗净。

(四)对羟基苯甲酸酯类及其钠盐

对羟基苯甲酸酯类又称为尼泊金酯类,主要包括对羟基苯甲酸甲酯、对羟基苯甲酸乙酯、对羟基苯甲酸丙酯、对羟基苯甲酸丁酯和对羟基苯甲酸异丁酯。它们对食品均有防腐作用,我国主要使用对羟基苯甲酸甲酯钠和对羟基苯甲酸乙酯及其钠盐。

对羟基苯甲酸甲酯钠、对羟基苯甲酸乙酯及其钠盐的分子式分别为$C_8H_7O_3Na$、$C_9H_{10}O_3$、$C_9H_9O_3Na$,相对分子质量分别为174.10、166.18、188.80。

1. 性状

对羟基苯甲酸甲酯钠为白色吸湿性粉末,易溶于水,呈碱性。对羟基苯甲酸乙酯为无色细小晶体或白色结晶性粉末,有轻微特殊香味,稍有涩味,耐光和热。熔点为116~118 ℃,无吸湿性。

微溶于水,易溶于乙醇、丙二醇和醚。对羟基苯甲酸乙酯钠为白色吸湿性粉末,易溶于水,呈碱性。

2. 性能

由于对羟基苯甲酸甲酯钠具有酚羟基结构,所以抗细菌性能比苯甲酸、山梨酸都强。其作用机制是破坏微生物的细胞膜,使细胞内的蛋白质变性,并可抑制微生物细胞的呼吸酶系与电子传递酶系的活性。

对羟基苯甲酸乙酯及其钠盐对霉菌、酵母有较强的抑制作用;对细菌,特别是革兰氏阴性杆菌和乳酸菌的抑制作用较弱,其抗菌作用较苯甲酸和山梨酸强。有淀粉存在时,对羟基苯甲酸乙酯的抗菌力减弱。

3. ADI

对羟基苯甲酸酯类及其钠盐的 ADI 为 0~10 mg/kg(体重)(以对羟基苯甲酸甲酯、对羟基苯甲酸乙酯、对羟基苯甲酸丙酯总量计)(FAO/WHO,1994)。

4. 使用范围和最大使用剂量(g/kg,以对羟基苯甲酸计)

经表面处理的鲜水果,经表面处理的新鲜蔬菜,0.012;热凝固蛋制品(如蛋黄酪、皮蛋肠),碳酸饮料,0.2;果酱(罐头除外),食醋,酱油,酿造酱,调味酱,液体复合调味料,果蔬汁(浆)类饮料,风味饮料(仅限果味饮料),0.25;焙烤食品馅料及表面用挂浆(仅限糕点馅),0.5。

5. 使用方法

对羟基苯甲酸酯类是油溶性产品,较难溶于水。对羟基苯甲酸甲酯钠是水溶性产品,操作简单,分散性好,表观上防腐能力好于对羟基苯甲酸乙酯。各种对羟基苯甲酸酯中的侧面碳链长短不同,其穿透细胞膜的能力也不同,并且抑菌的作用位点也不同,因此各种单酯(钠)针对不同微生物的抑菌能力就有差异。各种单酯(钠)的复合使用存在协同效应,会产生更好的防腐效果。

二 天然食品防腐剂

天然食品防腐剂也称天然有机防腐剂,是由生物体分泌或者体内存在的具有抑菌作用的物质,经人工提取或者加工而成为食品防腐剂。此类食品防腐剂为天然物质,有的本身就是食品的组分,故对人体无毒害,且能增进食品的风味品质,因而是一类有发展前景的食品防腐剂。天然食品防腐剂具有抗菌性强、安全无毒、水溶性好、热稳定性好、作用范围广等化学合成食品防腐剂无法比拟的优点。下面介绍常用的几种天然食品防腐剂。

(一)乳酸链球菌素

乳酸链球菌素(Nisin)亦称乳酸链球菌肽或音译为尼塞,是乳酸链球菌产生的一种多肽物质,由34个氨基酸组成。分子式为 $C_{143}H_{228}N_{42}O_{37}S_7$,相对分子质量为3 348。

1. 性状

白色易流动粉末。在酸性条件下极为稳定。对水的溶解度随pH的下降而提高,pH为2.5

时溶解度为12.0%,pH为5.0时下降到4.0%,在中性及碱性条件下几乎不溶解。乳酸链球菌素对蛋白质水解酶特别敏感。

2. 性能

乳酸链球菌素能有效抑制引起食品腐败的许多革兰氏阳性细菌,如乳杆菌、明串珠菌、小球菌、葡萄球菌、李斯特菌等,特别是对产芽孢的细菌如芽孢杆菌、梭状芽孢杆菌有很强的抑制作用。

3. ADI

乳酸链球菌素的ADI为0~33 000 IU/kg(体重)(FAO/WHO,2001)。

4. 使用范围和最大使用剂量(g/kg)

食醋,0.15;酱油,酿造酱,复合调味料,饮料类[14.01包装饮用水、14.02.01果蔬汁(浆)、14.02.02浓缩果蔬汁(浆)除外],0.2;其他杂粮制品(仅限杂粮灌肠制品),方便米面制品(仅限方便湿面制品),方便米面制品(仅限米面灌肠制品),蛋制品(改变其物理性状)[10.03.01脱水蛋制品(如蛋白粉、蛋黄粉、蛋白片)、10.03.03蛋液与液态蛋除外],0.25;面包,糕点,0.3;乳及乳制品(13.0特殊膳食用食品涉及品种除外)(01.01.01巴氏杀菌乳、01.01.02灭菌乳和高温杀菌乳、01.02.01发酵乳、01.03.01乳粉和奶油粉和01.05.01稀奶油除外),腌渍的蔬菜,加工食用菌和藻类(04.03.02.04食用菌和藻类罐头除外),卤制豆干,预制肉制品,熟肉制品(08.03.08肉罐头类除外),熟制水产品(可直接食用),0.5。

5. 使用方法

先将防腐剂粉末按设定量配成溶液,再直接与辅料、肉制品一起混合均匀或注射到肉制品中,也可喷涂于肉制品表面或将肉制品在防腐液中浸渍一定的时间。

(二)纳他霉素

纳他霉素也称游霉素,是由一种链霉菌经生物技术精炼而成的生物防腐剂。分子式为$C_{33}H_{47}NO_{13}$,相对分子质量为665.75。

1. 性状

近白色到奶油黄色的无臭无味的粉末。几乎不溶于水,微溶于甲醇,溶于冰醋酸和二甲基亚砜。

2. 性能

纳他霉素用于食品表面时,对真菌、酵母菌、某些原生动物和藻类具有一定效果,无抗细菌活性。用于发酵干酪可选择性抑制霉菌的生长从而让细菌得到正常生长和代谢。

3. ADI

纳他霉素的ADI为0~0.3 mg/kg(体重)(FAO/WHO,2001)。

4. 使用范围和最大使用剂量

发酵酒（15.03.01 葡萄酒除外），0.01 g/L；蛋黄酱、沙拉酱，0.02 g/kg（残留量 ≤10 mg/kg）；干酪、再制干酪、干酪制品及干酪类似品，0.3 g/kg（表面使用，残留量<10 mg/kg）；糕点，酱卤肉制品类，熏、烧、烤肉类（熏肉、叉烧肉、烤鸭、肉脯等），油炸肉类，西式火腿（熏烤、烟熏、蒸煮火腿）类，肉灌肠类，0.3 g/kg（表面使用，混悬液喷雾或浸泡，残留量<10 mg/kg）。

5. 使用方法

使用时，可用浸泡法或喷雾法，使其分布于干酪、水果、容器的表面，也可直接加入食品。

（三）溶菌酶

溶菌酶（Lysozyme）又称胞壁质酶（Muramidase）或 N-乙酰胞壁质聚糖水解酶（N-acetylmuramide glycanohydrlase），是一种能水解细菌中黏多糖的碱性酶。溶菌酶主要通过破坏细胞壁中的 N-乙酰胞壁酸和 N-乙酰氨基葡萄糖之间的 β-1,4 糖苷键，使细胞壁不溶性黏多糖分解成可溶性糖肽，造成细胞壁破裂内容物逸出而使细菌溶解。溶菌酶还可与带负电荷的病毒蛋白直接结合，与 DNA、RNA、脱辅基蛋白形成复合体，使病毒失活。相对分子质量为 14 000。

1. 性状

白色粉状结晶，无臭，微甜，易溶于水，不溶于丙酮、乙醇。溶菌酶遇碱易被破坏，但在酸性环境下，溶菌酶对热的稳定性很强，在 pH 为 4~7 时，100 ℃ 处理 1 min，仍能较好地保持活力；pH 为 3 时，能耐 100 ℃ 加热处理 45 min。

2. 性能

溶菌酶能催化细菌膜多糖的水解，从而溶解许多细菌的细胞膜，使细胞膜的糖蛋白类发生加水分解，从而引起溶菌现象。溶菌酶对革兰氏阳性菌、枯草杆菌等均有良好的抗菌能力。将溶菌酶、氯化钠和亚硝酸钠联合应用到肉制品中可延长肉制品的保质期，其防腐效果比单独使用溶菌酶或氯化钠和亚硝酸钠的效果更好。

3. ADI

溶菌酶的 ADI 没有规定。

4. 使用范围和最大使用剂量

发酵酒（15.03.01 葡萄酒除外），0.5 g/kg；干酪、再制干酪、干酪制品及干酪类似品按生产需要适量使用。

5. 使用方法

由于溶菌酶抗菌谱较窄，只对 G^+ 细菌起作用，为了加强其溶菌作用，常与甘氨酸、植酸、聚合磷酸盐等物质配合使用，以增强对 G^- 细菌的溶菌作用。

三、其他食品防腐剂

在"健康食品、绿色食品"概念逐渐根植于大众心中的大背景下,天然高效、安全无毒、性能稳定的新型天然食品防腐剂受到普遍的关注与认可,成为当下食品科学研究和应用的一个热点。下面介绍常用的几种新型天然食品防腐剂。

(一)鱼精蛋白

鱼精蛋白是一种结构简单的球形蛋白质,它由相对分子质量从数千到 12 000 的碱性多肽构成;含大量氨基酸,其中 70% 为精氨酸。鱼精蛋白主要来自大马哈鱼、鲱鱼的鱼精,分别称为大马哈鱼精蛋白、鲱鱼鱼精蛋白。它对细菌、酵母菌、霉菌有广谱抗菌作用,特别对革兰氏阳性菌抗菌作用更强,对枯草杆菌、芽孢杆菌、胚芽乳杆菌、干酪乳杆菌等均有良好的抗菌作用,最小抑菌浓度为 70~400 mg/mL。

鱼精蛋白的作用机制是抑制线粒体与传递系统中的一些特定成分,抑制一些与细胞膜有关的新陈代谢过程,从而使细胞死亡。

鱼精蛋白在碱性介质中有较高的抗菌能力,在酸性(pH<6)介质中抗菌能力较低。在钙镁等 2 价阳离子及磷酸、蛋白质等存在时有抑制抗菌力倾向。鱼精蛋白抽提物热稳定性高,120 ℃加热 30 min 也能维持活性。

鱼精蛋白已被广泛应用于各种食品中,加在水产品、米面制品、畜肉、蛋、奶、果蔬中都取得了较好的防腐效果,如鱼精蛋白能有效延长鱼糕制品的保存期。当鱼精蛋白的添加量达到 1% 时,在 12 ℃和 24 ℃的有效保存期分别为 8 d 和 6 d。在牛奶、鸡蛋布丁中添加 0.05%~0.10% 的鱼精蛋白,能在 15 ℃保存 5~6 d,而对照组(不添加鱼精蛋白)第 4 d 就开始变质。实际应用中常将鱼精蛋白和其他药剂或其他保存方法并用,如将鱼精蛋白与山梨酸并用,不但能在较宽的 pH 范围内具有抗菌效果,而且还能够得到两者并用的复合抗菌效果。鱼精蛋白与 0.01%~0.02% 的山梨酸混合使用,即使其浓度比单用鱼精蛋白或山梨酸的浓度低也可取得相同的抗菌效果。鱼精蛋白与其他添加剂如甘氨酸、醋酸钠、乙醇、单甘油酯等并用或加热后并用抗菌有相乘效果,适用的食品防腐范围也更广。

(二)壳聚糖

壳聚糖即脱乙酰基甲壳质,又名甲壳素,为黄色或白色粉末,是由蟹壳虾壳脱乙酰水解提取的一种多糖类物质,是一种成本较低、安全无毒、无污染、防腐保鲜效果好的天然食品防腐剂。不溶于水,溶于甲酸、乙酸、乳酸、苹果酸,无毒、无异味。

壳聚糖的抑菌作用近几年已引起食品领域的高度重视,其作用机制为通过壳聚糖分子的正电荷与细菌细胞膜上的负电荷相互作用,影响膜通透性,使细胞内的蛋白酶和其他成分外溢,起到抑菌、杀菌的作用。壳聚糖还可与 DNA 结合,抑制 mRNA 的合成,从而抑制蛋白质的合成,起到抗菌作用。当壳聚糖浓度达到 0.4% 时,对大肠杆菌、普通变形杆菌、枯草杆菌、荧光假单胞菌和金黄色葡萄球菌这五种常见食物中毒菌有极强的抑制作用,对其他的如革兰氏阳性菌也有抗菌作用。壳聚糖的抑菌作用首先在农业和医药领域被发现利用,目前食品工业界也已开始注意其抑菌作用。到目前为止,对壳聚糖的抑菌机理尚不明确,但是其优良的防腐性能已得到充分肯定,特别是针对水果的防腐保鲜。壳聚糖与醋酸钠配合使用,能达到更好的防腐效果。

(三)蜂胶

蜂胶是蜜蜂从植物的树芽、树皮等部位采集的树脂,再混以蜜蜂舌腺、蜡腺等腺体的分泌物,经蜜蜂加工转化而成的一种具有芳香气味的不透明胶状物质。蜂胶呈黄褐色或灰褐色,味道微苦,不溶于水但溶于乙醇、乙醚等有机溶菌剂,成分复杂。蜂胶的乙醇提取物对诸如伤寒沙门氏菌、金黄色葡萄球菌、肉毒梭状芽孢杆菌等许多食品致病菌均具有良好的抑制作用。同时,利用蜂胶黄酮还可以开发出褐变抑制剂、对虾饲料添加剂、蜜蜂饲料防腐剂等,从而使褐变时间延长4~5 h,使对虾成活率由30%提高到75%以上。此外,蜂胶中还含有丰富的药效成分,其中,多酚类化合物具有抑制和杀死细菌的功用,但对正常细胞无毒副作用,能起到消炎、镇痛、促进组织再生、提高免疫功能等作用,素有"完美的天然广谱抗菌物质"之称,且由于该作用,蜂胶现已编入中国药典,用于治疗多种疾病。在国外,蜂胶还用于果冻、糖果和口香糖等食品的防腐保鲜,或做食品添加剂和功能增强剂用于改善食品的口味与色泽,增强食品的保健功效。

知识点四　食品加工用杀菌剂

一 杀菌剂的应用方法

杀菌剂是一类能防止食品有害微生物繁殖或杀灭食品有害微生物的化学制剂,可分为还原型和氧化型两类。前者如亚硫酸及其盐类,其还原作用有杀菌及漂白功能,有时作漂白剂。后者如过氧化氢、次氯酸及其盐类、过氧醋酸、漂白粉等,其氧化作用有比一般防腐剂更为强烈的杀菌功能,也有漂白功能,但由于其化学性质不稳定,易分解,可能与食品成分起不良的反应或带给食品不良的影响,很少直接添加到食品中,主要用于饮料水以及容器、工具、设备和半成品的杀菌、消毒。

二 杀菌剂的选用原则

一般情况下,选用杀菌剂应遵循以下原则:
1. 符合卫生标准,与食品不发生化学反应。
2. 杀菌效果好,使用量少,杀菌效率高,对多种微生物起作用。
3. 对人类及动物、植物等安全性高,无伤害或低伤害。
4. 使用时效长,较长时间内防腐性能稳定。
5. 稳定性高,抗外界影响能力强。
6. 方便添加,使用简单,价格便宜。
7. 无特殊颜色或气味,对人体无不良反应,环保,易循环降解。

三 认识常用的杀菌剂

（一）亚硫酸钠

亚硫酸钠有无水亚硫酸钠、结晶亚硫酸钠。无水亚硫酸钠分子式为 Na_2SO_3，相对分子质量为 126.04。结晶亚硫酸钠分子式为 $Na_2SO_3 \cdot 7H_2O$，相对分子质量为 252.16。

亚硫酸钠为白色粉末或结晶。易溶于水，微溶于乙醇；水溶性呈碱性，在空气中徐徐氧化成为硫酸盐，其与酸反应产生二氧化硫。无水亚硫酸钠比含结晶水的亚硫酸钠稳定。植物性食品的褐变多与氧化酶的活性有关，亚硫酸钠在被氧化时将着色物质还原，对氧化酶的活性有很强的阻碍作用从而呈现强烈的漂白效果。所以制作果干、果脯时使用亚硫酸钠可以防止酶性褐变。另外，亚硫酸钠与葡萄糖等能进行加成反应，阻断含碳基的化合物与氨基酸的缩合反应，防止了由糖氨反应造成的非酶性褐变。亚硫酸钠是强还原剂，有显著的抗氧化作用。它能消耗果蔬组织中的氧，从而防止果蔬中维生素C被氧化和破坏。

（二）次氯酸

次氯酸是一种氯元素的含氧酸，化学式为 HClO。它仅存在于溶液中，其浓溶液呈黄色，稀溶液无色，有非常刺鼻的、类似氯气的气味，而且极不稳定，是一种很弱的酸，比碳酸弱，和氢硫酸相当。次氯酸也有极强的漂白作用，它的盐类可用作漂白剂和消毒剂。次氯酸主要作为消毒剂使用，被广泛用于物体表面、织物等污染物品以及水、果蔬和食饮具等的消毒。

（三）过氧乙酸

过氧乙酸可以杀灭大肠杆菌、金黄色葡萄球菌、白色念珠菌、白色葡萄球菌等细菌和真菌。过氧乙酸的化学式是 $C_2H_4O_3$，有强烈刺激性气味，溶于水、醇、醚、硫酸。主要用于食品加工厂、食品冻库、肉联厂、屠宰场、畜禽圈舍、病房、一般物体表面、工具、衣物、菇房、棚架等的消毒。

操作与体验

技能一 食品防腐剂在液态食品中的使用及效果评价

目的与要求

通过添加食品防腐剂和未添加食品防腐剂的液态食品的比较，了解产品中添加和不添加食品防腐剂的不同效果，掌握食品防腐剂的作用。

仪器与材料

实验仪器:捣碎机,纱布。

实验材料:番茄500 g,山梨酸钾0.05%(以饮料质量计),白砂糖适量。

方法与步骤

番茄汁制备:清洗→热烫去皮→趁热破碎→预煮(番茄与水的比例为1∶1,90~95 ℃,15 min)→榨汁→纱布过滤→调配→灌装→冷却。

制备两组食品,灌装前一组添加山梨酸钾,另一组不添加,对其保质期内的主要指标如产品色泽、口感、腐败霉变进行对比、总结。

效果与评价

将山梨酸钾添加前后结果对比填入表2-1。

表2-1　　　　　　　　　　　　山梨酸钾添加前后结果对比

对比项目	第一组			第二组		
	0 d	15 d	30 d	0 d	15 d	30d
色泽						
口感						
腐败霉变						

技能二　食品防腐剂在固态食品中的使用及效果评价

目的与要求

通过添加食品防腐剂和未添加食品防腐剂的固态食品的比较,了解产品中添加和不添加食品防腐剂的不同效果,掌握食品防腐剂的作用。

仪器与材料

实验仪器:发酵箱,烤箱。

实验材料:丙酸钙2 g,高筋面粉1 000 g,白砂糖220 g,食盐8 g,水450 g,鸡蛋80 g,干酵母粉16 g,黄油或色拉油60 g,面粉改良剂3 g,奶香粉3 g。

方法与步骤

先取一半面粉与干酵母粉混合均匀后加水,低速搅打;加入另外一半面粉及剩余粉质原料继续低速搅打20 min;加入色拉油或黄油;置于发酵箱发酵1 h;条件:温度为38 ℃,湿度为45%;焙烤条件:上温为210 ℃,下温为190 ℃,20 min;烤前刷蛋液。

制备两组食品,发酵前一组添加丙酸钙,另一组不添加,对其保质期内的主要指标如产品色泽、口感、腐败霉变进行对比、总结。

效果与评价

将丙酸钙添加前后结果对比填入表2-2。

表2-2　　　　　　　　　　　丙酸钙添加前后结果对比

对比项目	第一组			第二组		
	0 d	15 d	30 d	0 d	15 d	30 d
色泽						
口感						
腐败霉变						

技能三　食品防腐剂抑菌能力的测定

目的与要求

1. 了解山梨酸钾产生抑菌效果的原理。
2. 学会利用管碟法(牛津杯法)测定食品防腐剂的抑菌效果。
3. 了解不同浓度山梨酸钾对不同微生物抑菌活性的影响。

实训原理

山梨酸钾是一种真菌抑制剂,防腐作用主要靠未解离的分子,在pH≤6.0时对霉菌和酵母菌有明显的抑制作用,在pH>6.5时无效。

牛津杯里的防腐剂向琼脂培养基扩散渗透,通过对试验菌的抑杀作用而影响细菌的生长繁殖,在牛津杯周围形成抑菌圈。依据抑菌圈的大小可以判断抑菌能力的强弱。

仪器与材料

实验仪器:超净工作台,移液枪(1 mL),无菌陶瓦盖培养皿,无菌牛津杯等。

实验材料:葡萄糖蛋白胨琼脂培养基,山梨酸钾溶液(0.2%、0.3%、0.4%、0.5%),啤酒酵母,金黄色葡萄球菌。

方法与步骤

1. 培养基的制备:融化培养基。
2. 制平板:将融化培养基倒入平皿内约25 mL(培养皿底约一半高度),待其凝固。
3. 涂布平板接种:用移液枪吸取0.1 mL菌液加到上述平板中,用无菌三角玻璃涂布棒涂布均匀。
4. 加牛津杯和药液:标记药液浓度后,用无菌镊子将牛津杯等距离放置在培养基上,用移液枪在每个牛津杯中加入不同浓度的药液 0.2 mL(要有空白对照)。

5. 培养:细菌 37 ℃培养 24 h,真菌 28 ℃培养 48 h。

6. 结果判定:根据牛津杯周围有无抑菌圈及其直径大小,来判断该菌对山梨酸钾的敏感程度。用直尺测量抑菌圈大小,并记录。

效果与评价

将菌体对山梨酸钾的敏感程度记录填入表 2-3。

表 2-3　　　　　　　　　　菌体对山梨酸钾的敏感程度记录

山梨酸钾浓度/%		0.2	0.3	0.4	0.5	空白
抑菌圈直径/（mm×mm）	啤酒酵母					
	金黄色葡萄球菌					

拓展与提升

食品防腐剂研究进展与展望

近年来已从许多不同种类的微生物和植物中提取了一些具有抑菌和防腐作用、同时还可用于食品保鲜的防腐剂。如细菌中的乳酸链球菌素、双歧杆菌素;放线菌素类的纳他霉素、ε-聚赖氨酸及其盐酸盐、泰乐霉、霉菌素中的红曲霉素。在许多植物中尤其是香辛料植物中,如辣根、芥末、胡椒、大蒜、桂皮等及其他一些非香辛料植物,如连翘、罗汉果、毛蒿中均获得了一些提取物,具有一定的防腐和抗菌作用。目前来讲,它们还不能完全取代传统的食品防腐剂,但更安全、更有效的天然食品防腐剂一定会逐步取代合成的食品防腐剂,将成为发展的趋势。随着对天然食品防腐剂需求的日益增加,对天然食品防腐剂的研究和开发将有更广阔的前景。

生物菌素的使用能使食品的杀菌条件更温和,有效地保存了食品的营养成分,或可减少化学防腐剂的使用量。生物防腐剂的这些优点已经成为当今食品防腐研究的热点。特别是微生物源的天然食品防腐剂因其安全、无毒、高效、来源广、适应性广、性能稳定等优点,而成为微生物防腐剂中研究、应用和发展的一个重要方面。食品工程技术和生物技术等高新技术在微生物防腐剂的应用为研究开发新的天然食品防腐剂提供了更广阔的空间。在筛选新的食品防腐剂生产菌的同时,采用基因重组技术构建高产、广谱抗性菌株,以期获得抗菌效果更好的天然防腐剂。如有学者已成功通过传统的杂交手段把酵母嗜杀特性移入普通菌,使之获得嗜杀特性,应用于低度酒的生产;通过转基因技术来改变微生物的代谢特性,使之适应环境的能力更强,产生抗菌谱更宽、抗菌效果更好的天然食品防腐剂;将微生物防腐剂与天然的动植物或矿物防腐剂配合使用以增强抗菌作用;高效液相色谱法、酶联免疫测定法在天然食品防腐剂研究领域的应用必将进一步促进该领域的进步。可以预测,随着人们食品安全意识的逐步增强,来源于微生物和动植物源的食品防腐剂必将越来越多地受到人们的关注。

> 思考与练习

一、名词解释

1.食品防腐剂　2.溶菌酶　3.天然食品防腐剂

二、选择题

1.下列为天然食品防腐剂的是（　　）。
A.苯甲酸　　　　　　B.鱼精蛋白　　　　　　C.双乙酸　　　　　　D.乙醇

2.下列不属于食品防腐剂的是（　　）。
A.苯甲酸　　　　　　B.山梨酸　　　　　　C.海藻酸钠　　　　　　D.乳酸链球菌素

3.纳他霉素属于（　　）。
A.化学合成食品防腐剂　　　　　　　　B.植物天然食品防腐剂
C.动物天然食品防腐剂　　　　　　　　D.微生物天然食品防腐剂

三、填空题

1.常用天然食品防腐剂有（任举3例）_____、_____、_____。

2.依据我国食品防腐剂标准,微生物代谢产物中只允许_____、_____等用于食品的防腐。

3.甲壳质适用于不含_____酸性食品,特别适用于_____的防腐保鲜。

四、简答题

1.简述食品防腐剂的类型及各自的特点。

2.简述防腐剂抗菌作用的一般机理。

3.要使防腐剂在食品中充分发挥作用,必须注意哪些方面?

4.使用山梨酸及其盐类要注意什么?

项目三

调色类食品添加剂的使用

调色剂——创新
点亮食品美学

学习目标与要求

知识目标

1. 了解常用的食品着色剂的毒性、食品着色剂的发展趋势、常用的食品护色剂的毒性、常用的食品漂白剂的毒性。
2. 理解食品着色剂的发色机理、食品护色剂的作用机理、食品漂白剂的作用机理。
3. 掌握常用的食品着色剂的性状与性能、着色性能、应用状况。

能力目标

1. 能够指出并描述3~5种常见的合成和天然食品着色剂的性能以及应用状况。
2. 能够说出2~4种常见的护色剂、助色剂和漂白剂的名称及相关特点。
3. 能够指出并描述3~5种护色技术和助色技术。

职业素养目标

1. 通过学习常用的合成、天然食品着色剂的性能以及应用,增强诚信意识、公民责任意识、法律意识以及对祖国丰富资源的热爱。
2. 通过学习食品护色剂特性、护色技术,树立食品安全意识,增强推动食品安全工作健康发展的信心。
3. 通过学习食品漂白剂作用机理,养成营养膳食、卫生饮食的好习惯。

学习重点与难点

重点:合成食品着色剂、天然食品着色剂的应用,食品护色剂的应用,食品漂白剂的应用。
难点:食品着色剂的着色机理,食品护色剂的作用机理,食品漂白剂的作用机理。

认知与解读

》》知识点一 食品着色剂的使用《《

食品着色剂又称食品色素。食品着色剂是赋予和改善食品色泽的物质，是以食品着色为目的的一类食品添加剂。

一、食品着色剂的分类

目前常用于食品的着色剂有六十多种，按其来源和性质分为食品天然着色剂和食品合成着色剂两类。

（一）食品天然着色剂

食品天然着色剂，也称食品天然色素，主要是指从动植物和微生物中提取的着色剂，一些品种还具有维生素活性（如β-胡萝卜素），有的还具有一定的生物活性功能（如栀子黄、红花黄等）。其品种繁多，色泽自然，而且使用范围和用量都比合成着色剂宽，但存在成本高、着色力弱、稳定性差、容易变质，一些品种还有异味、异臭、难以调出任意颜色等缺点。食品天然色素分类结果见表3-1。

天然色素

表3-1　　　　　　　　　　食品天然色素的分类

分类原则	具体类别					
化学结构	四吡咯衍生物（卟啉类衍生物）	异戊二烯衍生物	多酚类衍生物	酮类衍生物	醌类衍生物	其他
	叶绿素等	辣椒红、β-胡萝卜素、栀子黄等	越橘红、葡萄皮红、玫瑰茄红、萝卜红、红米红等	红曲红、姜黄素等	紫胶红、胭脂虫红等	甜菜红等
来源	植物色素		动物色素		微生物类	
	甜菜红、姜黄、β-胡萝卜素、叶绿素等		紫胶红、胭脂红等		红曲红等	
溶解性质	水溶性			脂溶性		
	甜菜红、花青素、玫瑰茄红等			β-胡萝卜素、辣椒红素、姜黄、红曲色素等		

需要注意的是，一些色素的水溶性可以通过工艺处理进行改变，如β-胡萝卜素不溶于水，但可通过乳化方法生产出既可溶于水，也可溶于油脂的色素。

（二）食品合成着色剂

食品合成着色剂，也称食品合成色素，是以苯、甲苯、萘等化工产品为原料，

食品中的色素

经过磺化、硝化、卤化、偶氮化等一系列有机合成反应所制得的有机着色剂。合成着色剂的特点：着色力强，色泽艳丽，不易褪色，稳定性好，易溶解，易着色，成本低，安全性低。按化学结构，合成着色剂可分为两类：偶氮类色素（苋菜红、胭脂红、日落黄、柠檬黄、新红、诱惑红、酸性红等）和非偶氮类色素（赤藓红、亮蓝、靛蓝等）。其中，偶氮类色素按其溶解度不同又分为油溶性和水溶性两类。油溶性偶氮类色素不溶于水，进入人体不易排出，毒性较大，目前基本上不再使用。水溶性偶氮类色素容易排出，毒性较低，现在世界各国使用的合成色素大部分是水溶性偶氮类色素和它们各自的铝色淀。

早在19世纪中叶以前，主要应用的是从生物原料中提取的天然着色剂。可是，随着化学工业的发展，合成色素相继问世，很快就取代了食品天然着色剂在食品中的应用。到20世纪，研究结果发现大多数合成染料具有致畸、致癌、致突变或导致肝、肾、肠胃等疾病的毒性或毒性嫌疑，于是各国纷纷相继禁用许多合成着色剂。但是由于合成着色剂优良的性能和食品工业发展的需求，不同国家对合成着色剂采取不同的使用政策。通过制定食品法规，允许部分合成着色剂仍可使用。当前，随着回归自然、崇尚绿色的呼声越来越高，天然着色剂再次受到大家的欢迎，并且食品天然着色剂的研究与开发也展现出了广阔的发展前景和巨大的市场潜力。

二 食品合成着色剂与应用

食品合成着色剂的安全性问题日益受到重视，各国对其都有严格的限制，不仅在品种、质量、用途和用量上有明确的限制性规定，而且对生产企业也有明确的限制，因此在生产中实际使用的品种正在减少，目前我国允许使用的有8种，美国有10种，日本有11种，欧盟有20种。我国指定的上海市染料研究所为全国唯一的生产单位。但由于合成着色剂有着色力强、色泽鲜艳、不易褪色、稳定性好、易溶解、成本低的优点，加之食品工业发展的需要，世界总体的使用量仍在上升。

（一）主要的食品合成着色剂

1. 苋菜红

苋菜红又称杨梅红、鸡冠花红、蓝光酸性红、食用色素红2号，为水溶性偶氮类着色剂。分子式为$C_{30}H_{11}N_2Na_3O_{10}S_3$，相对分子质量为604.47。其结构式如下：

性状与性能：为红棕色均匀粉末或颗粒，无臭。易溶于水，可溶于甘油及丙二醇，微溶于乙醇，不溶于油脂等其他有机溶剂。水溶液带紫色。耐光、耐热性强，耐细菌性差，对氧化还原敏感，对柠檬酸、酒石酸稳定，而遇碱则变为暗红色。其与铜、铁等金属接触易褪色，易被细菌分解，耐氧化、还原性差。

着色性能：着色力较弱，在浓硫酸中呈现紫色，在浓硝酸中呈亮红色，在盐酸中为黑色沉淀，而色素粉末有带黑的倾向。由于对氧化还原作用敏感，故不适合发酵食品使用。

毒性：苋菜红多年来被公认其安全性高,并被世界各国普遍使用。1968年有报道称苋菜红有致癌性,1972年FAO/WHO食品添加剂联合专家委员会将其ADI从0~1.5 mg/kg修改为0~0.75 mg/kg,1978年和1982年两次将其暂定为ADI延期。1984年该委员会根据收集到的资料再次对其进行评价,并在对鼠的无作用量50 mg/kg的基础上,规定其ADI为0~0.5 mg/kg。

应用：《食品安全国家标准 食品添加剂使用标准》(GB 2760—2024)规定,苋菜红及其铝色淀的使用范围和最大使用量(g/kg,以苋菜红计)为:冷冻饮品(03.04食用冰除外),0.025;蜜饯、腌渍的蔬菜、可可制品、巧克力和巧克力制品(包括代可可脂巧克力及制品)以及糖果、糕点上彩装、烘焙食品馅料及表面用挂浆(仅限饼干夹心)、果蔬汁(浆)类饮料、碳酸饮料、风味饮料(仅限果味饮料)、固体饮料(最大使用量为按稀释倍数稀释后液体中的量)、配制酒、果冻,0.05;装饰性果蔬,0.1;固体汤料,0.2;果酱、水果调味糖浆,0.3。

2. 胭脂红

胭脂红又称丽春红4R、大红、酸性猩红4R、食用色素红102号,为水溶性偶氮类着色剂。分子式为$C_{20}H_{11}N_2Na_3O_{10}S_3$,相对分子质量为604.47。其结构式如下:

性状与性能：为红色至深红色均匀粉末或颗粒,无臭。易溶于水,水溶液呈红色;溶于甘油,微溶于乙醇,不溶于油脂。胭脂红稀释性强,耐光、耐酸性、耐盐性较好,耐热性强,但耐还原性差,耐细菌也较弱,遇碱变为褐色。对柠檬酸、酒石酸稳定。

着色性能：因胭脂红耐还原性差,不适合在发酵食品中使用,其着色力较弱。0.1%的胭脂红水溶液为红色澄清液,在盐酸中呈棕色,并会产生黑色沉淀。

毒性：胭脂红经动物实验证明无致癌、致畸作用,ADI为0~0.4 mg/kg。目前除美国不许可使用外,绝大多数国家可使用。

应用：《食品安全国家标准 食品添加剂使用标准》(GB 2760—2024)规定,胭脂红及其铝色淀的使用范围和最大使用量(g/kg,以胭脂红计)为:蛋卷,0.01;肉制品的可食用动物肠衣类、植物蛋白饮料,0.025;调制乳、风味发酵乳、调制炼乳(包括加糖乳及使用了非乳原料的调制炼乳等)、冷冻饮品(03.04食用冰除外)、蜜饯、腌渍的蔬菜、可可制品、巧克力和巧克力制品(包括代可可脂巧克力及制品)以及糖果(05.04装饰糖果、顶饰和甜汁除外)、虾味片、糕点上彩装、焙烤食品馅料及表面用挂浆(仅限饼干夹心、糕点用馅料及表面用挂浆)、果蔬汁(浆)饮料、含乳饮料、碳酸饮料、风味饮料(仅限果味饮料)、配制酒、果冻、膨化食品,0.05;水果罐头、装饰性果蔬、糖果和巧克力制品包衣,0.1;调制乳粉和调制奶油粉,0.15;鱼子制品,0.16;调味糖浆、蛋黄酱、沙拉酱,0.2;果酱、水果调味糖浆、半固体复合调味料(12.10.02.01蛋黄酱、沙拉酱除外),0.5。

3. 赤藓红

赤藓红又称樱桃红、四碘荧光素、新品酸性红、食用色素红3号,为水溶性非偶氮类着色剂。分子式为$C_{20}H_6I_4Na_2O_5·H_2O$,相对分子质量为897.88。其结构式如下:

性状与性能：为红色至红褐色均匀粉末或颗粒，无臭。吸湿性强，易溶于水，可溶于乙醇、甘油和丙二醇，不溶于油脂。0.1%水溶液呈微蓝的红色，酸性时生成黄棕色沉淀，碱性时产生红色沉淀，耐热、耐还原性强，但耐光、耐酸性差。

着色性能：具有良好的染色性，尤其对蛋白质的染色。在需高温烘焙的食品和碱性及中性的食品中着色力较其他红色合成着色剂强。

毒性：1974年，FAO/WHO食品添加剂联合专家委员会曾规定其ADI为0~2.5 mg/kg。1984年再次评价，认为其无作用剂量不足，将ADI暂定为0~1.25 mg/kg；1986年暂定ADI为0~0.6 mg/kg；1988年再次调整ADI为0~0.5 mg/kg；1990年对其进行评价后暂定ADI为0~0.1 mg/kg。

应用：《食品安全国家标准 食品添加剂使用标准》(GB 2760—2024)规定，赤藓红及其铝色淀的使用范围和最大使用量(g/kg，以赤藓红计)为：肉灌肠类、肉罐头类，0.015；熟制坚果与籽类(仅限油炸坚果与籽类)、膨化食品，0.025；蜜饯类、凉果类、可可制品、巧克力和巧克力制品(包括代可可脂巧克力及制品)以及糖果(05.01.01可可制品除外)、糕点上彩装、酿造酱、复合调味料、果蔬汁(浆)类饮料、碳酸饮料、风味饮料、配制酒，0.05；装饰性果蔬，0.1。

4. 柠檬黄

柠檬黄又称为酒石黄、酸性淡黄、食用色素黄4号，为水溶性偶氮类着色剂。分子式为$C_{16}H_9N_4Na_3O_9S_2$，相对分子质量为534.36。其结构式如下：

性状与性能：为橙黄至橙色均匀粉末或颗粒，无臭。易溶于水、甘油、乙二醇，微溶于乙醇，不溶于油脂，其0.1%的水溶液呈黄色。耐热性、耐光性、耐酸性和耐盐性强，但耐氧化性较差，在柠檬酸、酒石酸中稳定，遇碱微变红，还原时褪色。

着色性能：柠檬黄是着色剂中最稳定的一种，可与其他色素复合使用，匹配性好，调色性能优良，坚牢度高，是食用黄色素中使用最多的，占全部食用色素的1/4以上。

毒性：柠檬黄经长期动物实验表明，安全性高，为世界各国普遍许可使用。ADI为0~7.5 mg/kg。

应用：柠檬黄是使用量最大的合成食用色素。《食品安全国家标准 食品添加剂使用标准》(GB 2760—2024)规定，柠檬黄及其铝色淀的使用范围和最大使用量(g/kg，以柠檬黄计)为：蛋卷，0.04；风味发酵乳、调制炼乳(包括加糖炼乳及使用了非乳原料的调制炼乳等)、冷冻饮品(03.04食用冰除外)、焙烤食品馅料及表面用挂浆(仅限风味派馅料)、焙烤食品馅料及表面用挂浆(仅限饼干夹心)、果冻，0.05；谷类和淀粉类甜品(如米布丁、木薯布丁)，0.06；即食谷物[包括碾轧燕麦(片)]，0.08；蜜饯、装饰性果蔬、腌渍的蔬菜、熟制豆类、加工坚果与籽类、可可制品、巧克力和巧克力制品（包括代可可脂巧克力及制品）以及糖果（05.01.01除外）、虾味片、糕点上彩装、香辛料酱（如芥末酱、青芥酱）、饮料类[14.01 包装饮用水、14.02.01果蔬汁（浆）、14.02.02浓缩果蔬汁（浆）类除外]、配制酒、膨化食品（仅限使用柠檬黄）,0.1；液体复合调味料,0.15；粉圆、固体复合调味料,0.2；除胶基糖果以外的其他糖果、面糊（如用于鱼和禽肉的拖面糊）、裹粉、煎炸粉、焙烤食品馅料及表面用挂浆（仅限布丁、糕点用馅料及表面用挂浆）、其他调味糖浆,0.3；果酱、水果调味糖浆、半固体复合调味料,0.5。

5. 日落黄

日落黄又称为晚霞黄、橘黄、食用色素黄5号，为水溶性偶氮类着色剂。分子式为$C_{16}H_{10}N_2Na_2O_7S_2$，相对分子质量452.38。其结构式如下：

性状与性能： 为橙红色均匀粉末或颗粒，无臭。吸湿性强，易溶于水、甘油、丙二醇，微溶于乙醇，不溶于油脂。溶于浓硫酸得橙色液，用水稀释后呈黄色。耐热性、耐光性强。耐酸性强，遇碱变为带褐色的红色。还原时易褪色。

着色性能： 日落黄在酒石酸、柠檬酸中稳定，是着色剂中比较稳定的一种，着色牢固度强，可与其他色素复配使用，其匹配性好。

毒性： 日落黄经长期动物试验表明，安全性高，为世界各国普遍许可使用。ADI为0~2.5 mg/kg。

应用：《食品安全国家标准　食品添加剂使用标准》（GB 2760—2024）规定，日落黄及其铝色淀的使用范围和最大使用量（g/kg，以日落黄计）为：谷类和淀粉类甜品（如米布丁、木薯布丁）,0.02；果冻,0.025；调制炼乳（包括加糖炼乳及使用了非乳原料的调制炼乳等）、含乳饮料,0.05；冷冻饮品（03.04食用冰除外）,0.09；水果罐头（仅限西瓜酱罐头）、蜜饯、熟制豆类、加工坚果与籽类、可可制品、巧克力和巧克力制品（包括代可可脂巧克力及制品）以及糖果（05.01.01、05.04除外）、虾味片、糕点上彩装、焙烤食品馅料及表面用挂浆（仅限饼干夹心）、果蔬汁（浆）饮料、乳酸菌饮料、植物蛋白饮料、碳酸饮料、特殊用途饮料、风味饮料、配制酒、膨化食品（仅限使用日落黄）,0.1；装饰性果蔬、粉圆、复合调味料,0.2；除胶基糖果以外的其他糖果、面糊（如用于鱼和禽肉的拖面糊）、裹粉、煎炸粉、焙烤食品馅料及表面用挂浆（仅限布丁、糕点用馅料及表面用挂浆）、其他调味糖浆,0.3；果酱、水果调味糖浆、半固体复合调味料,0.5；固体饮料,0.6。

6. 靛蓝

靛蓝又称酸性靛蓝，为水溶性非偶氮类着色剂。分子式为$C_{16}H_{10}N_2O_2$，相对分子质量为262.27。其结构式如下：

性状与性能：为带铜色光泽的蓝色到暗青色颗粒或粉末，无臭。对水的溶解度较其他合成着色剂低，0.05%水溶液呈蓝色，溶于甘油、丙二醇，难溶于乙醇、油脂。对光、热、酸、碱和氧化均很敏感，耐盐性及耐细菌较弱，遇到亚硫酸钠、葡萄糖、氢氧化钠还原褪色。

着色性能：靛蓝有独特的色调，但其着色力差，坚牢度低，较不稳定，很少单独使用，多与其他着色剂配合使用。

毒性：靛蓝经过长期动物试验表明，安全性高，为世界各国普遍许可使用。ADI 为 0~5 mg/kg。

应用：靛蓝使用广泛。《食品安全国家标准 食品添加剂使用标准》(GB 2760—2024)规定，靛蓝及其铝色淀使用范围和最大使用量(g/kg，以靛蓝计)为：腌渍的蔬菜，0.01；熟制坚果与籽类(仅限油炸坚果与籽类)、膨化食品(仅限使用靛蓝)，0.05；蜜饯类、凉果类、可可制品、巧克力和巧克力制品(包括代可可脂巧克力及制品)以及糖果(05.01.01可可制品除外)、糕点上彩装、焙烤食品馅料及表面挂浆(仅限饼干夹心)、果蔬汁(浆)饮料(固体饮料按稀释倍数增加使用量)、配制酒，0.1；装饰性果蔬，0.2；除胶基糖果以外的其他糖果，0.3。

(二)食品合成着色剂的使用

关于食品合成着色剂的使用，有以下注意事项：

1. 添加食品色素时，要严格执行规定标准，并准确称量，以免形成色差。对于同样颜色的着色剂，品种不同，色泽不同，必须通过试验确定换算用量后再大批量使用。

2. 食品着色剂一定要配成溶液后再使用。若直接使用，着色剂粉末不易在食品中分布均匀，可能形成颜色斑点，所以一般用适当的溶剂将着色剂溶解，配成浓度为1%~10%的溶液后再使用。配制溶液要使用蒸馏水或冷开水，配制时尽量不用金属器皿，宜用玻璃、陶器、搪瓷、不锈钢和塑料器具，以避免金属离子对色素稳定性产生影响。

3. 染色适度。使用食品合成着色剂时，即使不超过食用标准，也不要将食品染得过于鲜艳，要掌握分寸，尤其要注意符合自然和均匀统一。

4. 在使用混合色剂时，要用溶解性、浸透性、染着性等性质相近的着色剂，并防止褪色与变色的发生。并应考虑色素间和环境等的影响，如亮蓝和赤藓红混合使用时，亮蓝会使赤藓红更快地褪色；柠檬黄与亮蓝拼色时，如受日光照射，亮蓝褪色较快，而柠檬黄则不易褪色。

5. 在食品加工过程中，为避免各种因素对合成色素的影响，色素的加入应尽可能放在最后环节。

6. 水溶性色素吸湿性强，宜贮存于干燥、阴凉处，长期保存时，应装于密封容器中，防止受潮变质。拆开包装后未用完的色素，必须重新密封，以防止氧化、污染和吸湿造成色调变化。

三 食品天然着色剂与应用

目前，许多国家和地区都致力于天然着色剂的发掘和研制。由于食品天然着色剂的安全性较高，世界各国许可使用的品种和用量都在不断增加，国际上开发出的天然着色剂已有一百种以上。目前我国批准允许使用的食用天然色素共有48种，常用的有辣椒素、甜菜红、红曲红、胭脂虫红、高粱红、叶绿素铜钠、姜黄、栀子黄、胡萝卜素、藻蓝素、可可色素、焦糖色等。大力发展天然着色剂已成为食品着色剂的发展方向。

(一)常见食品天然着色剂

目前我国允许使用的食品天然着色剂主要有以下几类:

1. 吡咯类天然着色剂

吡咯类衍生物色素广泛存在于绿色植物叶绿体中,主要包括叶绿素及其盐类。这种化合物分子中存在共轭双键并形成闭合的共轭体系,因而能够呈现各种颜色。

吡咯色素

在适当的环境中,叶绿素分子中的镁离子可被其他金属所取代,其中以叶绿素铜钠的色泽最为鲜亮,对光、热稳定,制法也简便,故在食品工业中有着重要的作用。

叶绿素铜钠盐是由叶绿素经皂化后,用铜离子取代叶绿素中的镁离子得到的较高色光强度的稳定络合物,进一步水解,生成水溶性叶绿酸铜络合物。叶绿素铜钠盐为叶绿素铜钠a和叶绿素铜钠b的混合物。其结构式如下:

结构式中 X 为—CH_3(a系列)或—CHO(b系列)

性状与性能:为墨绿色粉末或深绿色液体,无臭或微带氨的气味。易溶于水,略溶于醇和氯仿,几乎不溶于乙醚和石油醚。水溶液呈透明蓝绿色,若含有钙离子,则有沉淀析出。叶绿素铜钠盐的耐光性比叶绿素强得多。

着色性能:叶绿素铜钠盐着色坚牢度强,色彩鲜艳。但在酸性食品或含钙食品中产生沉淀,遇硬水亦生成不溶性盐而影响着色性能和色彩。

制备:多以植物或干燥的蚕沙为原料,用丙酮或丁醇等有机溶剂抽提出叶绿素。然后使之与硫酸铜或氯化铜作用,用铜取代叶绿素中的镁,再将其在苛性钠溶液中皂化(用氢氧化钠的甲醇溶液除去甲基和叶绿基酯基),制成膏状或进一步制成粉末。因用膏状叶绿素铜钠盐制成的食品有异味,故以生产粉状为宜。

除美国外,世界其他各国普遍许可使用。叶绿素铜钠盐在使用过程中,为避免出现沉淀,尽量不与硬水或酸性食品或含钙食品一起食用。

2. 异戊二烯衍生物类天然着色剂

异戊二烯衍生物类是以异戊二烯[$CH_2=C(CH_3)—CH=CH_2$]残基为单元组成共轭双键相连的一类色素。类胡萝卜素是异戊二烯衍生物类色素的代表,是胡萝卜素和其他含氧衍生物叶黄素的总称,为从浅黄色到深红色的一类脂溶性着色剂。

类胡萝卜素广泛分布在生物界中,目前已发现的类胡萝卜素有600多种,主要存在于植物中;在动物体中亦有存在,如卵黄、羽毛、贝壳等。类胡萝卜素分子含有四个异戊二烯单位,中间两个尾尾连接,两端的两个首尾连接,形成一个链状的共轭结构,链的两端可连接不同的基因。可表示为:

$$R_1-\!\!=\!\!=\!\!=\!\!=\!\!=\!\!-R_2$$

类胡萝卜素因为具有高度共轭键发色团,也有一些含有—OH等助色团,所以具有不同的颜色。其对热较稳定,但含有许多双键,因此易被脂肪氧化酶等氧化剂所氧化而褪色,并且光照、金属元素(如铜、锰、铁)和过氧化物都可以加速其氧化。类胡萝卜素按其化学结构和溶解性,可分为胡萝卜素和叶黄素。

胡萝卜素:包括α-、β-、γ-胡萝卜素及番茄红素。前三者在植物叶子中存在很多,在人体中均能表现出维生素的生理作用,如β-胡萝卜素为维生素A原,由此可见这类着色剂还有很高的营养价值。这类物质为碳氢化合物,为红色、橙色,易溶于石油醚而难溶于乙醇,大量应用于油脂类产品中,也是最为广泛存在的天然色素之一。

叶黄素:是胡萝卜素含氧衍生物,呈黄色、浅黄色和橙色。主要是叶黄素、玉米黄素、辣椒红、栀子黄等,这类色素多溶于乙醇而不溶于乙醚,是常用的食用色素,广泛用作酒类、果汁、饮料、糕点、酱菜的着色剂。

类胡萝卜素是国际公认的具有生理活性功能的抗氧化剂,为单线态氧有效猝灭剂,能清除羟基自由基,在细胞中与细胞膜中脂类相结合,能有效抑制脂质氧化。

(1)β-胡萝卜素

β-胡萝卜素广泛存在于胡萝卜、南瓜、辣椒等蔬菜中,水果、谷类、蛋黄、奶油中的含量也比较丰富。可以从这些植物或盐藻中提取得到,现在多用合成法制取。其结构式如下:

性状与性能:为深红紫色至暗红色有光泽的微晶体或结晶性粉末,微有异臭和异味。不溶于水、甘油、酸和碱,难溶于甲醇、乙醇、丙酮,可溶于苯、氯仿、石油醚和橄榄油。色调在低浓度时呈黄色,在高浓度时呈橙红色。在一般食品的pH范围(pH=2~7)内较稳定,且不受还原物质的影响,但对光和氧不稳定,受微量金属、不饱和脂肪酸、过氧化物等影响易氧化,重金属尤其是铁离子可促使其褪色。

着色性能:为非极性物质和油溶性色素,对油脂性食品有良好的着色性能,如用于人造奶油、干酪等。在果汁中与维生素C同时使用,可提高其稳定性。

天然β-胡萝卜素安全性高,是FAO/WHO食品添加剂联合专家委员会确定的A类优秀食品添加剂。为使β-胡萝卜素分散于水中,可采用羧甲基纤维素等作为保护胶体制成胶粒化制剂。

毒性:ADI无特殊规定,一般公认安全。LD_{50}为8 g/kg(体重)(油溶液,狗,经口)。

应用:《食品安全国家标准 食品添加剂使用标准》(GB 2760—2024)规定,β-胡萝卜素的使用范围和最大使用量(g/kg)为:稀奶油(淡奶油)及其类似品(01.05.01稀奶油除外)、熟肉制品、调理肉制品(生肉添加调理料),0.02;调味糖浆,0.05;其他油脂或油脂制品(仅限植脂末),0.065;装饰性果蔬、可可制品、巧克力和巧克力制品(包括代可可脂巧克力及制品)、焙烤食品馅料及表面用挂浆、膨化食品,0.1;腌渍的蔬菜、腌渍的食用菌和藻类,0.132;其他蛋品,0.15;发酵的水果制品、干制蔬菜、蔬菜罐头、食用菌和藻类罐头,0.2;即食谷物包括碾轧燕麦(片),0.4;糖果、水果罐头、除04.01.05以外的果酱(如印度酸辣酱),0.5;非熟化干酪、发酵酒(15.03.01葡萄酒除外),0.6;调制乳、风味发酵乳、调制乳粉和调制奶油粉、熟化干酪、再制干酪及干酪制品、以乳为主要原料的即食风味食品及其预制产品(不包括冰淇淋和风味发酵乳)、水油状脂肪乳化制品(02.02.01.01黄油和浓缩黄油除外)、02.02类以外的脂肪乳化制品[包括混合的和(或)调味的脂肪乳化制品]、脂肪类甜品、冷冻饮品(03.04食用冰除外)、醋、油或盐渍水果、水果罐头、果酱、蜜饯、水果甜品(包括果味液体甜品)、蔬菜泥(酱,番茄沙司除外)、其他加工蔬菜、其他加工食用菌和藻类、加工坚果与籽类、面糊(如用于鱼和禽肉的拖面糊)、裹粉、煎炸粉、油炸面制品、杂粮罐头、方便面制品、冷冻米面制品、谷类和淀粉类甜品(如米布丁、木薯布丁)、粮食制品馅料、焙烤食品、冷冻水产糜及其制品(包括冷冻丸类产品等)、预制水产品(半成品)、熟制产品(可直接食用)、蛋制品(改变其物理性状)[10.03.01脱水蛋制品(如蛋白粉、蛋黄粉、蛋白片)、10.03.03蛋液与液态蛋除外]、液体复合调味料、植物饮料、果冻,1.0;固体复合调味料、半固体复合调味料、果蔬汁(浆)饮料、蛋白饮料、碳酸饮料、茶(类)饮料、咖啡(类)饮料、特殊用途饮料、风味饮料,2.0;肉制品的可食用动物肠衣,5.0;糖果和巧克力制品包衣、装饰糖果(如工艺造型,或用于蛋糕装饰)、顶饰(非水果材料)和甜汁,20.0。

(2)辣椒红

辣椒红是将辣椒属植物的果实用溶剂提取后去除辣椒素制得,其主要着色物质为辣椒红素,是存在于辣椒中的类胡萝卜色素。分子式为$C_{40}H_{56}O_3$,相对分子质量为600.85。其结构式如下:

性状与性能:具有特殊气味和辣味的深红色黏性油状液体,产品通常为两相混合物,无悬浮物,主要风味物质为辣椒素。其几乎不溶于水,溶于大多数非挥发性油,部分溶于乙醇,不溶于甘油。乳化分散性、耐热性和耐酸性均好,耐光性稍差。Fe^{3+}、Cu^{2+}、Co^{2+}等金属离子能促使其褪色,如遇Al^{3+}、Sn^{2+}、Pb^{2+}等离子能形成沉淀。pH在3~12时颜色不变,再加热到200 ℃时颜色仍然不变。

着色性能:由于辣椒红油溶性好,应用于经高温处理的肉类食品具有良好的着色能力,如用于酱肉、辣味鸡罐头食品有良好的着色效果。

由于辣椒不耐光,所以应尽量避光,L-抗坏血酸对本品有保护作用。在使用时,将其乳化制成水溶液或水分散色素。

毒性:ADI无特殊规定。$LD_{50} \geqslant 75$ g/kg(大鼠,经口)。

应用:《食品安全国家标准 食品添加剂使用标准》(GB 2760—2024)规定,辣椒红的使用范围和最大使用量(g/kg)为:糕点,0.9;焙烤食品馅料及表面用挂浆,1.0;冷冻米面制品,2.0;冷冻饮品(03.04食用冰除外)、腌渍的蔬菜、腌渍的食用菌和藻类、豆干类、豆干再制品、新型豆制品(大豆蛋白及其膨化食品、大豆素肉等)、熟制坚果与籽类(仅限油炸坚果与籽类)、可可制品、巧克力和巧克力制品(包括代可可脂巧克力及制品)、糖果、方便米面制品、面糊(如用于鱼和禽肉的拖面糊)、裹粉、煎炸粉、粮食制品馅料、糕点上彩装、饼干、调理肉制品(生肉添加调理料)、腌腊肉制品类(如:咸肉、腊肉、板鸭、中式火腿、腊肠)、熟肉制品、冷冻鱼糜制品(包括冷冻丸类产品等)、熟制水产品(可直接食用)、调味品[12.01 盐及代盐制品、12.09.01 香辛料及粉、12.09.03 香辛料酱(如芥末酱、青芥酱)、12.09.04 其他香辛料加工品类除外]、果蔬汁(浆)类饮料、蛋白饮料、果冻、膨化食品、其他(仅限魔芋凝胶制品),按生产需要适量使用。

(3)栀子黄

栀子黄又称黄栀子、藏花素,是由茜草科植物栀子果实用乙醇提取的黄色色素,其主要着色物质为藏花素,属类胡萝卜素系中的藏花酸($C_{20}H_{24}O_4$)的二龙胆糖脂,α-藏花素水解为藏花酸和葡萄糖,分子式为$C_{44}H_{64}O_{24}$,相对分子质量为977.21。其结构式如下:

性状与性能:为橙黄色液体、膏状或粉末。易溶于水,在水中溶解成透明的黄色溶液,可溶于乙醇和丙二醇,不溶于油脂。其色调几乎不受pH影响,在酸性或碱性溶液中较β-胡萝卜素稳定,特别是在碱性中黄色更鲜艳。耐盐性、耐还原性和耐微生物特性较好,但是耐热性、耐光性在低pH时较差。对金属离子(如铅离子、钙离子、铝离子、铜离子、锡离子等)相当稳定,铁离子有使其变黑的倾向。

着色性能:栀子黄着色力强,色泽鲜艳,稳定性好,安全性高,是一种理想的水溶性天然食用黄色素。其在碱性条件下黄色更鲜明,对蛋白质和淀粉染着效果较好,即对亲水性食品有良好的染着力,但在水溶液中不够稳定。

本品不宜适用酸性饮料,以防褪色,可用于保健品制备。

毒性:LD_{50}为27 g/kg(体重)(大鼠,经口),是我国传统中药材。

应用:《食品安全国家标准 食品添加剂使用标准》(GB 2760—2024)规定,栀子黄的使用范围和最大使用量(g/kg)为:冷冻饮品(03.04食用冰除外)、蜜饯类、凉果类、坚果与籽类罐头、可可制品、巧克力和巧克力制品(包括代可可脂巧克力及制品)以及糖果、生干面制品、果蔬汁(浆)类饮料、风味饮料(仅限果味饮料)、配制酒、果冻、膨化食品,0.3;糕点,0.9;生湿面制品(如面条、饺子皮、馄饨皮、烧麦皮)、焙烤食品馅料及表面用挂浆,1.0;人造黄油(人造奶油)及其类似制品(如黄油和人造黄油混合品)、腌渍的蔬菜、熟制坚果与籽类(仅限油炸坚果与籽类)、方便米面制品、粮食制品馅料、饼干、熟肉制品(仅限禽肉熟制品)、调味品(12.01盐及代盐制品、12.09香辛料类除外)、固体饮料,1.5。

(4)玉米黄

玉米黄既是一种天然色素,又是生产保健食品的添加剂,作为天然色素已经被欧美等许多国家批准为食用色素。其以黄玉米生产沉淀时的副产品黄麸质为原料提取制得,主要色素成分为玉米黄素($C_{40}H_{56}O_2$)和隐黄素($C_{40}H_{56}O$)。其结构式如下:

玉米黄素

隐黄素

性状与性能：玉米黄的形态和颜色与温度有关，高于10 ℃为红色油状液体，低于10 ℃为橘黄色半凝固油状体。不溶于水，可溶于乙醚、石油醚、丙酮和油脂，可被磷脂、单甘酯类乳化剂所乳化。在不同的溶剂中色调有差别，色调不受pH影响，对光、热等较敏感，40 ℃以下稳定，高温易褪色，但受金属离子的影响不大。

着色性能：玉米黄为非极性色素，适用于成分高的食品着色。在人造黄油中添加，使制品更接近天然黄油、而且色调稳定。

应用：《食品安全国家标准 食品添加剂使用标准》（GB 2760—2024）规定，玉米黄可用于氢化植物油、糖果，最大使用量为5.0 g/kg。

3. 多酚类衍生物天然着色剂

多酚类衍生物主要为花青素、花黄素、儿茶素和鞣质类，是植物中水溶性色素的主要成分。多酚类色素在自然界中广泛存在，虽然种类多，颜色艳丽，但坚牢性差，有些在酸、碱环境下易变色，从而限制了它们在食品中的应用。

酚类色素

这类色素为多酚类衍生物，最基本的母核是苯环和γ-吡喃环稠合而成的苯并吡喃。这类色素在自然界中最常见的有花青素、儿茶素和黄酮类色素。

（1）花青素

花青素是一类在自然界分布最广泛的水溶性色素，许多水果、蔬菜和花朵之所以显鲜艳的颜色，就是由于细胞汁液中存在这类水溶性化合物。它具有C_6—C_3—C_6碳骨架结构，是由苯并吡喃环与苯环组成基本结构的衍生物。花青素多以糖苷的形式存在于植物细胞液中，游离配基很少存在。由于花青素分子中吡喃环上氧原子是四价的，所以非常活跃，并具有碱性，而酚羟基具有酸性，所以花青素随介质的pH变化而改变结构，从而同一种花青素的颜色随环境pH的改变而改变，花青素一般在pH<7时显示红色，pH=8.5左右时显示紫色，pH=11时则显示蓝色或紫色。花青素同时易受氧化、还原剂、温度、金属离子等的影响。

花青素色素有较好的抗氧化功能，有益于预防冠心病和动脉硬化。其中多数色素有解毒、散寒、引气、和胃的功效。

①红米红

红米红又称黑米红，由优质红米经萃取、浓缩制得，其主要着色成分为矢车菊-3-葡萄糖苷的花青素。分子式为$C_{21}H_{21}O_{11}$，其结构式如下：

结构式中R为葡萄糖基，X为酸根部分

性状与性能：为深红色液体、黑紫色膏状或粉末，易溶于水、乙醇，不溶于丙酮、石油醚。在酸性溶液中呈红色、紫红色，随pH上升而变成红褐色，碱性时为青褐色和淡黄色，加热则为黄色。其稳定性好，耐热、耐光，但对氧化剂敏感。钠、钾、钙、钡、锌、铜及微量铁离子对它无影响,但遇锡变玫瑰红色,遇铅及多量Fe^{3+}则褪色并产生沉淀。

着色性能:主要用于饮料等酸性食品,最适pH<3。使用中应避免接触铅及多量铁离子,以防止褪色及沉淀,且避免遇碱而变色。

应用:《食品安全国家标准 食品添加剂使用标准》(GB 2760—2024)规定,红米红可用于调制乳、冷冻饮品(03.04食用冰除外)、糖果、含乳饮料及配制酒,按正常生产需要适量使用。

②黑豆红

黑豆红是从野大豆种皮中提取的,其主要着色成分是矢车菊-3-半乳糖苷,分子式为$C_{21}H_{21}O_{11}$,相对分子质量为464.38。其结构式如下:

性状与性能:为深红色液体、黑紫色膏状或粉末。易吸潮,易溶于水和稀乙醇溶液,不溶于无水乙醇、乙醚和丙酮。其水溶液色调受pH影响,中性时呈紫红色,酸性时呈樱红色,碱性时呈紫蓝色。对铁、铅离子较敏感,遇之易变色,具有较强的耐热性和耐光性。

着色性能:着色效果好,色泽自然宜人。适用于多种酸性食品及饮料的着色。

应用:《食品安全国家标准 食品添加剂使用标准》(GB 2760—2024)规定,黑豆红可用于糖果、糕点上彩装、果蔬汁(浆)饮料、果味饮料及配制酒,最大使用量为0.8 g/kg。

③萝卜红

萝卜红是从四川地区产的一种红心萝卜的鲜根中提取的色素。其主要着色物质是天竺葵素的花色苷,分子式为$C_{15}H_{11}O_5X$。其结构式如下:

结构式中X为酸根部分

性状与性能:为深红色液体、膏体、固体或粉末,稍有特异臭,易吸潮,吸潮后结块,但一般不影响使用。其易溶于水,不溶于乙醇、丙酮、四氯化碳等极性小的溶剂。耐光、耐氧、耐热。在酸性溶液中呈橘红色,在强碱溶液中呈黄色,弱碱液中为紫红色。Cu^{2+}可加速其降解,并使之变为蓝色;Fe^{2+}可使得溶液变成锈黄色;Mg^{2+}、Ca^{2+}对其影响不大;Al^{3+}、Sn^{2+}及抗坏血酸对其有保护作用。

着色性能:萝卜红色彩鲜艳,着色力强,被着色食品呈粉红色、紫红色等。其在酸性食品中使用效果尤佳。

应用:《食品安全国家标准 食品添加剂使用标准》(GB 2760—2024)规定,萝卜红可用于冷冻饮品(03.04食用冰除外)、果酱、糖果、糕点、食醋、复合调味料、果蔬汁(浆)饮料、风味饮料(仅限果味饮料)、配制酒及果冻,按生产需要适量使用。

④玫瑰茄红

玫瑰茄红又称玫瑰茄色素,是从玫瑰茄花萼中提取制得的,其主要着色物质是含氯化飞燕草色素和氯化矢车菊色素的花青苷。其结构式如下:

氯化飞燕草素　　　　　氯化矢车菊素

性状与性能：为深红色液体、红紫色膏状或固体粉末，稍带特异臭，粉末易潮解。易溶于水、乙醇和甘油，难溶于油脂。溶液为酸性时呈红色，在碱液中呈蓝色。耐热、耐光不良，对蓝光最不稳定，耐红色光。抗坏血酸、二氧化硫、过氧化氢均能促进其降解。本品对金属离子（如Fe^{2+}）稳定性差，可加速其降解变色。

着色性能：玫瑰茄红在酸性条件下（pH<4）呈鲜红色，在饮料、糖果中能良好着色，但不能用于高温加热食品。

应用：《食品安全国家标准　食品添加剂使用标准》（GB 2760—2024）规定，玫瑰茄红可用于糖果、果蔬汁（浆）饮料、风味饮料（仅限果味饮料）及配制酒，按生产需要适量使用。玫瑰茄红用于糖果着色时，若凉糖迅速（如制硬糖），虽经过135 ℃高温也很少降解，但冷却时间过长（如制软糖），则应在品温75 ℃以下着色，否则可有明显降解。

⑤葡萄皮红

葡萄皮红又称葡萄皮色素，是葡萄皮的提取物，主要成分为锦葵色素、芍药素、飞燕草素、3′-甲花翠素等。其结构式如下：

锦葵色素（$C_{17}H_{11}O_7X$）：R_1、R_2均为OCH_3；芍药素（$C_{16}H_{13}O_6X$）：R_1为OCH_3，R_2为H；

飞燕草素（$C_{15}H_{11}O_7X$）：R_1、R_2均为OH；3′-甲花翠素（$C_{16}H_{13}O_7X$）：R_1为OCH_3，R_2为OH；X为酸部分

性状与性能：为红色至暗紫色液体、块状、粉状或糊状，稍带特异臭味。可溶于水、乙醇、丙二醇，不溶于油脂。色调随pH变化而变化，酸性时呈红色、紫红色，碱性时呈暗蓝色。耐热性不太强，易氧化变色，铁离子存在下呈暗紫色。

着色性能：着色力不太强，聚磷酸盐使色调稳定，而维生素C可以提高其耐光性。

应用：《食品安全国家标准　食品添加剂使用标准》（GB 2760—2024）规定，葡萄皮红可用于冷冻饮品（03.04食用冰除外）、配制酒，最大使用量为1.0 g/kg；果酱，最大使用量为1.5 g/kg；糖果、焙烤食品，最大使用量为2.0 g/kg；饮料类[14.01包装饮用水、14.02.01果蔬汁（浆）、14.02.02浓缩果蔬汁（浆）除外]，最大使用量为2.5 g/kg。

（2）儿茶素

儿茶素是一类黄烷醇的总称。易溶于水、乙醇、甲醇、丙酮及乙酸，难溶于三氯甲烷和无水乙醚。儿茶素分子中酚羟基在空气中易氧化，生成黄棕色胶状物质，尤其在碱性溶液中更容易氧化。在高温、潮湿条件下容易氧化成各种有色物质，也能被多酚氧化酶和过氧化酶氧化成各种有色物质。

茶黄色素主要成分为茶黄素，为儿茶素与没食子儿茶素在儿茶酚氧化酶催化下形成醌类聚合物，再缩合而成。其结构式如下：

性状与性能：为黄色或橙黄色粉末，属酸性色素。易溶于水和含水乙醇的溶剂，不溶于氯仿和石油醚，0.1%水溶液黄色透明。耐热性好，在酸性条件下较稳定，在碱性环境中易发生褐变。并且具有抗氧化性，其抗氧化能力与维生素C、BHA、BHT相当。

(3) 黄酮类色素

黄酮类色素广泛分布于植物的花、果、茎、叶中，包括各种衍生物，已发现有数千种。在自然界中常见的黄酮类色素有芹菜素、橙皮苷、芸香苷等，以单体黄酮形式存在极少见。黄酮类色素属于水溶性色素，常为浅黄或橙黄色。

黄酮类色素的羟基呈酸性，因此，分子中的吡酮环和羰基构成了生色团的基本结构，并且分子中助色团羟基的数目和结合的位置对显色有很大的影响。黄酮类色素的pH特性比较差，在碱性溶液中黄酮类易开环生成查耳酮，遇三氯化铁，可呈蓝色、蓝黑色、紫色、棕色等各种颜色，与分子中3′-、4′-和5′-碳位上的羟基数目有关。

近年来国内外大量研究结果表明：黄酮类物质具有抗氧化、清除自由基、抗脂质过氧化活性、预防心血管疾病以及抗菌、抗病毒、抗过敏等功效。有时与花青素协同使用，可减少氧化对花青素的破坏作用，且起到一定增色效果。黄酮类色素已成为当今国内外从天然产物中提取功能性天然食用着色剂的研发热点。

① 高粱红

高粱红又称高粱色素，主要存在于高粱壳、籽皮和秆中，其主要着色物质为5,7,4′-三羟基黄酮和3,5,3′,4′-四羟基黄酮-7-葡萄糖苷，前者分子式为$C_{15}H_{10}O_5$，相对分子质量为270.24；后者分子式为$C_{21}H_{20}O_{12}$，相对分子质量为464.38。两者的结构式如下：

5,7,4′-三羟基黄酮

3,5,3′,4′-四羟基黄酮-7-葡萄糖苷

性状与性能：为深红色液体，也可以为糊状或块状，略带有特殊气味。易溶于水、乙醇，不溶于石油醚、氯仿等非极性溶剂及油脂。水溶液呈中性时为透明红棕色溶液，偏碱性时为深棕色透明溶液，偏酸性时色浅。高粱红水溶液对光和热非常稳定，加入金属离子能形成络合物，但添加微量焦磷酸钠能抑制金属离子的影响。稳定性好，耐高温加热。

着色性能： 高粱红色调和着色优良，添加于畜肉、鱼、植物蛋白和糕点中，能染成良好的咖啡色和巧克力色。在pH<3.5时易发生沉淀，不宜使用于过酸性的食品或饮料中。

②可可壳色

可可壳色又称可可着色剂，可可壳中的黄酮类物质如儿茶酸、无色花青素、表儿茶酸等在焙烤过程中，经复杂氧化、缩聚形成颜色很深的聚黄酮糖苷，分子式为$(C_{16}H_{13}O_6R)_n$，$n=5\sim6$或以上，R为半乳糖醛酸，相对分子质量大于1 500。其结构式如下：

n为5~6或以上；R为半乳糖醛酸

性状与性能： 为巧克力色或褐色液体或粉末，无臭。易溶于水，在pH=7左右时稳定，在pH>5.5时红色度较强，pH≤5.5时黄橙色度较强，但巧克力本色不变。耐热性、耐氧化性、耐光性均强，还原剂易使其褪色。

着色性能： 可可壳色对蛋白质及淀粉的染着性较好，特别是对淀粉的着色远比焦糖好，在加工及保存的过程中变化很少，具有良好的抗氧化性能。

毒性： $LD_{50} \geq 10$ g/kg（体重）（大鼠，经口）。安全。

应用：《食品安全国家标准 食品添加剂使用标准》(GB 2760—2024)规定，可可壳色的使用范围和最大使用量(g/kg)为：冷冻饮品(03.04食用冰除外)、饼干，0.04；植物蛋白饮料，0.25；面包，0.5；糕点，0.9；焙烤食品馅料及表面用挂浆、配制酒，1.0；碳酸饮料，2.0；可可制品、巧克力和巧克力制品(包括代可可脂巧克力及制品)以及糖果、糕点上彩装，3.0。

4. 酮类衍生物天然着色剂

酮类衍生物天然着色剂属于酮类衍生物，主要有两种：红曲红和姜黄素。

（1）红曲红

红曲红是我国传统发酵产品，古称丹曲，又称红曲色素、红曲、赤曲、红米，其来源于微生物，是红曲霉的菌丝所分泌的色素。它有多种色素成分，一般粗制品含有18种成分，其中已知呈色物质有6种不同的成分，其中红色色素、黄色色素和紫色色素各两种，其结构式如下：

Ⅰ 红斑素(Punctuation)：红色色素

红斑素($C_{21}H_{22}O_5$)

Ⅱ 红曲素(cinnamon)：黄色色素

红曲素($C_{21}H_{26}O_5$)

Ⅲ 红曲红素(monasticism)：红色色素

红曲红素($C_{23}H_{26}O_5$)

Ⅳ 红曲黄素(riboflavin)：黄色色素

红曲黄素($C_{23}H_{30}O_5$)

Ⅴ 红斑胺(rambunctiousness):紫色色素　　　Ⅵ 红斑红胺(monasticism):紫色色素

红斑胺($C_{21}H_{23}NO_4$)　　　　　　　　　红斑红胺($C_{23}H_{27}NO_4$)

性状与性能: 为棕红色到紫色的颗粒或粉末,断面呈粉红色,质轻而脆,带油脂状,微有酸味。溶于热水及酸、碱溶液,溶液浅薄时呈鲜红色,深厚时带黑褐色并有荧光,极易溶于乙醇、丙二醇、丙三醇及它们的水溶液,不溶于油脂及非极性溶剂。其醇溶液对紫外线稳定,但日光直射可褪色。耐酸性、耐碱性、耐热性、耐光性均较好。几乎不受金属离子和氧化还原剂的影响,但遇氯易变色。

着色性能: 红曲红对含蛋白质高的食品染着性好,一旦染色,经水洗也不褪色,但有些食品可使其褐变或褪色。

红曲红安全性极高,但近年来发现生产时处理不当可出现致癌的橘霉素,受到西欧国家的质疑,所以在中国和日本相关标准中都有明确限量。

(2)姜黄素

姜黄素又称姜黄色素,是姜黄用乙醇等有机溶剂经提取、精制所得,其主要由以下三个组分组成:(Ⅰ)姜黄色素、(Ⅱ)脱甲氧基姜黄色素、(Ⅲ)双脱甲氧基姜黄色素。分子式为$C_{21}H_{20}O_6$,其结构式如下:

(Ⅰ)$R_1=R_2=OCH_3$;　(Ⅱ)$R_1=OCH_3, R_2=H$;　(Ⅲ)$R_1=R_2=H$

性状与性能: 为黄色结晶性粉末,具有特殊辛辣味。溶于热水、乙醇、冰醋酸、丙二醇和碱性溶液,不溶于冷水和油脂。在中性或酸性条件下呈黄色,在碱性时则呈红褐色。对光、热的氧化作用不稳定,日光照射使黄色迅速变浅,但不影响其色调。其耐还原性好。与金属离子,尤其是铁离子可以形成络合物,导致其染色能力下降。每种结构中均有两个活性酚结构,故其还有一定的抗氧化能力。

着色性能: 姜黄素是为数不多的、可安全使用的醇溶性天然色素。其颜色鲜艳,光泽度特别强,着色性能较好,特别是蛋白质的着色力较强。

毒性: 姜黄素经JECFA 1986年第30次会议再次评价其安全性时,仍维持ADI为0~0.1 mg/kg。

应用:《食品安全国家标准 食品添加剂使用标准》(GB 2760—2024)规定,姜黄素可用于熟制坚果与籽类(仅限油炸坚果与籽类)、粮食制品馅料、膨化食品,按生产需要适量使用;可可制品、巧克力和巧克力制品(包括代可可脂巧克力及制品)以及糖果、碳酸饮料、果冻,最大使用量为0.01 g/kg;冷冻饮品(03.04食用冰除外),最大使用量为0.15 g/kg;复合调味料,最大使用量为0.1 g/kg;面糊(如用于鱼和禽肉的拖面糊)、裹粉、煎炸粉,最大使用量为0.3 g/kg;装饰糖果(如工艺造型,或用于蛋糕装饰)、顶饰(非水果材料)和甜汁、方便米面制品、调味糖浆,最大使用量为 0.5 g/kg；糖果，最大使用量为 0.7 g/kg。姜黄素在国外用于各种油脂，以恢复其在加工时损失的颜色，也可用于奶油、人造奶油和干酪的着色，用量可按正常生产需要添加。

5. 醌类衍生物天然着色剂

醌类色素是开花植物、真菌、细菌、地衣和藻类细胞液中存在的一类黄色色素，目前已知的有 200 多种，颜色从淡黄色到近似黑色。常用醌类衍生物天然着色剂有以下几种：

(1) 紫胶红

紫胶红又称虫胶红、虫胶红色素，属于植物色素。它是寄生植物上所分泌的紫胶原胶中的一种色素成分，主要生产于云南、四川、台湾等地。主要着色物质是紫胶酸，且有 A、B、C、D、E 五个组分，其中以 A 和 B 为主。其结构式如下：

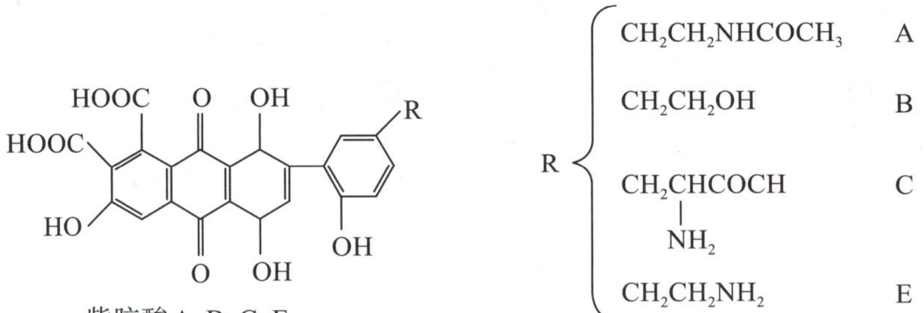

紫胶酸 A、B、C、E

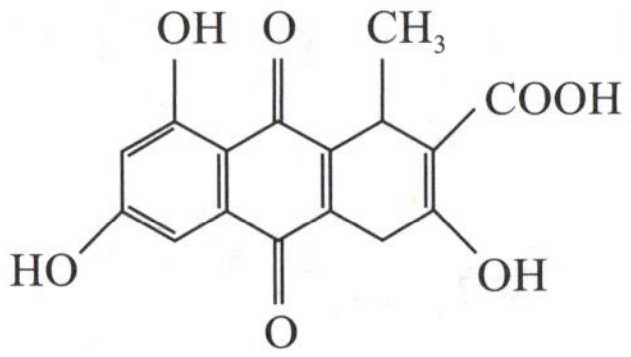

紫胶酸 D

性状与性能：为红紫色或鲜红色粉末或液体，微溶于水、乙醇和丙酮，且纯度越高在水中溶解度越低，不溶于棉籽油，但能溶于碱性溶液。其色调随 pH 变化，酸性时(pH=3~5)呈橙红色，碱性时(pH>7)呈紫红色，在 pH>12 时放置则褪色。在酸性条件下对光和热稳定，在 100 ℃加热时无变化。对维生素 C 也很稳定，几乎不褪色，但易受金属离子的影响，特别是铁离子。

着色性能：越接近中性，其着色性能越差。酸性时呈橙红色，非常稳定，最适用于不含蛋白质、淀粉、饮料、糖果、果冻类。对蛋白质、淀粉易染成紫红色，为防止蛋白质染色时发黑，需加入稳定剂，如明矾、酒石酸钠、磷酸盐等。

(2) 胭脂虫红

胭脂虫红色素属于动物色素。胭脂虫是一种寄生于仙人掌上的昆虫，胭脂虫红色素是从雌虫干粉中用水提取出来的红色素，又称胭脂虫红萃取液。其主要成分为胭脂红酸，属于蒽醌衍生物。一般胭脂虫红含有 10%~15% 的胭脂虫酸。分子式为 $C_{22}H_{20}O_{13}$，其结构式如下：

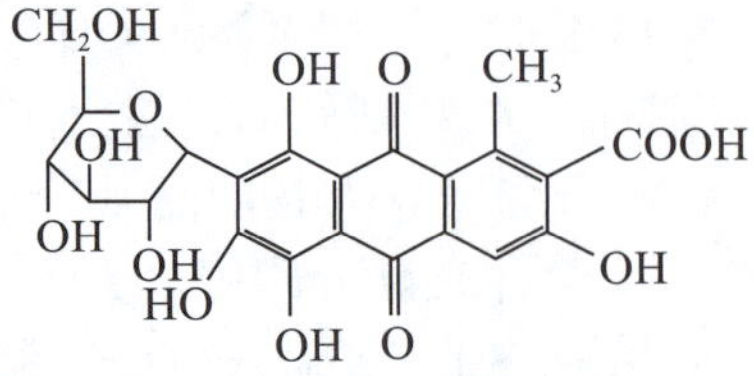

性状与性能：纯品胭脂红酸为红色菱形结晶，难溶于冷水，易溶于热水、乙醇、碱水与稀酸。

在酸性条件下对热和光非常稳定。色调随溶液的pH而变化,酸性时呈橙黄,中性时呈红色,碱性时呈紫红色。遇铁离子变黑,复合磷酸盐可抑制变黑。

(3)紫草红

紫草红又称紫草宁、紫根色素、欧紫草,是紫草科植物的干燥根,也是一种中草药,具有抗菌、消炎、促进肉芽生长的作用。紫草根含乙酰紫草醌,水解后生成紫草醌,为红色着色剂,其分子式为$C_{16}H_{16}O_5$,相对分子质量为288.29。其结构式如下:

性状与性能:紫草醌纯品为紫褐色片状结晶或紫红色黏稠膏状。可溶于乙醇、丙酮、正己烷等有机溶剂,不溶于水,但溶于碱液。色调随pH而变化,酸性条件下呈红色,中性呈紫红色,碱性呈蓝色。用于蛋白质及淀粉食品时色调在深紫色至深蓝色范围内变化,遇铁离子变为深紫色,并具有一定抗菌作用。

6. 其他天然着色剂

(1)甜菜红

甜菜红又称甜菜根红,为甜菜红苷,是从食用甜菜根中提取制得的天然红色素,由红色的甜菜花青素和黄色的甜菜黄素组成。甜菜花青素主要成分为甜菜红苷,分子式为$C_{24}H_{26}N_2O_{13}$。其结构式如下:

性状与性能:为红色至红紫色液体、膏体或固体粉末,有异臭。易溶于水、50%乙醇和丙二醇水溶液,不溶于乙醚、丙酮等有机溶剂。其在水溶液中呈红色至紫红色,中性至酸性范围内呈稳定红紫色,在碱性条件下转变呈黄色。耐热性差,金属离子Fe^{2+}、Cu^{2+}含量多时会发生褐变,某些氯化物可使其褪色。其耐光性随溶液pH的减小而降低,在中性和偏碱时,耐光较好。抗坏血酸和甜菜汁的成分对其有一定保护作用。水分活度降低,其稳定性增高。

着色性能:甜菜红对食品染着性好。在生产低水分活度的食品时,使用甜菜红可收到满意的染着和色泽持久的效果。与其他着色剂相比,甜菜红是比较稳定的,能使食品着色成杨梅或玫瑰的鲜红颜色。

可添加食品级柠檬酸或抗坏血酸,以调节pH和保持稳定。

甜菜红对光、热和水分活度敏感,故适合不需要高温加工和短期贮存的干燥食品着色。

(2)焦糖色

焦糖色又称酱色,是将食品级糖类物质经高温焦化而成的。按其制法不同可分为不含催化剂加工的普通法焦糖、亚硫酸铵法焦糖、氨法焦糖、苛性亚硫酸盐法焦糖。焦糖色是糖类物质在高温下发生不完全分解并脱水、分解和聚合而成,故为许多不同化合物的复杂混合物,其中某些为胶质聚集体,其聚合程度与温度和糖的种类直接有关。酱色则为各种脱水聚合物的混合物。

性状与性能: 为暗褐色的液体或固体粉末,有特殊的甜香气和愉快的焦苦味,在玻璃板上均匀涂抹成一薄层,为透明的红褐色。易溶于水,可溶于稀醇溶液,不溶于一般有机溶剂和油脂。对光和热稳定性好,酱色的色调受pH及在空气中暴露时间的影响,pH>6.0时易发霉。

焦糖色具胶体特性,其pH通常在3~4.5。在一般条件下,焦糖色均带有很少的正电或负电,所以在使用时应特别注意使其与加有它的产品所带电荷种类相同,否则相互吸引,产生絮凝或沉淀。焦糖色在食品加工中的使用量很大,占食品着色剂的80%以上。

着色性能: 以砂糖为原料制得的焦糖,对酸及盐的稳定性好,红色色度高,着色力强;以淀粉或葡萄糖为原料,在生产中以碱作为催化剂制得的产品耐碱性强,红色色度高,但对酸或盐不稳定,而用酸作为催化剂制得的产品对酸和盐稳定,红色色度高,但着色力弱。

毒性: 大鼠经口LD_{50}>1.9 g/kg。ADI:①普通焦糖无须规定;②苛性亚硫酸盐焦糖不能提出;③氨法焦糖为0~200 mg/kg;④亚硫酸铵焦糖为0~200 mg/kg。

(二)食品天然着色剂的特点

在我国,天然色素原料的种植及天然色素的制备和使用具有悠久的历史。早在公元前221年的东周时期,种植茜草和栀子的规模就很大,它们的用途之一是制备染色剂。1958年以后,我国高等院校、科研机构开始研究和开发食用天然色素。我国地域辽阔、生态环境复杂多样,有着生产天然食用色素的丰富资源。我国食用色素的生产技术、工艺和制备水平一直在不断提高,已对8 000多种天然食用色素资源进行开发研究,先后研制开发出80余种不同原料来源的食用天然色素。目前,在我国许可使用的40多种食品天然着色剂中,用量最多的是焦糖色,约占总量的80%。

食品天然着色剂的优点包括:①天然着色剂多来自动物、植物组织,绝大多数无毒副作用,对人体安全性高;②天然着色剂不但有着色作用,且具有增强人体的营养保健功能;③天然着色剂的色调较为自然,可以较好地模仿天然食物的颜色,从而使着色的色调比较自然;④天然着色剂对pH变化十分敏感,色调会随之发生很大变化。

食品天然着色剂应用也存在着如下缺点:①天然着色剂溶解性差,溶解度低,不易染着均匀;并且不同着色剂的相容性差,很难调配出任意色调;某些天然食用着色剂甚至与食品原料反应而变色。②天然着色剂坚牢度较差,使用局限性大,在食品加工及流通过程中易受外界影响变色或褪色,性质不如合成色素稳定。③天然着色剂由于是从天然物质中提取出来,有时受其共存成分异味影响,或自身就有异味。④天然着色剂基本上都是多种成分的混合物,同一色素由于来源不同、加工方法不同,其所含成分也会有差别。⑤天然着色剂性质不如合成着色剂稳定,使用中要加入保护剂,如磷酸盐、柠檬酸等,这对色素的使用也产生一些不良影响。

(三)食品天然着色剂的安全风险

天然色素并不绝对安全,其来源、化学结构及提取加工过程中都存在风险。

1.天然色素的原料存在安全风险

由于天然色素成分较复杂,有的色素成分没有被分离鉴定,本身含有某些危害物质,如藤黄素或者有毒的霉毒等。一些天然色素中包含某些无机色素,这些色素一般是一些重金属或者金属盐类,一般毒性较大。

近年来,人类在作物的生产中大量使用农药,造成了空气、土壤、水源的污染。这些污染通过食物链在动植物体内大量残留,在自然界中很难降解。天然色素从这些受污染的动植物中提取出来,农药残留也会超标,不利于人体健康。

2. 天然色素加工过程中的安全风险

天然色素在提取分离过程中也会产生安全风险。目前国际上对天然色素的提取大多使用正己烷、丙酮等有机溶剂,这些有机溶剂应用于工艺过程中的残留会对天然色素的安全性产生影响。另外,天然色素在加工、精制的过程中,结构会发生改变,或混入杂质易被污染,造成安全风险。

3. 天然色素在食品使用中的安全风险

天然色素在食品使用中存在的风险主要是超剂量、超范围使用及在混配天然色素的过程中所产生的反应等。安全性和功能的关键在于剂量,在一定剂量下有功能的物质超标使用就有可能产生毒性。任何物质的功能和安全性都是在一定剂量下评定的。另外,天然色素如果使用不当,色素和食品间会发生一些不良反应,也会对人体的安全产生危害。

4. 天然色素安全性评价

任何天然色素在被批准前都要做大量的实验,提供大量可靠数据,对它们的安全性评价采用综合评价的方法。对于天然色素的安全性评价各国都基于动植物的毒性、毒理实验数据和使用色素的化学结构、性质、纯度及稳定性等因素进行评价。1994年,世界卫生组织(WHO)、食品添加剂联合专家委员会(JECFA)对某些着色剂公布了毒理学评价结果,提出了人体最大日摄入量(ADI)的参考值。对于天然色素的安全性评价方法,现阶段包含3个方面:毒理学检测、有害微量元素检验、卫生检验。

(1) 毒理学检测

毒理学检测评价包括毒性剂量测定与毒性实验,前者为测定某种天然色素对机体造成损害的能力;后者为研究动物在一定时间以一定剂量进入体内所引起的毒性反应,它一般分为急性毒性实验、遗传毒性实验、亚慢性毒性实验和慢性毒性实验(包括致癌实验)这4个阶段。决定天然色素是否能应用于食品,主要取决于毒性在现阶段生产和生活条件下是否可以被控制。

(2) 有害微量元素检测

天然色素在生产、贮存和运输过程中,可能会有一些有毒微量元素带入,为了保证天然色素的安全性,避免有毒物质的带入,必须对一些常见的有害微量元素进行检测,各项检查项目不得超标。

(3) 卫生检验

在完成毒理学及有害微量元素检测后,还要对天然色素进行卫生检验。主要检验一些致病微生物和农药残留。检验需要按照标准方法严格进行,检验结果必须符合国家标准天然色素才能使用。一般对食用天然色素的要求是致病菌阴性。

知识点二　食品护色剂的使用

随着我国经济的迅速发展、人民生活水平的不断提高，中国人对肉制品的消费观念发生了显著的变化，人们对加工肉制品的要求越来越高。加工肉制品不仅要营养、健康、安全，还要色、香、味、形俱全。在食品的加工过程中，为了改善和保护食品的色泽或改善食品的感官性及提高其商品性能，除了使用食用色素对食品进行着色外，还需要使用某些护色剂。

一　护色剂的概念及护色机理

护色剂

（一）护色剂的概念

按照《食品安全国家标准　食品添加剂使用标准》（GB 2760—2024）功能分类中的定义，食品护色剂是指能与肉及肉制品中呈色物质作用，使之在食品加工、贮藏等过程中不致分解、破坏，呈现良好色泽的物质。食品护色剂或称发色剂、呈色剂，因其是通过化学作用而呈现出稳定的色泽，所以区别于一般食用色素。

食品护色剂一般泛指硝酸盐和亚硝酸盐物质，硝酸盐和亚硝酸盐本身并无着色能力，但其应用于动物类食品后，腌制过程中产生的一氧化碳能使肌红蛋白或血红蛋白形成亚硝基肌红蛋白或亚硝基血红蛋白，从而使得肉制品保持稳定的鲜红色。此类物质具有一定的毒性，尤其可与胺类物质生成强致癌物质亚硝胺，因而人们一直力图选择某种适当的物质取而代之。但它们除可护色外，尚可防腐，尤其是防止肉毒梭状芽孢杆菌中毒，以及增强肉制品的风味，到目前为止，尚未发现既能护色又能抑菌，且能增强肉制品风味的替代品。

普通食品常用的护色剂有亚硝酸钠、亚硝酸钾、硝酸钠、硝酸钾、葡萄糖酸亚铁、D-异抗坏血酸及其钠盐。除单独使用这些护色剂外，也往往将它们与食品助色剂复配使用，以获得更佳的发色效果。常用的食品助色剂有L-抗坏血酸及其钠盐、异抗坏血酸以及钠盐等。硝酸盐和亚硝酸盐是我国已使用几百年的肉制品护色剂，但是因为安全性问题，绿色食品中禁止使用亚硝酸钠、亚硝酸钾、硝酸钠、硝酸钾。

（二）护色机理

肉类是人类摄取营养的重要来源，而肉类的色泽则直观地影响了它的可接受性。原料肉的红色，是由肌红蛋白（Mb）及血红蛋白（Ab）所呈现的一种感官性质。由于肉的部位不同和家畜品种的差异，其含量和比例也不一样。一般而言，肌红蛋白占70%~90%，血红蛋白占10%~30%。新鲜肉中的肌红蛋白易被氧化，紫红色变褐（棕）色，甚至黄色或绿色。

为了使肉制品呈鲜艳的红色，一般在加工过程中添加硝酸盐或亚硝酸盐。硝酸盐和亚硝酸盐在肉类腌制过程中往往以混合盐的形式添加，硝酸盐在细菌（亚硝酸菌）的作用下可以还原成亚硝酸盐，亚硝酸盐在一定的酸性条件下会生成亚硝酸。一般宰后成熟的肉含乳酸，pH为5.6~5.8，所以不需要加酸即可生成亚硝酸，主要反应式为

$$NaNO_2 + CH_3CHOHCOOH \rightleftharpoons HNO_2 + CH_3CHOHCOONa \qquad (3-1)$$

亚硝酸很不稳定,即使在常温下也可分解产生亚硝基,即

$$3HNO_2 \rightleftharpoons H^+ + NO_3^- + 2NO + H_2O \quad (3-2)$$

分解产生的亚硝基会很快地与肌红蛋白反应生成鲜艳的、亮红色的亚硝基肌红蛋白(MbNO),其反应式为

$$Mb + NO \rightleftharpoons MbNO \quad (3-3)$$

亚硝基肌红蛋白遇热后,稀释出巯基(—SH)变成了具有鲜红色的亚硝基血色原。由式(3-2)可知亚硝酸分解生成的NO在含水体系中且有氧气存在的前提下最终也能形成少量的硝酸,其反应式为

$$2NO + O_2 \rightleftharpoons 2NO_2 \quad (3-4)$$

$$2NO_2 + H_2O \rightleftharpoons HNO_3 + HNO_2 \quad (3-5)$$

少量的硝酸,可使亚硝基氧化,抑制亚硝基肌红蛋白的生成。由于硝酸的氧化作用很强,即使肉中含有烟酰胺的还原型辅酶或含巯基(—SH)的还原性物质,也不能防止部分肌红蛋白被氧化成高铁肌红蛋白。因此,在使用硝酸与硝酸盐的同时常使用L-抗坏血酸、L-抗坏血酸钠等还原性物质来防止肌红蛋白的氧化。另外,烟酰胺也有促进护色的作用。在肉类制品的腌制过程中添加适量的烟酰胺,可以防止肌红蛋白在从亚硝酸生成亚硝基期间的氧化变色。因而又将L-抗坏血酸与烟酰胺称为护色助剂。

二 常见的食品护色剂与食品助色剂

(一)食品护色剂

食品护色剂的应用在我国已有悠久的历史,古代劳动人民在腌制肉类食品时就已经使用了硝石(硝酸钾),这一处理的应用,对食品的发展起了一定的作用。常用的食品护色剂主要有亚硝酸钠(钾)、硝酸钠(钾)等。

常用护色剂
及其助剂

1. 亚硝酸钠(钾)

(1)亚硝酸钠

亚硝酸钠(Sodium nitrite),分子式为$NaNO_2$,相对分子质量为69.00。它是食品加工中最常用的护色剂。

性状与性能: 亚硝酸钠为无色或微带黄色结晶,有咸味,易潮解,水溶液呈碱性反应。因外观和滋味与食盐相似,使用过程特别需要注意不要误用。

亚硝酸钠不仅护色,还有独特的防腐作用,可有效降低和抑制多种厌氧性梭状芽孢杆菌(如肉毒梭状芽孢杆菌)产毒作用,同时,还具有提高肉制品风味的独特效果。但考虑其安全性,在其使用范围及用量方面有严格规定。

毒性: 小鼠经口LD_{50}为0.2 g/kg;人中毒量为0.3~0.5 g,致死量为3 g。FAO/WHO(1994)规定,ADI为0~0.2 mg/kg(以亚硝酸钠计的亚硝酸盐总量)。

亚硝酸钠在众多食品添加剂中是急性且毒性较强的物质之一。当人体大量摄取亚硝酸盐(一次性摄入0.3 g以上)进入血液后,可使正常的血红蛋白(Fe^{2+})变成正铁血红蛋白(Fe^{3+}),便使血红蛋白失去携氧的功能,导致组织缺氧,在0.5~1.0 h内,产生头晕、呕吐、全身乏力、心悸、

皮肤发紫,严重时候呼吸困难、血压下降甚至昏迷、抽搐而衰竭死亡。由于亚硝酸钠的外观、口味均与食盐相似,所以必须防止误用而引起中毒。

(2)亚硝酸钾

亚硝酸钾(Potassium nitrite),分子式为KNO_2,相对分子质量为85.10。

性状与性能: 亚硝酸钾为无色或微黄色晶体或棒状体,极易溶于水,也有很强的吸湿性;在潮湿空气中可缓慢转变成硝酸钾。

毒性: 比亚硝酸钠略大,ADI暂定和亚硝酸钠一样。

应用: 我国《食品安全国家标准 食品添加剂使用标准》(GB 2760—2024)规定,亚硝酸钠、亚硝酸钾均可使用于腌腊肉制品类(如咸肉、腊肉、板鸭、中式火腿、腊肠等),酱卤肉制品类,熏、烧、烤肉类(熏肉、叉烧肉、烤鸭、肉脯等),油炸肉类,西式火腿(熏烤、烟熏、蒸煮火腿)类,肉灌肠类,发酵肉制品类,肉罐头类,最大使用量为0.15 g/kg,但不同肉制品残留量控制要求是不同的。残留量以亚硝酸钠计,肉类罐头≤0.05 g/kg,西式火腿≤0.07 g/kg,其他肉制品≤0.03 g/kg。

2. 硝酸钠(钾)

(1)硝酸钠

硝酸钠(Sodium nitrate),分子式为$NaNO_3$,相对分子质量为85.00。

性状与性能: 硝酸钠为无色结晶或白色结晶,有时为带有浅灰色或浅黄色的粉末,具有一定咸味并有苦味,易吸湿;在常温下溶解度很高,可达90%以上,10%的水溶液呈中性。硝酸钠在肉制品中受细菌作用,发生还原转变成亚硝酸钠,从而起到相同于亚硝酸钠对肉类的发色作用,尤其在微酸性条件下更容易与肉中的肌红蛋白作用而发色。

毒性: 大鼠经口LD_{50}为1.1~2.0 g/kg。FAO/WHO(1994)规定,ADI为0~5 mg/kg(以硝酸钠计的硝酸盐总量),硝酸盐的毒性作用主要是它在食物中、水中或胃肠道内,尤其是在婴幼儿的胃肠道内被还原成亚硝酸盐所致。出生6个月内的婴儿对硝酸盐特别敏感,故不宜用于婴儿食品。HACSG(欧共体儿童保护集团)也建议对婴幼儿食品限制使用,我国目前相关标准中也没有特别规定。

(2)硝酸钾

硝酸钾(Potassium nitrate),又名土硝、硝石、盐硝或火硝,分子式是KNO_3,相对分子质量为101.10。

性状与性能: 硝酸钾为无色透明结晶或白色结晶状粉末,味咸,稍有吸湿性,易溶于水;25 ℃时溶解度为38%;其可代替硝酸钠,作为混合盐的成分之一,用于肉类腌制。

毒性: 大鼠经口LD_{50}为3.2 g/kg。FAO/WHO(1994)规定,ADI为0~5 mg/kg(以硝酸钾计的硝酸盐总量),在硝酸盐中,硝酸钾的毒性较强,其所含的钾离子对人体心脏有影响。

应用: 我国《食品安全国家标准 食品添加剂使用标准》(GB 2760—2024)规定,硝酸钠、硝酸钾可使用于腌腊肉制品类(如咸肉、腊肉、板鸭、中式火腿、腊肠等),酱卤肉制品类,熏、烧、烤肉类,油炸肉类,西式火腿(熏烤、烟熏、蒸煮火腿)类,肉灌肠类及发酵肉制品类,最大使用量为0.5 g/kg,以硝酸钠(钾)计,残留量≤30 mg/kg。

(二)食品护色助剂

在使用护色剂的同时,还常常加入一些能促进发色的还原性物质,这些物质称为发色助剂或护色助剂。发色助剂本身无色,也不能与肌红蛋白结合而起到直接发色作用,但它们能加快发色剂的发色过程,并使产生的亚硝基肌红蛋白保持稳定不被破坏。

食品护色助剂本身并无发色功能,但与护色剂配合使用可以明显提高发色效果,同时可降低护色剂的用量而提高其安全性。护色助剂的使用机理主要是在肉制品的发色以及色泽稳定性当中,消除硝酸的形成,把高价铁离子还原为二价铁离子,形成稳定的呈色物质。

可用的食品护色助剂有酪朊酸钠、抗坏血酸、异抗坏血酸、乙基麦芽粉、烟酰胺、葡萄糖内酯、柠檬酸、葡萄糖等。其中,L-抗坏血酸及其钠盐是最常见的食品助色剂,当其与品质改良剂磷酸盐同时使用时,在使用得当时,不仅能提高肉制品的品质,而且发色效果也好。这是由于磷酸盐能螯合金属离子,有防止抗坏血酸被氧化的功能。但须注意的是,为提高肉的持水性而加入的磷酸盐,会造成pH向中性偏移,而使发色效果不好。也有将抗坏血酸与柠檬酸或其钠盐混合使用,柠檬酸是金属螯合剂,可使抗坏血酸的助色作用增强。有理论认为柠檬酸改变了肉制品的pH,从而提高了亚硝酸盐的发色效果,从这种意义上讲,柠檬酸本身就是一种食品护色助剂。

根据产品类型不同,食品护色助剂的添加量也略有差异。在日本,护色剂和食品护色助剂可同时允许用于类似于肉类罐头、洋火腿、香肠、培根肉、咸牛肉等肉制品。参考用量为:洋火腿中烟酰胺用量为原料肉的0.03%~0.045%;抗坏血酸钠用量为原料肉的0.02%~0.05%;异抗坏血酸钠用量为原料肉的0.02%~0.05%。一般是在腌制时添加,也可把原料肉浸渍在这些物质的0.02%~0.10%水溶液中以助发色的。

》》 知识点三　食品漂白剂的使用 《《《

食品原料若具有不良色泽或是在加工过程中颜色发生了变化,而出现令人厌恶的呈色物质,导致食品色泽不均匀,往往给消费者不卫生或令人不快及厌恶的感觉。所以,漂白在食品工业中,对于改变食品色泽有重要作用。

一　食品漂白剂的概念及漂白机理

(一)食品漂白剂的概念

食品漂白剂是指能够破坏、抑制食品发色因素,使其褪色或使食品免于褐变的一类添加剂。漂白剂的种类很多,但鉴于食品的安全性及其本身的特殊性,真正适用于食品的漂白剂品种不多,如亚硫酸钠、低亚硫酸钠(保险粉)、焦亚硫酸钠盐或钾盐、亚硫酸氢钠和熏硫等。食品漂白剂多数有毒性和一定的残留量,开发低毒性和低残留量的复合型食品漂白剂是目前的发展趋势。

漂白剂

(二)漂白机理

能使着色物质还原而起漂白作用的物质为还原型漂白剂,目前应用比较广泛的还原型漂白剂有亚硫酸类化合物，如亚硫酸氢钠、亚硫酸钠、低亚硫酸钠、焦亚硫酸钾等，最终起漂白活性的物质是二氧化硫。二氧化硫发挥漂白作用的机理有①亚硫酸盐在酸性环境中生成还原性的亚硫酸，亚硫酸在被氧化时可以将着色物质还原，而呈现强烈的漂白作用，如可使果蔬中的花青素、类胡萝卜素、叶绿素等色素物质褪色。但这类漂白剂不稳定，有漂白剂存在时，有色物质褪色，漂白效果很好；漂白剂失效时，由于空气中氧的氧化作用，褪色的物质会再次呈现颜色。②植物性食品的褐变，多与氧化酶的活性有关。亚硫酸盐的还原作用会抑制或破坏植物类食品引起褐变的氧化酶的氧化系统，阻止氧化褐变作用，使果蔬中的单宁物质不被氧化而呈现颜色，如常在果蔬制品加工中的各个环节加入亚硫酸钠，破坏其体内的多酚氧化酶系统。同时，二氧化硫的强还原性可以使得酶促褐变的某些中间体发生逆转，共同防止褐变。③二氧化硫是抑制非酶褐变最有效的物质之一，其作用的化学机理尚未完全弄清，可能的机理为产生的亚硫酸氢根可逆地与还原糖（如葡萄糖、果糖）的羰基及醛式中间体发生加成反应，能阻断含羰基的化合物与氨基酸的缩合反应，进而防止发生美拉德非酶褐变反应，这些加成反应物和二氧化硫对类黑色素的漂白作用一起有效地抑制了褐变。

能使着色物质氧化分解而漂白的物质为氧化型漂白剂，有过氧化氢（常用于面条、食用油脂、琼脂、干酪、鱼子、鱼糕及无菌包装材料）、过氧化钙（用于面团调节剂、果蔬保鲜时使乙烯氧化、小麦粉漂白）、过氧化丙酮、过氧化苯甲酮、过氧化苯甲酰（用于小麦粉漂白）、高锰酸钾（用于水质净化、脱臭、消毒、面粉和酒类）、二氧化氯（用于小麦粉）等。氧化型漂白剂除了用于面粉处理剂的过氧化苯甲酰等少数品种外，在我国实际应用很少。在我国，过氧化氢仅许可在某些地区用于生牛乳保鲜、袋装豆腐干，不作为氧化型漂白剂使用。

二、常见的食品漂白剂及其在食品中的使用

(一) 常见的食品漂白剂

1. 二氧化硫

二氧化硫，又称亚硫酸酐，分子式为SO_2，相对分子质量为64.07，它由燃烧的硫黄或黄铁矿制得。

性状与性能：二氧化硫在常温下为一种无色的气体，但有强烈的刺激臭味，熔点为-76.1℃，沸点为-10℃，在-10℃时冷凝成无色液体。二氧化硫易溶于水或者乙醇，对水的溶解度为22.8%(0℃)，5%(50℃)。二氧化硫溶于水后，一部分水化合成亚硫酸，亚硫酸不稳定，即使在常温下，特别是暴露在空气中很容易分解，当加热时更为迅速地分解而放出二氧化硫。

毒性：二氧化硫是一种有害气体，在空气中浓度较高时，对于眼睛和呼吸道黏膜有强烈激性。

应用：在我国传统的特产食品以及果干和果脯的加工中，包括当今一些脱水蔬菜的加工过程中，多数采用浸硫或熏硫的方法对原料或半成品进行漂白，以防褐变。所谓熏硫，其实就是通过硫黄产生二氧化硫作用于食品的。硫黄是不能直接加入食品的，只允许用于熏蒸。二氧化硫残留量与其他亚硫酸及其盐类漂白剂相同，可参考亚硫酸钠。我国规定车间空气中最高允许浓度为20 mg/m^3。果蔬加工过程中，使用亚硫酸类漂白剂，特别是进行熏硫处理时，必须

注意熏硫室要密闭。车间内有二氧化硫大量逸散的工序或阶段，应保持通风良好。熏硫室中二氧化硫浓度一般为1%~2%，最高可达3%，熏硫时间为30~50 min，最长可达3 h。二氧化硫使用后二氧化硫最大残留量应符合《食品安全国家标准 食品添加剂使用标准》(GB 2760—2024)规定。

2. 亚硫酸钠

亚硫酸钠，分子式为Na_2SO_3，相对分子质量为126.04，分为无水品和七水合品两种。

性状与性能： 无水亚硫酸钠为白色粉末或无色结晶，含水亚硫酸钠为无色单斜晶体；无水品易溶于水，微溶于乙醇，对水的溶解度为13.9%(0 ℃)、28.3%(80 ℃)，在空气中缓慢氧化成硫酸盐，但比含水晶体要稳定；无臭或几乎无臭，具有清凉咸味和亚硫酸味。其水溶液呈碱性，1%水溶液的pH为8.4~9.4。由于亚硫酸钠呈碱性，其与酸反应产生二氧化硫，具有强烈的还原性。

毒性： 小鼠经口LD_{50}为600~700 mg/kg(以SO_2计)；ADI为0~0.7 mg/kg(1996，以SO_2计)。

应用： 使用亚硫酸钠时必须注意调节好使用环境，即浸渍用亚硫酸钠水溶液的pH，以防二氧化硫在生产中超标，而且这类食品在经过漂白后都要经过水洗，以去除多余的二氧化硫。亚硫酸钠使用后二氧化硫最大残留量应符合《食品安全国家标准 食品添加剂使用标准》(GB 2760—2024)规定。

3. 低亚硫酸钠

低亚硫酸钠又称保险粉、连二亚硫酸钠、次硫酸钠，分子式为$Na_2S_2O_4$，相对分子质量为174.11。

性状与性能： 低亚硫酸钠为白色结晶粉末，二氧化硫通入锌粉悬浮液中生成连二亚硫酸锌，在其中加入碳酸钠或氢氧化钠溶液，则生成低亚硫酸钠，再用氯化钠将其析出，干燥即可。低亚硫酸钠无臭或稍有二氧化硫气味；易溶于水，不溶于乙醇；极不稳定，有强还原性，易氧化分解，析出硫；受潮或露置空气中失效，并可能燃烧；加热至75~85 ℃时容易分解，至190 ℃时发生爆炸。它是亚硫酸盐类漂白剂中还原、漂白力最强的。其二水合物不稳定，碱性介质中加热脱水得无水物，有效二氧化硫含量为73.56%。

毒性： 兔经口LD_{50}为0.6~0.7 g/kg(以SO_2计)；ADI为0~0.7 mg/kg(以SO_2计，FAO/WHO，1994)。

应用： 使用低亚硫酸钠后二氧化硫的最大残留量应符合《食品安全国家标准 食品添加剂使用标准》(GB 2760—2024)规定。

4. 亚硫酸氢钠

亚硫酸氢钠，又称酸式亚硫酸钠，分子式为$NaHSO_3$，相对分子质量为104.96。

性状与性能： 亚硫酸氢钠为白色或黄色块状晶体或粉末，由碳酸钠溶液吸收制硫酸的尾气或硫黄燃烧产生的二氧化硫，生成亚硫酸氢钠结晶，有强烈的二氧化硫气味；易溶于水，微溶于乙醇，水溶液呈酸性，为浅黄色；在空气中不稳定，缓慢氧化成硫酸钠并放出二氧化硫，与无机酸反应产生二氧化硫；1%水溶液pH为4~5.5，还原性强，有效二氧化硫含量为61.59%。实际应用时，亚硫酸氢钠与焦亚硫酸钠以不同比例混合。

毒性： 大鼠经口LD_{50}为0.115 g/kg；ADI为0~0.7 mg/kg(FAO/WHO，2001)。

应用：使用亚硫酸氢钠后二氧化硫的最大残留量应符合《食品安全国家标准 食品添加剂使用标准》(GB 2760—2024)规定。

5. 焦亚硫酸钠

焦亚硫酸钠，原名为偏重亚硫酸钠，分子式为 $Na_2S_2O_5$，相对分子质量为 190.13。

性状与性能：焦亚硫酸钠为白色结晶或结晶性粉末；带二氧化硫气味，在空气中可释放出二氧化硫而分解，易溶于水，难溶于乙醇；1% 水溶液的 pH 为 4~5.5。亚硫酸氢钠与焦亚硫酸钠呈可逆反应，商品一般为两者的混合物。其反应式为

$$2NaHSO_3 \underset{+H_2O}{\overset{-H_2O}{\rightleftharpoons}} Na_2S_2O_5 \qquad (3-6)$$

应用：焦亚硫酸钠价格低、臭味较小，常用于水果、蔬菜的漂白。目前在我国浅色蔬菜的加工和保鲜过程中，如蘑菇、莲藕、马蹄、牛蒡、白芦笋、山药等产品，多数使用焦亚硫酸钠溶液进行护色，当然各工厂工艺有些出入。如在蘑菇罐头的加工过程中，将新鲜的蘑菇原料运至加工厂有采用湿菇湿运的，也有采用湿菇干运的。经过护色后，原料加工成的蘑菇罐头色泽及风味均好，而且经过预煮、漂洗后，成品中二氧化硫的最大残留量应符合《食品安全国家标准 食品添加剂使用标准》(GB 2760—2024)规定。

6. 焦亚硫酸钾

焦亚硫酸钾，分子式为 $K_2S_2O_5$，相对分子质量为 222.31。

性状与性能：焦亚硫酸钾为白色结晶状粉末，有二氧化硫气味，溶于水，难溶于乙醇；与酸接触可逸出二氧化硫，置于空气中可氧化为亚硫酸盐。

毒性：兔经口 LD_{50} 为 0.6~0.7 g/kg；ADI 为 0~0.7 mg/kg（以 SO_2 计，FAO/WHO，1998）。

应用：我国允许在啤酒及新鲜葡萄等中使用焦亚硫酸钾，二氧化硫的最大残留量应符合《食品安全国家标准 食品添加剂使用标准》(GB 2760—2024)规定。

(二)还原型漂白剂使用注意事项

已列入《食品安全国家标准 食品添加剂使用标准》(GB 2760—2024)的漂白剂以亚硫酸及其盐类为主，此类还原型漂白剂使用时必须注意以下几个方面：

1. 食品中如果含有金属离子，则可以将残留的亚硫酸氧化。此外，金属离子还能显著地促进已还原色素的氧化变色。所以在生产中应注意不要混入钢、铁、锡及其他金属离子，同时为了除去食品或水中原来含有的这些金属离子，可以同时考虑使用金属离子螯合剂。柠檬酸、EDTA-2Na、植酸等都有螯合金属离子的作用。已经发现漂白以后的莲藕片复色与莲藕中铁离子的含量直接相关。适量添加柠檬酸、植酸能明显抑制这种变化。

2. 亚硫酸盐类的溶液易于分解失效，生产过程中最好是现配现用。

3. 用亚硫酸盐类漂白的物质，由于二氧化硫消失容易复色，所以通常会对食品中二氧化硫的残留量进行控制，部分残留的二氧化硫能明显防止产品在贮运过程中的黑变和红变，但每个产品都有残留量的限制，内销产品与外销产品的残留标准液不一样，故对特定产品必须按规定的残留量使用。同时残留量高的制品会造成食品存在二氧化硫气味。

4. 二氧化硫在一些果蔬汁的加工中，由于果蔬原浆中二氧化硫的残留，同时对产品复配过程中添加的香料、色素和其他添加剂也有影响，在使用时必须充分考虑这些因素。

5. 亚硫酸盐类在使用时，由于其渗入果蔬组织，加工中若不把果蔬破碎，只用简单的加热方式较难除尽二氧化硫，所以用亚硫酸盐类漂白的水果只适宜制作果酱、果干、果酒、果脯、蜜饯等一些块型较小的产品，而且这些产品在后加工过程中实施了加热、抽真空等工序可以促使二氧化硫的逸散，但在加工整形罐头产品时，必须加以注意，稍不注意二氧化硫残留量很容易超过标准要求。

6. 亚硫酸盐能破坏硫胺素，不宜用于肉类、乳制品以及鱼类制品。

7. 亚硫酸盐易与醛、酮、蛋白质等反应。

操作与体验

技能一　食品色素的调色应用

目的与要求

掌握颜色调色原理、如何使用分光测色仪，并进一步了解食品着色剂的性质与应用时的注意事项。

仪器与材料

实验仪器：5 mL移液管，洗耳球，玻棒，试管，试管架，分光测色仪等。

实验材料：胭脂红，柠檬黄，日落黄，靛蓝，蒸馏水。

方法与步骤

1. 橙色的调色

（1）配制0.1%胭脂红水溶液和0.5%的柠檬黄水溶液，按红：黄=1:2(V/V)的比例将两种溶液混合，观察调配后溶液的色泽。可改变胭脂红和柠檬黄水溶液的调配比例（1:1、1:4），观察调配后溶液的色泽变化。

（2）配制0.1%胭脂红水溶液和0.5%的日落黄水溶液，按红：黄=1:2(V/V)的比例将两种溶液混合，观察调配后溶液的色泽。可改变胭脂红和日落黄水溶液的调配比例（1:1、1:4），观察调配后溶液的色泽变化。

2. 紫色的调色

配制0.1%胭脂红水溶液和0.1%的靛蓝乙醇溶液，按红：蓝=2:1(V/V)的比例将两种溶液混合，观察调配后溶液的色泽。可改变胭脂红和靛蓝溶液的调配比例（4:1、1:1），观察调配后溶液的色泽变化。

3. 绿色的调色

配制 0.5% 柠檬黄水溶液和 0.1% 的靛蓝乙醇溶液，按黄：蓝=1∶1（V/V）的比例将两种溶液混合，观察调配后溶液的色泽。可改变柠檬黄和靛蓝溶液的调配比例（2∶1、1∶2），观察调配后溶液的色泽变化。

4. 咖啡色的调色

配制 0.1% 胭脂红水溶液、0.5% 柠檬黄水溶液和 0.1% 的靛蓝乙醇溶液，按红：黄：蓝=5∶5∶1（$V/V/V$）的比例将三种溶液混合，观察调配后溶液的色泽。可改变胭脂红、柠檬黄和靛蓝溶液的调配比例（自行选择，注意与前次调配颜色比较，找出最适合的调配比例），观察调配后溶液的色泽变化。

▍效果与评价 ▍

将不同调色过程所得样品的色泽评价填入表3-3。

表3-3　　　　　　　　　　不同调色过程所得样品的色泽评价

色素	比例	调配后色泽（采用文字描述）
0.1%胭脂红+0.5%柠檬黄	1∶1	
	1∶2	
	1∶4	
0.1%胭脂红+0.5%日落黄	1∶1	
	1∶2	
	1∶4	
0.1%胭脂红+0.1%靛蓝	1∶1	
	2∶1	
	4∶1	
0.5%柠檬黄+0.1%靛蓝	2∶1	
	1∶1	
	1∶2	
0.1%胭脂红+0.5%柠檬黄+0.1%靛蓝	5∶5∶1	
	1∶1∶1	
	2∶5∶1	
	5∶2∶2	

技能二　果蔬加工中护色剂的选用与效果体验

目的与要求

通过实验,学生可理解果蔬变色机理,学习防止果蔬变色措施并掌握各种果蔬护色措施的机理。在加工中尽量保持果蔬原有美丽鲜艳的色泽,是加工的目标之一,但是原料中所含的各种化学物质,在加工环境条件不同的情况下,会产生各种不同的化学反应而引起产品色泽的变化。

仪器与材料

实验仪器:电子天平,烘箱,电炉,烧杯。

实验材料:苹果,0.5%亚硫酸钠,0.5% V_C,1%食盐,0.1%愈创木酚,0.3%过氧化氢。

方法与步骤

1. 观察果蔬色泽变化

A. 苹果去皮,切成3 mm厚的圆片,置于空气中10 min,观察处理后不同时间段苹果片的色泽变化,并记录。

B. 苹果去皮,切薄片,在切面滴1~2滴0.1%愈创木酚和1~2滴0.3%过氧化氢,观察处理后不同时间段苹果片的色泽变化,并记录。

2. 热烫

C. 苹果去皮,切成3 mm厚的圆片,投入沸水1~5 min,每分钟取出一片,在切面滴1~2滴0.1%愈创木酚和1~2滴0.3%过氧化氢,观察处理后不同时间段苹果片的色泽变化,并记录。

D. 苹果去皮,切薄片,投入沸水1~5 min,每分钟取出一片,置于空气中10 min,观察处理后不同时间段苹果片的色泽变化,并记录。

3. 化学试剂处理之一

E. 苹果去皮,切成3 mm厚的圆片,投入0.5%亚硫酸钠溶液浸泡20 min,取出沥干,观察处理后不同时间段苹果片的色泽变化,并记录。

4. 化学试剂处理之二

F. 苹果去皮,切成3 mm厚的圆片,投入1%食盐水浸泡20 min,取出沥干,观察处理后不同时间段苹果片的色泽变化,并记录。

G. 苹果去皮,切薄片,投入0.5% V_C 溶液浸泡20 min,取出沥干,观察处理后不同时间段苹果片的色泽变化,并记录。

5. 将以上步骤处理的苹果片,放在55~60 ℃烘箱,恒温干燥30 min以上,观察其干燥前后色泽的变化情况,并记录。

效果与评价

将苹果片色泽变化以及是否发生褐变的结果填入表3-4。

表3-4　苹果片色泽变化以及是否发生褐变的结果

处理方式	1 h	2 h	4 h	12 h
A				
B				
C				
D				
E				
F				
G				

技能三　漂白剂在粉丝类制品中的使用及效果评价

目的与要求

通过实验过程,学生可在理解漂白剂作用机理的基础上重点学习粉丝加工过程中的漂白工艺操作步骤;强化对国家标准《食品安全国家标准　食品添加剂使用标准》(GB 2760—2024)的熟悉;掌握相关漂白设备的使用。

仪器与材料

实验仪器:灶锅,粉瓢。

实验材料:淀粉(要求无杂质,淀粉呈粉末状,无粗颗粒),二氧化硫(燃烧硫黄)0.2%~0.3%,明矾0.5%,搅拌浆,过滤以及离心设备。

方法与步骤

1.粉丝加工工艺流程

淀粉→打芡→调粉和面→漏粉→冷却、漂白→干燥→成品。

2.制作方法

(1)打芡。先取淀粉总量的4%~6%用热水调成糊状,再用沸水冲入调好的稀粉糊,并不断朝着一个方向快速搅拌,至粉糊变稠、透明、均匀,即为粉芡。

(2)调粉和面。向粉芡内加入0.5%的明矾,充分混匀后再将湿淀粉(含水量46.5%)和粉芡混合,搅拌好揉至无疙瘩,不黏手,成为能拉丝的软面团即可。和面的温度在25~40 ℃。

(3)漏粉。先将漏粉瓢挂在灶锅上,锅子水温保持在97~98 ℃,瓢底离锅水的距离,可根据粉丝粗细要求和粉团质量而定,粉丝细,距离远;粉丝粗,距离近。瓢底有孔眼,孔眼直径在1 mm左右。将揉好的粉团陆续放在粉瓢内,用手振动瓢内的粉团,通过小孔,粉团漏下拉成粉丝细条,然后落入近似沸水中,即凝固成粉丝或条而浮起在锅水的上面。

(4)冷却、漂白。用小竿挑起粉丝,拉到冷水锅中冷却,目的是增加粉丝的弹性。然后,挂上竹竿,放入熏硫房,用硫黄熏蒸漂白。

(5)干燥。将挂在竹竿上的粉丝运往晒场选择向阳和通风的地方挂杆晾晒。

效果与评价

(1)由5~10名同学组成鉴评组,就粉丝的色泽和气味、滋味两方面参照表3-5进行评价,色泽和气味、滋味各自所占比例分别为0.7和0.3,满分为10分。

表3-5　　　　　　　　　　　　　　　粉丝品质评价

项目	7	5	1
色泽	色泽洁白,带有光泽	色泽稍暗或微泛黄褐色,微有光泽	色泽灰暗,无光泽

项目	3	2	0
气味、滋味	气味和滋味均正常,无任何异味	平淡无味或微有异味	有霉味、酸味、苦涩味及其他外来滋味,口感有砂土存在

(2)粉丝漂白效果的感官评价。将粉丝生产分为四组,其中一组为空白组(不进行漂白),其他三组熏硫时,控制其有效二氧化硫浓度分别为0.1%、0.2%、0.3%,粉丝制作完成后,通过感官评价,评价粉丝漂白效果的变化,记录在表3-6中。

表3-6　　　　　　　　　　　　　　漂白粉使用效果评价

组别	感官评价	
	色泽	气味、滋味
空白		
含0.1%二氧化硫		
含0.2%二氧化硫		
含0.3%二氧化硫		

拓展与提升

我国批准使用的食品着色剂风险评估概述

《中华人民共和国食品安全法》规定,国家建立食品安全风险评估制度,对食品、食品添加剂、食品相关产品中的危害因素进行风险评估。国外,欧洲多国,美国、日本和韩国等多个国家及地区也已经开始启动食品添加剂再评估计划。欧洲近几年来对甜味剂、谷氨酸盐、磷酸盐、亚铁氰化钠/钾/钙、黄原胶、脂肪酸、β-环糊精、靛胭脂、没食子酸丙酯等多种物质作为食品添加剂的安全性开展了再评估，并且经重新评估后，于2018年从食品添加剂清单中删除山梨酸钙，并且对一些食品添加剂的使用提出建议修改的科学意见；美国和日本对香料开展了再评估；韩国对已批准使用的合成色素、抗氧化物和护色剂也开展了再评估。开展食品添加剂的再评估工作的主要原因包括：一是安全性有关的新科学证据显示某些食品添加剂的安全性存在潜在风险，例如，2011年联合国粮农组织和世界卫生组织食品添加剂联合专家委员会（Joint FAO/WHO Expert Committee for Food Additives，JECFA）调整了铝的暂定每周耐受摄入量（Provisional Tolerable Weekly Intake，PTWI），基于此，健康指导值评估发现，我国人群通过膳食摄入铝对健康具有一定的风险，因此，我国于2014年修订了标准，减少了含铝食品添加剂的种类和使用范围；二是风险监测评估结果提示存在安全性问题；三是食品添加剂使用范围的扩大和人群对含食品添加剂的食品的消费量增加，导致以前对该食品添加剂的健康风险出现较大不确定性，需要重新评估。随着社会经济的发展，我国人群深加工食品的消费量逐渐增加，随之食品添加剂的摄入种类和摄入量也越来越多，同时新的食品添加剂仍在不断加入，因此，2022年相关报道中，我国研究者针对《食品安全国家标准 食品添加剂使用标准》（GB 2760—2014）中的食品添加剂开展再评估。

相关研究针对我国所有批准使用的着色剂的最大使用量和每日允许摄入量ADI（Acceptable Daily Intake，ADI）进行了梳理和筛选，除标准规定在所有允许添加的食品中均按生产需要适量使用的及尚无明确数值型ADI的着色剂以外，其余着色剂均纳入本次理论评估。即，在针对GB 2760—2014中的292种食品添加剂进行初步筛选后，最后确定本次进一步进行风险评估的着色剂有21种。对于纳入评估的21种着色剂，首先采用丹麦预算法计算其理论每日最大摄入量；对于理论每日最大摄入量超出其ADI的着色剂，再采用简单分布评估法进行评估。

丹麦预算法得到的结果是，21种着色剂中，3-阿朴-8'-胡萝卜素醛、β-胡萝卜素、赤藓红及其铝色淀等15种着色剂的理论每日最大摄入量超过其ADI；酸性红、焦糖色（普通法）、焦糖色（苛性硫酸盐）、靛蓝及其铝色淀、诱惑红及其铝色淀、亮蓝及其铝色淀6种食品添加剂的理论每日最大摄入量未超过其ADI，不进入简单分布评估流程。经预算法评估进入简单分布评估的15种食品添加剂中，理论每日最大摄入量超过ADI倍数最低的为叶绿素铜钠盐和钾盐，为ADI的104.28%，最高的为β-胡萝卜素，理论每日最大摄入量为ADI的35.0倍。

并且，对15种着色剂（包括天然着色剂和合成着色剂）开展简单分布评估发现，对于一般人群而言，着色剂的每日平均摄入量均未超过其ADI；仅有2种食品添加剂的P95摄入量超过ADI，即β-胡萝卜素、胭脂虫红，P95摄入量分别为ADI的2.50倍和1.36倍。考虑到不同人群食物消费模式的差异，针对消费人群（我国18个省、市和自治区的消费者）也进行了简单分布评估。结果显示，着色剂的每日平均摄入量仍未超过其ADI，但是有8种着色剂的P95摄入量超过了ADI，这8种着色剂除β-胡萝卜素、胭脂虫红以外，还有辣椒油树脂、赤藓红及其铝色淀、焦糖色（加氨生产）、焦糖色（亚硫酸铵法）、喹啉黄、苋菜红及其铝色淀。值得注意的是，中国人群除了通过可乐型碳酸饮料摄入焦糖色以外，主要还通过酱油、醋等调味料摄入该物质。

思考与练习

一、名词解释

1. 食品着色剂　2. 食品天然着色剂　3. 食品合成着色剂

二、判断题

1. 根据分子轨道理论,当着色剂的两个原子结合成分子时,两个原子的原子轨道非线性组合成两个分子轨道。（ ）
2. 有机化合物在紫外和可见光区域内(600~1 000 nm)有吸收带的基团称为生色团。（ ）
3. 食品合成着色剂(食品合成色素)是利用有机物人工化学合成的有机色素。水溶性合成着色剂毒性很大,因此,目前世界各国允许使用的食品合成着色剂几乎全是油溶性色素。（ ）
4. 苋菜红为红棕色均匀或粉末或颗粒,易溶于水,可溶于甘油及丙二醇,微溶于乙醇,不溶于油脂等其他有机溶剂。（ ）
5. 叶绿素钠盐为墨绿色粉末或绿色液体,无臭或微带氨的气味。（ ）
6. 天然色素在提取分离过程中会产生安全风险,国际上对天然色素的提取大多使用正烷、己丙酮等有机溶剂,这些有机溶剂应用于工艺过程中的残留并不会对天然色素的安全性产生影响。（ ）
7. 亚硝酸钠为无色或白色结晶,有咸味,易潮解,水溶液中呈碱性反应。（ ）

三、单项选择题

1. 将食品天然色素分类,根据化学结构不同,属于异戊二烯衍生物的是(   )。
   A. 越橘红   B. 紫胶红   C. 辣椒红   D. 甜菜红
2. 下列合成着色剂中,属于非偶氮类色素的是(   )。
   A. 苋菜红   B. 赤藓红   C. 胭脂红   D. 日落黄
3. 下列属于食品着色剂助色团的是(   )。
   A. —OH   B. C=C   C. —CHO   D. —COOH
4. 下列着色剂中最稳定的是(   )。
   A. 胭脂红   B. 赤藓红   C. 柠檬黄   D. 日落黄
5. 下列属于多酚类衍生物天然着色剂的是(   )。
   A. 花青素   B. β-胡萝卜素   C. 栀子黄   D. 红曲红

四、填空题

1. 食品天然着色剂按来源不同可分为_____、_____、_____。
2. 物体能形成一定颜色是由于其_____吸收了自然光中部分光波,同时又反射出没有吸收的光波。
3. 产生跃迁的类型与_____以及_____有关。
4. 天然着色剂由于其_____、_____、_____等因素不易于拼色。
5. 色淀是由_____在许可使用的不溶性基质上制备的一种特殊着色剂制品。
6. 花青素一般在pH<7时显示_____,pH=8.5左右时显示_____,pH=11时则显示_____。

五、简述题

1. 食品着色剂的发色机理是什么?
2. 简述食品天然着色剂的优点。
3. 食品天然着色剂的安全风险存在于哪些方面?

六、技能题

简要列举一种天然着色剂的提取工艺。

项目四

食品用香料的使用

香精香料——
中国引领行业

学习目标与要求

知识目标

1. 了解食品用香精的功能以及理解误区。
2. 知道食品用香精以及食品用香料的概念、天然及合成食品用香料的分类以及食品用香精的分类。
3. 理解食品用香精的调香过程、常规类型的食品用香精的配制规则。
4. 掌握代表性天然食品用香料的性状与性能及使用条件。
5. 掌握常见合成食品用香料的性状与性能及使用条件。
6. 掌握食品用香精的使用方式及注意事项。

能力目标

1. 能举例说出3~5种代表性天然食品用香料的特点及使用条件。
2. 能举例说出3~5种常见合成食品用香料的特点及使用条件。
3. 会调配食品用香精、辨别香料的香味特征。

职业素养目标

1. 通过学习天然、合成食品用香料的特点及使用条件,培养开发祖国植物资源、发展食品用香精轻工业的基础能力。
2. 通过熟悉调香过程,树立热爱科学、勇于创新的自信心。
3. 通过学习常规类型的食品用香料的使用状况,养成关注食品营养成分、健康品味生活的好习惯。

学习重点与难点

重点:食品用香料的概念、分类、典型举例以及食品用香精的使用。
难点:食品用香精的分类以及食品用香精的调配。

项目四　食品用香料的使用

> 认知与解读

知识点一　认识食品用香料

一　食品用香料的作用

食品用香料

食品的香味是食品的灵魂,在食品色、香、味、形诸要素中,"香"和"味"的地位尤为突出。食品香味的来源主要有三个方面:一是食品中原先就存在的,如新鲜水果、蔬菜的香味;二是食品中的香味前提物质在食品加工过程(如加热、发酵等)中发生一系列化学变化产生的,如米饭、腐乳的香味;三是食品加工过程中通过加入食品用香精、香辛料、调味品等带来的,如糖果、红烧肉及方便面调料中的部分香味。虽然食品中香味化合物在食品组成中含量很小(μg/kg~mg/kg级),但其作用却是举足轻重的。

对传统手工制作的大多数食品而言,由于制作方法精细、工艺烦琐、加热时间长等,其香味一般都能令人满意。在制作过程中,除了部分品种,如酱牛肉、烧鸡等添加香辛料外,大部分食品不添加香精。但食品厂采用现代设备大规模、快速生产的食品,由于工艺简化、加热时间短等,其香味通常不如传统方法制作的那样浓郁,必须额外添加能够补充和改善食品香味的物质,也就是食品用香精。

食品用香精是用各种食品用香料和许可食用的附加物经调配与加工制成的,赋予食品香味的食品添加剂。它由一种或多种食品用香料物质、溶剂及食品加工助剂组成,是具有一定香气特征和浓度的混合物,其组成复杂,少的由几种单体香料组成,多则由十几种、几十种甚至上百种香料组成。

食品用香料是指那些具有香味的、对人体安全的、用来制造食品用香精的单一有机化合物或混合物,是食品用香精的有效成分。其中的单一有机化合物一般称为单体香料,如肉桂醛、香兰素、2-甲基-3-巯基呋喃等。混合物主要有精油(如肉桂油、大蒜油等)、油树脂(如生姜油树脂、姜黄油树脂等)和酊剂(如香荚兰豆酊、枣酊等)等。传统的香辛料也属于食品用香料的范畴,如花椒、八角茴香(大料)、桂皮、丁香、生姜、大葱、大蒜、香叶、白芷、草果、砂仁等。

食品用香精和食品用香料的关系是产品和原料的关系。一般,食品用香料被调制成食品用香精以后再添加到食品中。通过香料调配来创拟香精配方的过程、方法和艺术统称为调香。从事食品用香精调香的人员称为食品调香师。传统的食品用香精制备方法称为调香法,许多水果香精、奶香精、酒用香精大都采用调香法制备。随着科技的进步,酶解、发酵、热反应等方法成为制备食品用香精的新技术,在肉味香精、奶香精、巧克力香精和酒用香精的生产中得到了广泛应用。

总而言之,食品用香料、食品用香精是制造食品香味的主要来源之一,它们的使用使得制造食品的香味能够跟传统手工制作的食品相媲美。在世界范围内,添加了食品用香料、食品用香精的制造食品占绝大多数。随着食品产业的发展,食品用香料和食品用香精的应用越来越普遍。

二、食品用香料及其分类

食品用香料品种很多并且每年都在增加，目前世界各国允许使用的香料品种有4 000多种。

我国《食品安全国家标准 食品添加剂使用标准》（GB 2760—2024）中包含1 910种中国允许使用的食品用香料，其中天然香料404种、合成香料1 506种。

食品用香料按照来源可以分为天然食品用香料和合成食品用香料两大类。

（一）天然食品用香料的分类

食品中使用的天然香料主要有三类：一类是芳香植物的花、枝、叶、根、皮、茎、籽或果等及其提取物，如玫瑰花、薄荷、柑橘、桂花、花椒等，其提取物如玫瑰油、薄荷油、柑橘油、桂花浸膏、花椒油树脂等。第二类是从这些天然香料中分离出来的单一有效成分，一般称为单离香料，如从肉桂油中分离的肉桂醛、从山苍子油中分离的柠檬醛、从薄荷油中分离的薄荷脑等。第三类是以生物质为原料通过发酵等生化方法制备的香味物质，如发酵制备的呋喃酮、3-羟基-2-丁酮等。

目前，天然香料有效成分大部分可以单分离出来或用有机合成的方法合成出来。分子结构相同的单离香料与合成香料，除了来源不同所导致的不稳定同位素含量不同外，其安全性、香味特征和使用效果等并没有差别。

（二）合成食品用香料的分类

合成食品用香料是通过有机合成的方法制取的食品用香料。

如果某些合成食品用香料是天然食物的香成分，这种食品用香料则称为天然等同香料。如2-甲基-3-呋喃硫醇是金枪鱼、牛肉、猪肉等的香成分，因此，2-甲基-3-呋喃硫醇是一种天然等同香料。目前允许使用的合成食品用香料多数是天然等同香料。

如果是用来源于天然动植物的原料合成的食品用香料，其分子中所有C原子都来源于天然动植物，^{14}C同位素比例与天然动植物相同，则这种食品用香料称为天然级香料，如采用发酵法生产的乙酸和乙醇为原料合成的乙酸乙酯。

同一种香料可能有天然产品、天然级产品和合成产品之分，尽管其安全性和使用性没有差别，但价格差距很大。

合成食品用香料的分类方法主要有三种：一是按官能团分类，二是按碳原子骨架分类，三是按香味类型分类。

合成食品用香料按官能团不同可分为烃类、醇类、酚类、醚类、醛类、酮类、缩羰基类、酸类、酯类、内酯类、硫醇类和硫醚类食品用香料等。

合成食品用香料按碳原子骨架分类大体情况如下：

萜烯类食品用香料，如萜烯、萜醇、萜醛、萜酮、萜酯。

芳香族类食品用香料，如芳香族醇、醛、酮、酸、酯、内酯、酚、醚。

脂肪族类食品用香料，如脂肪族醇、醛、酮、酸、酯、内酯、醚。

含氮、含硫、杂环和稠环类食品用香料，如硫醇类、硫醚类、硫酯类、呋喃类、噻吩类、吡咯类、噻唑类、吡啶类、吡嗪类、喹啉类。

合成食品用香料按香味类型可分为花香型、果香型、奶香型、辛香型、清香型、凉香型、烤香型、葱蒜香型、烟熏香型、肉香型、药香型食品用香料等。

知识点二 天然食品用香料的使用

一、天然食品用香料的主要品种和制品类型

(一)天然食品用香料的主要品种

人类最初使用食品用香料是从天然食品用香料开始的,主要用于烹调和食品调味。天然食品用香料的品种数以百计,主要是香花、香草和香辛料,常见的品种有葱、洋葱、姜、蒜、花椒、八角茴香、肉桂、胡椒、辣椒、孜然、丁香、豆蔻、砂仁、草果、白芷、山奈、薄荷、留兰香、甘牛至、甜罗勒、枯茗、莳萝、月桂、小茴香、葫芦巴、迷迭香、韭菜、芹菜、芫荽、姜黄、香荚兰、桂花、茉莉花、菊花、柚、橙、橘、柠檬等。

(二)天然食品用香料的主要制品类型

人类最初使用天然食品用香料多数是使用其植物的原始形态,这种使用方式至今还在延续,如炖肉时使用的花椒、大料、桂皮、葱、姜等。这种使用方式最大的优点是"原汁原味"。其中的呈香、呈味成分都能发挥作用。缺点是许多香味成分由于在植物组织内部,在随食物蒸煮的过程中不能有效溶出,香味成分利用效率低。随着科技的进步,人们先后开发了新香料粉、精油和油树脂等。

1. 精油

精油是从香料植物中提取的挥发性油状液体,是植物性天然香料的主要品种。精油的制法主要有两种:一种是以植物的花、叶、枝、皮、根、茎、果、籽、树脂等为原料,经水蒸气蒸馏制取,例如薄荷油、小茴香油、肉桂油、八角茴香油等。另一种是将柑橘类的全果或果皮,经压榨法制取,例如柑橘油、甜橙油、柠檬油等。

2. 浸膏和油树脂

香料植物的花、叶、茎、皮、果、籽或树脂等,用挥发性溶剂萃取,蒸馏回收溶剂后,蒸馏残余物即为浸膏,如茉莉浸膏、桂花浸膏等。以香辛料为原料萃取得到的浸膏习惯上称为油树脂,如花椒油树脂、大蒜油树脂等。

在浸膏和油树脂中,除了含有精油外,尚含有相当数量的植物蜡、色素等。所以在室温下呈深色蜡状。目前最常用的挥发性浸提剂是石油醚和超临界二氧化碳。

3. 酊剂

以乙醇为溶剂,在加热或回流的条件下,浸提香料植物或植物的渗出物,乙醇浸出液经冷

却、澄清、过滤后所得的制品,通称为酊剂。例如红枣酊、香荚兰豆酊等。

二 代表性的天然食品用香料及使用

(一)薄荷素油

薄荷素油又称薄荷油。它是由蒸馏唇形科植物薄荷的茎、叶而得,即薄荷原油经分离去除大部分薄荷脑后所剩余的油。

性状与性能:薄荷素油为无色或淡黄色澄清液体,有薄荷香气,味初辛、后凉。它在水中溶解度很小,溶于乙醇、乙醚、氯仿及脂肪油中;遇热易挥发,易燃;相对密度为0.888~0.908,折射率为1.456~1.466,旋光度为−24°~−17°。薄荷素油主要成分为薄荷脑(约占50%)、乙酸薄荷酯、薄荷酮等。

应用:薄荷素油是配制薄荷香型香精的主要原料之一。《食品安全国家标准 食品添加剂使用标准》(GB 2760—2024)规定,允许使用薄荷素油配制各种食品用香料。

(二)留兰香油

留兰香油,又称绿薄荷油。留兰香油主要由唇形科植物留兰香的茎、叶蒸馏而得。

性状与性能:留兰香油为无色至淡黄色或黄绿色的液体,具有留兰香的特殊清凉香气;相对密度为0.918~0.938,折射率为1.485~1.496,旋光度为−60°~−55°。其含酮量为80%,主要成分系左旋香芹酮,全溶于等量80%(体积分数)乙醇中。

应用:留兰香油可直接用于糖果等食品中,是酵母糖的主要赋香剂之一。硬糖中也经常使用。《食品安全国家标准 食品添加剂使用标准》(GB 2760—2024)规定,允许使用留兰香油配制各种食品用香料。

(三)甜橙油

甜橙油是由芸香科植物甜橙的果皮,用水蒸气蒸馏法、压榨法或用磨橘机以冷磨法提取的。

性状与性能:甜橙油为淡黄色或深橙黄色液体,具有清甜的橙子香气和温和的芳香滋味;相对密度为0.840~0.846,折射率为1.471 5~1.473 2;溶解于乙醇。其主要成分是苧烯(含量达90%以上),并含癸醛、辛醛、芳樟醇、十一醛、甜橙醛等成分。

应用:甜橙油广泛用于配制多种食品用香料,是橘子、甜橙等果香型香精的主要原料,可直接添加于糖果、糕点、饼干、冷饮等食品中,尤其是高档的橘子汁、柠檬汁等。《食品安全国家标准 食品添加剂使用标准》(GB 2760—2024)规定,允许使用甜橙油配制各种食品用香料。

美国香料生产者协会(FEMA)规定(单位:mg/kg):甜橙油用于饮料,210;冷饮,330;糖果,1 000;焙烤制品,430;布丁类,1 300;胶母糖,4 200;酒类,5;早餐谷类,49;肉类制品,10;调味料,32;涂层,190;糖浆,0.34。

(四)柠檬油

柠檬油是由芸香科植物柠檬的果皮用磨橘机以冷磨法提取的,也可经压榨或蒸馏得到。

性状与性能：柠檬油为鲜黄色澄清的油状液体，具有清甜的柠檬果香气，味辛辣微苦；相对密度为 0.849~0.858，折射率为 1.474~1.477，旋光度为+60°~+68°；易溶于乙醇中，柠檬油主要成分为苧烯和柠檬醛等。

应用：柠檬油广泛用于配制多种食品用香料，是柠檬型香精的主要原料，可直接添加于糖果、糕点、饼干、冷饮等食品中，尤其是作为高档柠檬汁等果汁类常用的赋香剂。《食品安全国家标准　食品添加剂使用标准》(GB 2760—2024)规定，允许使用柠檬油配制各种食品用香料。

FEMA 规定(单位：mg/kg)：软饮料，230；冷饮，280；糖果，1 100；焙烤食品，580；布丁类，340；胶母糖，1 900；早餐谷类，140；调味品，10~80；肉类，25~40；糖浆，65。

(五)大茴香油

大茴香油又称八角茴香油，主要成分有大茴香脑(80%~90%)、大茴香醛、大茴香酮、苧烯和芳樟脑等。将八角茴香的新鲜枝叶或成熟的果实粉碎后采用水蒸气蒸馏法提取，得到大茴香油。

性状与性能：大茴香油为无色透明或浅黄色液体，具有八角茴香的特征香气，味甜。易溶于乙醇，微溶于水。八角茴香是常用的烹调用香辛料，大茴香油用于食品使之具有八角茴香的香气，特别适用于酒类、碳酸饮料，使它们具有特征香气。有兴奋、镇咳等作用。

应用：《食品安全国家标准　食品添加剂使用标准》(GB 2760—2024)规定，大茴香油可在各类食品中按生产需要适量使用，主要用于酒类、碳酸饮料、糖果及焙烤食品等。

(六)月桂叶油

月桂叶油主要成分有桉叶素(约 50%)、丁香酚、柠檬酸、蒎烯、乙酰基丁香酚、α-水芹烯、L-芳樟醇、香叶醇等。月桂叶油以月桂树的鲜叶、茎和木质化的小枝为原料，用水蒸气蒸馏法提取。

性状与性能：月桂叶油为黄色或棕黄色挥发性精油，具有芳香辛辣的气味，味甜，易挥发；溶于乙醇和大多数非挥发性油，不溶于甘油；对弱碱和有机酸相当稳定。月桂叶油对副食品增香效果良好，并有一定的防霉性能。

应用：《食品安全国家标准 食品添加剂使用标准》(GB 2760—2024)规定，月桂叶油可在各类食品中按生产需要适量使用，多用于香肠、罐头、泡菜、沙司、汤和调味料等。

(七)桉叶油

桉叶油的主要成分有桉叶素(65%~85%)、蒎烯、莰烯、水芹烯、乙酸香叶醇、异戊醛、香茅醛等。桉叶油是以天然桉树、香樟树等的枝叶为原料，用水蒸气蒸馏法提取而得。

性状与性能：桉叶油为无色或微黄液体，具有桉叶素的清凉香气；相对密度为 0.904~0.925，折射率为 1.458 0~1.470 0，旋光度为−10°~+10°；全溶于 5 倍容量的 70% 乙醇中。

应用：《食品安全国家标准　食品添加剂使用标准》(GB 2760—2024)规定，桉叶油用于清凉型香精的调制，可按生产需要适量使用。

FEMA 规定(单位:mg/kg)：食品中最高参考量为软饮料，1.7；冷饮，0.5~50.0；糖果，130；酒类，1.0；焙烤食品，76。

(八)桂花浸膏

桂花浸膏是以桂花鲜花为原料，采用香花规格石油醚作溶剂，经浸提、浓缩浸液制得的产品。

性状与性能：桂花浸膏为黄色或棕黄色膏状物,具有桂花香气;熔点为40~50 ℃,酸值≤40,净油含量≥60%。

应用：广泛用于具有桂花香型的各类食品调香。《食品安全国家标准 食品添加剂使用标准》(GB 2760—2024)规定,桂花浸膏可按生产需要适量配制各种食品用香料。在实际使用中,除用于桂花香精外,还可用于蜜饯香精、茶叶香精或其他复方香精及酒用香精中。

(九)墨红浸膏

墨红浸膏是用石油醚浸提墨红鲜花制取的,得膏率为0.14%~0.16%。

性状与性能：墨红浸膏为橙红色膏状物,具有纯正的墨红鲜花香气;熔点为40~50 ℃,酸值≤20,酯值>20%,净油含量≥30%。

应用：墨红浸膏可用于饮料、糖果、烟草等。《食品安全国家标准 食品添加剂使用标准》(GB 2760—2024)规定,墨红浸膏可按生产需要适量配制各种食品用香料。它可用于调配杏、桃、苹果、草莓、桑葚、梅等果香型和花香型食品用香料。

知识点三　合成食品用香料的使用

一　合成食品用香料的主要类型

合成食品用香料的主要优点是原料丰富,生产过程受气候和自然灾害的影响小,能够随时根据需要批量生产,价格稳定,成分和结构明确,香味稳定。合成食品用香料的安全性和使用效果并不低于单离香料及天然级香料,绝大部分合成食品用香料是天然食品和天然食品用香料的香成分。因此,合成食品用香料在今后不仅不会消失,还会不断丰富和发展。两者共同推动食品和食品产业的可持续发展。

合成食品用香料的分类方法较常用的有以下两种:一种是按官能团分类,另一种是按香味类型分类。

合成食品用香料按官能团可分为醇类、酚类、醚类、醛类、酮类、酯类、内酯类、硫醇类、硫醚类、硫酯类和杂环类食品用香料等。有些合成食品用香料分子中含有一个以上官能团,在分类时一般按最主要的官能团归类。

合成食品用香料按香味类型可分为花香型、果香型、奶香型、辛香型、清香型、草香型、凉香型、烤香型、葱蒜香型、烟熏香型、肉香型和药香型食品用香料等。

合成食品用香料的品种比天然食品用香料要多一个数量级,全世界目前使用的约有3 000种。

二　常见合成食品用香料的使用

(一)苯甲醛

苯甲醛,又称人造苦杏仁油。天然存在于苦杏仁油、桂皮油等精油中,是苦杏仁油的主要香气成分。苯甲醛可由甲苯经催化氧化或由苯乙烯经臭氧氧化而制得。分子式为C_7H_6O,相对分子质量为106.12。其结构式如下:

$$\text{C}_6\text{H}_5\text{—CHO}$$

性状与性能:苯甲醛纯品为无色液体,普通品是无色或淡黄色液体,具有苦杏仁的特异芳香气味;性质不稳定,遇空气逐渐氧化为苯甲酸,还原可变为苯甲醇;纯品沸点为179.9 ℃,微溶于水,与乙醇、乙醚、苯和氯仿混溶。1份苯甲醛可溶于300份水或5份50%乙醇中。

应用:苯甲醛广泛用于配制杏仁、樱桃等食品用香料。《食品安全国家标准 食品添加剂使用标准》(GB 2760—2024)规定,苯甲醛为允许使用的食品用天然等同物香料,暂时允许使用苯甲醛配制各种食品用香料。

(二)柠檬醛

柠檬醛,化学名称为3,7-二甲基-2,6-辛二烯醛,有α、β、顺、反4种异构体,属于萜类。它可从山苍子油中分离精制,也可由香叶醇、橙花醇等经氧化而制得,或从工业香叶醇或橙花醇中利用铜催化剂减压气相脱氢得到;还可从脱氢芳樟醇在钒催化剂作用下合成。分子式为$C_{10}H_{16}O$,相对分子质量为152.23。其结构式如下:

柠檬醛 a   柠檬醛 b

性状与性能:柠檬醛为无色或淡黄色液体,有强烈的类似于无萜柠檬油的香气;相对密度为0.885~0.890,折射率为1.4860~1.4900,酸值≤5,含醛量≥97%;易被氧化生成聚合物而着色,应予注意。

应用:《食品安全国家标准 食品添加剂使用标准》(GB 2760—2024)规定,柠檬醛为允许使用的食品用天然等同物香料,可用于配制各种食品用香料。柠檬醛具有新鲜柠檬的香气,用途很广,作为单体香料用以调制柠檬油、白柠檬油、橘子油等各种香型香精,广泛用于清凉饮料、糖果、冰激凌、焙烤制品等食品的赋香。在食品中的最大用量为170 mg/kg。

(三)香兰素

香兰素,俗称香草粉,化学名称为3-甲氧基-4-羟基苯甲醛。分子式为$C_8H_8O_3$,相对分子质量为152.15。其结构式如下:

香兰素天然存在于香荚兰豆、安息香膏、秘鲁香膏及吐鲁香膏等中。我国主要由邻氨基苯甲醚经重氮水解,生成愈创木酚,然后用愈创木酚在对亚硝基二甲基苯胺和催化剂存在下,和甲醛缩合,生成香兰素,再经萃取分离、真空蒸馏和结晶提纯而得结晶状香兰素成品。

性状与性能: 香兰素为白色至微黄色结晶,熔点为81~83 ℃,具有香荚兰豆特有的香气。它易溶于乙醇、乙醚、氯仿、冰乙酸及热挥发油,在冷的植物油中溶解度不高,略溶于水,而溶解于热水。易受光照影响而变化,在空气中能徐徐氧化。

应用:《食品安全国家标准 食品添加剂使用标准》(GB 2760—2024)规定,香兰素为允许使用的食品用天然等同物香料,可用于配制各种食品用香料。它是使用最多的食品赋香剂之一,是配制香草型香精的主要香料,可单独使用。香兰素广泛用于饼干、糕点、冷饮、糖果等食品的赋香。尤其是用于以乳制品为主要原料的食品;当生产糕点、饼干等食品时,在和面步骤中,需事先用温水溶解后加入,以防赋香不均或结块影响口味;遇碱或碱性物质发生变色现象,使用时注意。

(四)乙基香兰素

乙基香兰素,化学名称为3-乙氧基-4-羟基苯甲醛。分子式为$C_9H_{10}O_3$,相对分子质量为166.17。它是以邻硝基氯苯为原料经一系列化学反应合成邻羟基乙醚再套用香兰素生产工艺而制得的。

性状与性能: 乙基香兰素为白色至微黄色结晶或结晶状粉末,具有类似香荚兰豆的香气,香气较香兰素浓郁;熔点为74~77 ℃,25 ℃时1 g试样全溶于3 mL 95%(体积分数)乙醇中,呈澄清透明溶液;需置于遮光容器内,密封保存。

应用: 香型与香兰素相同,纯品的香气较香兰素强3~4倍。其使用与香兰素相同,特别适用于乳基食品的赋香。它广泛地以单体或与香兰素、甘油等配合使用。《食品安全国家标准 食品添加剂使用标准》(GB 2760—2024)规定,乙基香兰素为允许使用的食品用人造香料,允许使用乙基香兰素配制各种食品用香料。

(五)丁香酚

丁香酚亦称为丁子香酚、丁香油酚和4-烯丙基-2-甲氧基苯酚,分子式为$C_{10}H_{12}O_2$,相对分子质量为164.20。

性状与性能: 丁香酚为无色或淡黄色液体,具有浓郁的竹麝香气味。溶于乙醇、挥发油中,溶于冰醋酸和苛性碱,不溶于水。具有很强的杀毒力。在空气中色泽逐渐变深,液体变稠。

应用:《食品安全国家标准 食品添加剂使用标准》(GB 2760—2024)规定,丁香酚可在各类食品中按生产需要适量使用。主要用于配制烟熏火腿、坚果和辛香型香精等。

(六)麦芽酚

麦芽酚,化学名称为3-羟基-2-甲基-4-吡喃酮,又称麦芽醇。分子式为$C_6H_6O_3$,相对分子质量为126.11。麦芽酚是以发酵法制取曲酸,再经化学合成而制得的。

性状与性能: 麦芽酚为白色、微黄色针状或结晶性粉末,具有焦甜香气;熔点为160~164 ℃,含量≥98%;易溶于热水与乙醇,具有升华性。麦芽酚应装于衬有塑料袋的纸盒内,贮存在干燥、通风的仓库,避免和有异味杂气的物品混同存放。

应用:《食品安全国家标准 食品添加剂使用标准》(GB 2760—2024)规定,麦芽酚为允许使用的食品用天然等同物香料,可用于配制各种食品用香料。它有缓和其他香料香气的性质,可作为香气改良剂和定香剂使用。麦芽酚广泛用于焙烤食品、糖果、饮料、巧克力、汤粉等食品。最大用量为300 mg/kg。

(七)乙基麦芽酚

乙基麦芽酚亦称为3-羟基-2-乙基-4-吡喃酮,分子式为$C_7H_8O_3$,相对分子质量为140.14。

性状与性能:乙基麦芽酚为白色或淡黄色结晶或晶体粉末,具有非常甜蜜的持久焦糖甜香气,味甜,稀释后呈凤梨、草莓等温和的果香味。溶于乙醇、水及丙二醇。乙基麦芽酚的性质和效力较麦芽酚强4~6倍。

应用:《食品安全国家标准 食品添加剂使用标准》(GB 2760—2024)规定,乙基麦芽酚可在各类食品中按生产需要适量使用。主要用于配制草莓、葡萄、菠萝、香草型等香精。

(八)丁酸异戊酯

丁酸异戊酯,分子式为$C_9H_{18}O_2$,相对分子质量为158.24。它是以正丁酸与杂醇油中分离的异戊醇为原料,用硫酸作催化剂,经酯化反应合成制得。

性状与性能:丁酸异戊酯为无色透明液体,具有类似生梨的香气;相对密度为0.861~0.864,折射率为1.409 0~1.413 0,酸值≤1,沸程为175~183 ℃,含酯量≥98%(以丁酸异戊酯计);易溶于乙醇而几乎不溶于水。

应用:《食品安全国家标准 食品添加剂使用标准》(GB 2760—2024)规定,丁酸异戊酯为允许使用的食品用天然等同物香料,可用于配制各种食品用香料。它广泛用于生梨、香蕉等果香型香精的调制及老姆酒的调香。最大用量约为600 mg/kg,冰激凌使用量为10~20 mg/kg,糖果使用量为5~15 mg/kg。

(九)异戊酸异戊酯

异戊酸异戊酯,也称戊酸戊酯,俗称苹果油。分子式为$C_{10}H_{20}O_2$,相对分子质量为172.26。异戊酸异戊酯是用杂醇油分离的异戊醇和以异戊醇通过两次氧化后精制所得的异戊酸,经硫酸作催化剂反应制得。

性状与性能:异戊酸异戊酯为无色或微黄色透明液体,具有类似苹果的香气;相对密度为0.852~0.855,折射率为1.411 0~1.415 0,酸值≤1,沸程为185~195 ℃,含酯量≥98%(以异戊酸异戊酯计);微溶于水,易溶于有机溶剂。

应用:《食品安全国家标准 食品添加剂使用标准》(GB 2760—2024)规定,异戊酸异戊酯为允许使用的食品用天然等同物香料,可用于配制各种食品用香料。它作为食品赋香剂使用广泛,常用于调制苹果、香蕉、桃等果香型香精。最大用量约为500 mg/kg。

(十)α-松油醇

α-松油醇,分子式为$C_{10}H_{18}O$,相对分子质量为154.25。α-松油醇是以松节油为原料经化学合成而制得的。

性状与性能:α-松油醇为无色稠厚液体,具有类似紫丁香花的香气;相对密度为0.935~0.941,折射率为1.482 5~1.485 0,旋光度为-0°10′~+0°10′;沸程为214~224 ℃(体积分数≥96%),初馏点为5 ℃内(体积分数≥98%),全溶于2倍70%(体积分数)乙醇中。

应用:《食品安全国家标准 食品添加剂使用标准》(GB 2760—2024)规定,α-松油醇为允许使用的食品用天然等同物香料,可用于配制各种食品用香料。它主要用于口香糖和调料中,其他食品用量不多。

(十一)肉桂醇

肉桂醇,又称3-苯基-2-丙烯-1-醇、苯丙烯醇、桂皮醇。分子式为$C_9H_{10}O$,相对分子质量为134.18。肉桂醇可由肉桂醛还原制得。

性状与性能:肉桂醇为白色或微黄色结晶或无色至淡黄色液体,具有类似风信子的香气;凝固点≥33 ℃,25 ℃时1 g肉桂醇全溶于4 mL 50%(质量分数)乙醇中,含醇量≥98%(以肉桂醇计)。

应用:《食品安全国家标准 食品添加剂使用标准》(GB 2760—2024)规定,肉桂醇为允许使用的食品用天然等同物香料,可用于配制各种食品用香料。它用于调制桃、杏、樱桃等果香型香精。

知识点四　食品用香精的使用

食品用香精的调配主要是模仿食品天然香气和香味,注重于香气的味觉仿真性。许可使用调配的附加物有多种,主要包括载体、溶剂、防腐剂等食品添加剂,载体主要为蔗糖、糊精、阿拉伯树胶等。

食品用香精

一　食品用香精的功能

首先,食品用香精为食品提供香味。一些食品基料本身没有香味或香味很小,加入食品用香精后具有了宜人的香味,如软饮料、冰激凌、果冻、糖果等。其次,食品用香精能够补充和改善食品的香味。一些食品由于加工工艺、加工时间等限制,香味往往不足,或香味不正,或香味特征性不强,加入食品用香精后能够使其香味得到补充和改善,如罐头、香肠、面包等。

二　关于食品用香精认识上的误区

第一个误区是食品不应该加香精。现代社会生活水平的提高和生活节奏的加快使人们越来越喜爱食用快捷方便的食品,并且希望食品的香味要可口且丰富多样,这些必须通过添加食品用香精来实现。高血压、高血脂、脂肪肝等"富贵病"的增多使人们越来越希望多食用一些植物蛋白食品,如大豆蛋白食品,而又要求有可口的香味,这只有添加相应的食品用香精才能达到。

第二个误区是没有添加食品用香精的食品好。一些厂商刻意在食品包装上标出"不含香料""不含香精"等字样误导消费者,加深了人们对食品用香料、香精的误解。食品用香料、香精是确保制造食品质量的必要配料,即便是那些标有"不含香料""不含香精"等字样的食品,大多数还是有添加的。

第三个误区是外国人不吃或很少吃添加了食品用香精的食品。食品用香精是人类文明程度提高和科学技术进步的产物,食品用香精的人均消费量与国家经济的发展水平是一致的,越是发达国家,食品用香精人均消费量越高。

三 食品用香精的调香

在食品加香的过程中,任何香料,除烹调外,单独使用的机会不多。因为各种食品的独特风味是由许多成分相辅而形成的协调、柔和的统一体。单体香料无法从感觉上取得令人满意的效果,因此人们会经常调香。调香大致分为以下几个步骤:

1. 确定主体香

主体香的加入量不一定很大,有时甚至含量极低,但却是必不可少的。作为主体香的香料有的只有一种,有的要数种,这是调香时首先要确定的内容。确定它们主要依靠分析手段和调香师对香味特征的分析经验。

2. 选择合适的合香剂

在主体香选好之后,要选择合适的合香剂。合香剂的选择范围很广,只要与主体香是同类的香料都可以尝试。

3. 选择适宜的助香剂

由主体香和合香剂配出的香味,缺乏天然香味具有的自然香气,所以需要加入助香剂。但如果助香剂选择不当,可能会对主体香和合香剂起消杀作用。若选择合适,可使普通的单体香得到令人满意的风味。

4. 选择定香剂

香料都具有不同程度的挥发性,但调和香料的挥发度各不相同,放置时间长了,容易挥发的组分逃逸,导致香味的特色改变、减弱或消失,加入定香剂的目的是使各组分挥发度和保留度尽量均匀,保持原有香味。

5. 确定配比

香料调香的用量配比,目前还不能完全靠科学的方法确定,所需要香型的各组分配方是依靠人的感觉效应确定的,任何一种香味对人的感觉都有一定的作用,少则不足以感受其香味,多则容易令人生厌。因此,用量配比是很关键的,一般是将助香剂、定香剂一点点、慢慢地加入主体香中,边加边尝以得到最佳风味。

6. 成熟

当主体香、合香剂、助香剂、定香剂、配比等条件都已合适,香精风味的最后和谐与圆熟都需要在一定温度、环境等条件下久置贮藏形成,以达到天然香气的芬芳,这个阶段称为成熟。

7. 应用试验

如果调香不是由专门的香精、香料生产或科研单位完成,或所配的香味剂不是一个已成熟的配方,除上述6个调香步骤外,还要将配好的香味剂添加到食品中,检验其应用效果,如效果不佳，需要重新调配，直至形成别具一格的风味为止。应用效果也可以采用感官评定，一般是多人分组，以统计方法来确定。

为了保证香精的质量，主要依靠以下三点：一是调香技术要高；二是调香使用的香料品种要齐全；三是香料的质量要高、香气要纯。另外，在调配香精时，为进一步提高所用香精的风味，通常将不同香料互相搭配，以求得特殊香型。如在甜橙（香精）中加入少量柠檬（香精），可生产带酸的甜橙味，如加西香莲则会产生粒粒橙风味。

四 食品用香精的分类

目前，食品用香精的种类繁多，并且在不断发展变化，主要有以下几种：

（一）按香味物质来源分类

食品用香精按香味物质来源分类可分为调和型食品用香精、反应型食品用香精、发酵型食品用香精、酶解型食品用香精、脂肪氧化型食品用香精。

（二）按剂型分类

食品用香精按剂型分类可分为液体食品用香精、食用膏状食品用香精及粉末食品用香精。其中，液体食品用香精又分为水溶性食品用香精、油溶性食品用香精和乳化食品用香精。

1. 液体食品用香精

（1）水溶性食品用香精

水溶性食品用香精是将天然香料、合成香料调配成的主体香溶解于蒸馏水、乙醇或甘油等稀释剂中，必要时加入酊剂、萃取物或果汁而制成的，为食品中使用最广泛的香料之一。

性状：水溶性食品用香精一般为透明的液体，其色泽、香气、香味和澄清度符合各种型号的指标。在水中透明溶解或均匀分散，具有轻快香气、耐热性较差、易挥发等特征。水溶性食品用香精不适用于高温加工的食品。由于水溶性食品用香精含有各种香料和稀释剂，除了容易挥发，有些香料还易变质。一般主要是氧化、聚合、水解等作用的结果，引起并加速这些作用的则往往是温度、空气、水分、阳光、碱类、重金属等，因此要注意香精的贮存。

配制：将各种香料和稀释剂按一定比例与适当顺序互相混溶，经充分搅拌，再过滤而成。香精若经一定成熟期贮存，其香气往往更为圆熟。水溶性食品用香精一般分为柑橘型食品用香精和酯型水溶性食品用香精，它们的制法不完全相同。

柑橘型食品用香精的制法：将柑橘类植物精油和40%~60%乙醇于抽提锅中搅拌，浸提。浸提物密闭保存2~3 d后进行分离，于-5 ℃左右冷却数日，趁冷将析出的不溶物过滤除去，必要时进行调配，经圆熟后即得成品。用作柑橘类植物精油的原料有橘子、柠檬、白柠檬、柚子、柑橘等。

酯型水溶性食品用香精（水果香精）的制法：将主香型（香基）、醇和蒸馏物混合溶解，然后冷却过滤，着色即得制品。下面是几种酯型水溶性食品用香精的配方（单位：%）。

苹果香精：苹果香基10、乙醇55、苹果回收食用香味料30、丙二醇5。

葡萄香精：葡萄香基5、乙醇55、葡萄回收食用香味料30、丙二醇10。

香蕉香精：香蕉香基20、水25、乙醇55。

项目四　食品用香料的使用

菠萝香精：菠萝香基7、乙醇48、柑橘香精10、水25、柠檬香精10。
草莓香精：草莓香基20、麦芽酚1、乙醇55、水24。
香荚兰香精：香荚兰酊剂90、麦芽酚0.2、香兰素3、丙二醇6.3、乙基香兰素0.5。

(2)油溶性食品用香精

油溶性食品用香精是普通的食品用香精，通常是精炼植物油、甘油或丙二醇等油溶性溶剂将香基加以稀释而成。

性状： 油溶性食品用香精为透明的油状液体，色泽、香气、香味和澄清度符合各型号的指标，不发生表面分层或浑浊现象。以精炼植物油作为稀释剂的油溶性食品用香精，在低温时会发生冻凝现象。香味的浓度高，在水中难以分散，耐热性高，留香性能较好，适合于高温操作的食品。

配制： 油溶性食品用香精通常是取香基10%~20%和植物油、丙二醇等80%~90%（作为溶剂），加以调和即得制品。下面是几种油溶性食品用香精的配方（单位：%）。

苹果香精：苹果香基15、植物油85。
香蕉香精：香蕉香基30、柠檬油3、植物油67。
葡萄香精：葡萄香基10、麦芽酚0.5、乙酸乙酯10、植物油79.5。
菠萝香精：菠萝香基15、植物油83、柠檬油2。
草莓香精：草莓香基20、麦芽酚0.5、乙酸乙酯5、植物油74.5。
香荚兰香精：香荚兰油树脂30、麦芽酚1、香兰素5、丙二醇42、乙基香兰素2、甘油20。

(3)乳化食品用香精

乳化食品用香精是由食品用香料、食用油、密度调节剂、抗氧化剂、防腐剂等组成的油相和由乳化剂、防腐剂、酸度调节剂、着色剂、蒸馏水（或去离子水）等组成的水相，经高压均质、乳化制成的乳状液。通过乳化可抑制挥发，并且节约乙醇，降低成本。但若配制不当可能造成变质，并导致食品的细菌性污染。

性状： 乳化食品用香精为粒度小于2 μm，均匀分布、稳定的乳状液体。香气、香味符合同一型号的标准样。稀释1万倍，静置72 h，无浮油，无沉淀。

乳化食品用香精的贮存期为6~12个月，若使用贮存期过久的乳化食品用香精，能引起饮料分层、沉淀。乳化食品用香精不耐热、冷，温度降至冰点时，乳化体系被破坏，解冻后油水分离；温度升高，分子运动加速，体系的稳定性变低，原料易受氧化。

配制： 将油相成分如香料、食用油、密度调节剂、抗氧化剂和防腐剂加以混合制成油相。将水相成分如乳化剂、防腐剂、酸度调节剂、着色剂、蒸馏水（或去离子水）等组成水相。然后将两相混合，用高压均质器均质、乳化，即制成乳化食品用香精。

2. 食用膏状食品用香精

食用膏状食品用香精是以膏（浆）状形态出现的各类香精。如茉莉浸膏是使用溶剂从即将开放的小茉莉花朵中浸提而制得的，为绿黄色或淡棕色疏松的稠膏，具有茉莉鲜花的气味，广泛应用于茉莉香型的各类食品的调香。茉莉浸膏为食用天然香料，最大用量可按正常生产需要而定。

3. 粉末食品用香精

性状： 粉末食品用香精是使用赋形剂，通过乳化、喷雾干燥等工序制成的一种粉末状香精。由于赋形剂（胶质物、变性淀粉等）形成薄膜，包裹香精，可防止受空气氧化和挥发损失，且贮运方便,因此特别适用于憎水性的粉状食品的加香。

配制:粉末食品用香精可分为四种配制法:

(1)载体与香料混合的粉末食品用香精。将香料与乳糖等载体混合,使香料附着在载体上,即得该种香精。如取香兰素10%、乳糖80%、乙基香兰素10%,将它们粉碎混合,过筛即得粉末香兰香精。主要用于糖果、冰淇淋、饼干等食品。

(2)喷雾干燥制成的粉末食品用香精。将香料预先与乳化剂、赋形剂一起分散于水中,形成胶体分散液,然后进行喷雾干燥,成为粉末食品用香精。这种粉末食品用香精,其香料为赋形剂所包裹,可以防止氧化和挥发,香精的稳定性和分散性也都较好。如取柑橘油10份、20%阿拉伯树胶液450份,采用与乳化香精同样的方法制成乳状液,然后进行喷雾干燥,即得到柑橘油被阿拉伯树胶液包裹的球状粉末橘子香精。

(3)薄膜干燥法制成的粉末食品用香精。将香料分散于糊精、天然树胶或糖类的溶液中,然后在减压下薄膜干燥成粉末。这种方法去除水分需要较长的时间,在此期间香料易挥发变质。

(4)微胶囊食品用香精。这种香精将香料保藏于微胶囊内,与空气、水分隔离,香料成分能稳定保存,不会发生质变和大量挥发等情况,具有使用方便、放香缓慢持久的特点。

制作微胶囊食品用香精主要采用两种胶囊化技术,第一种是真胶囊化技术,即以液体香精为核心,周围被如明胶一样的外壳包围,此方法技术成本较高,应用范围有限;第二种是将众多超细香精珠滴包埋在由不同载体组成的基质中。目前在香精行业实现胶囊化的方法主要有油喷雾干燥法、压缩和附聚法、流化床法、挤压法及凝聚法和沉浸式喷嘴法。

粉末食品用香精主要工艺流程如图4-1所示。

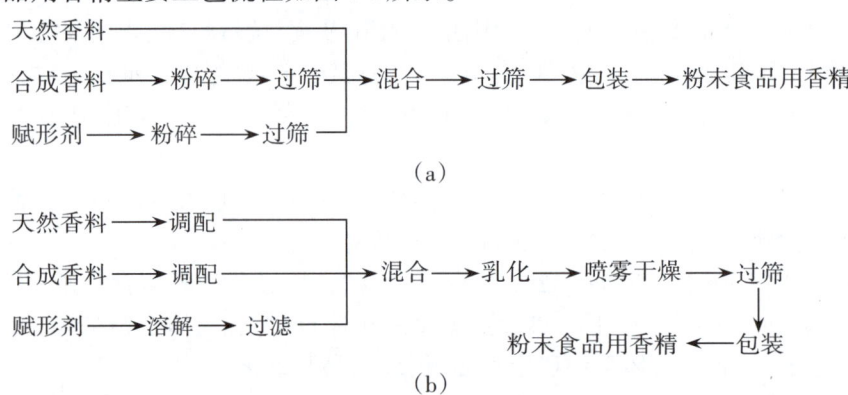

图4-1 粉末食品用香精主要工艺流程

(三)按香型分类

食品用香精的香型丰富多样,每一种食品都有自己独特的香型。食品用香精按香型分类可分为水果香型食品用香精、坚果香型食品用香精、乳香型食品用香精、肉香型食品用香精、辛香型食品用香精、烤香型食品用香精、蔬菜香型食品用香精、酒香型食品用香精及花香型食品用香精等。每一类中又可细分为很多具体香型,如水果香型食品用香精可以按水果品种分为苹果、草莓、香蕉、菠萝、柠檬、哈密瓜等香型。同一种水果香型食品用香精还可以分为若干种,如苹果香型可以分为青苹果香型、香蕉苹果香型、红富士苹果香型等。

(四)按用途分类

每一种食品都有与之相配套的食品用香精。因此,食品用香精按照用途可分为很多种,概括起来主要有以下几类：焙烤食品用香精、肉制品香精、奶制品香精、糖果香精、软饮料香精、酒用香精等。其中每一类还可以再细分，如奶制品香精可分为牛奶香精、酸奶香精、奶油香精、奶酪香精等。

食品用香精的品种不断增加，传统食品工业化生产后就会出现相应的食品用香精，如榨菜香精、老坛酸菜香精、八宝粥香精、粽子香精、菜肴香精等都是近几年问世的品种。新发明的食品也需要配套的香精，例如果茶香精、奶茶香精。随着食品产业和食品用香料工业的发展，食品用香精的品种会越来越丰富。

五 代表性食品用香精及其使用

（一）水溶性食品用香精的使用

水溶性食品用香精适用于冷饮品及配制酒等食品的赋香，一般用量在0.05%~0.15%。其用量在汽水、冰棒中一般为0.002%~0.100%，在配制酒中一般为0.1%~0.2%，在果味露中一般为0.3%~0.6%。通常橘子香精、柠檬香精中含有相当量的天然香料，香气比较清淡，其使用量可以略高一些，全部用人造香料配制的香精则使用量要低一些。

在汽水生产中，可在配制糖浆时添加水溶性食品用香精，一般先加入防腐剂，最后加入香精，搅拌均匀后灌装。香精在添加前，可先用滤纸过滤，然后倒入配料缸。在冰棒生产中，可在料液冷却时添加香精。当料液打入冷却缸后，温度降至10~16℃时可将已处理的柠檬酸及香精加入。在冰激凌生产中，可在凝冻时添加香精，冰激凌中使用香草香精比较多，也有添加橘子香精、杨梅香精等的产品。

果汁粉生产中也有使用水溶性食品用香精的产品。香精可在调粉时添加，经调粉、揉搓、造粒后烘干。果汁粉通常需要冲调稀释后饮用，其用量为1~10 g/kg，一般比饮料高。有时水果罐头或果汁液使用天然精油或水溶性食品用香精进行赋香，如糖水樱桃罐头使用樱桃香精，菠萝酱和浓缩菠萝汁使用菠萝香精，浓缩柚子汁使用柚子香精等。

（二）油溶性食品用香精的使用

油溶性食品用香精比较适用于饼干、糖果及其他焙烤食品的加香。其用量在饼干、糕点中一般为0.05%~0.50%，在面包中为0.04%~0.10%，在糖果中为0.05%~0.10%。

焙烤食品适用香精、香料多在和面时加入。一般来说，甜度高的饼干用量低，甜度较低的韧性饼干，有耐嚼力，需要适当提高用量。

生产硬糖时，香精、香料应在调和时加入，当糖膏温度降至105~110℃时，依次加入酸、色素和香精。生产蛋白糖时，香精、香料一般在混合过程中加入。当糖坯搅拌适度时，可将融化的油脂、香精、香料等物料加入，此时搅拌应调节至最慢速度，混合后应立即进行冷却。

（三）乳化食品用香精的使用

乳化食品用香精适用于汽水、冷饮的赋香。用量：雪糕、冰激凌、汽水为0.1%，也可用于固体饮料，用量为0.2%~1.0%。

（四）粉末食品用香精的使用

粉末食品用香精主要用于粉末果汁粉、固体饮料、粉末状食品、调味品及方便食品汤料等。

六 使用香精、香料的注意事项

使用香精、香料时,要注意使用的温度、时间和香料成分的化学稳定性,必须按照符合工艺要求的方法使用,否则可能造成效果不佳或产生相反的效果。

(1)香精、香料与其他原料混合时,一定要搅拌均匀使香味充分地渗透到食品中去。香精、香料一般在配料的最后阶段加入,并注意温度以防止香气挥发。与油溶性食品用香精相比,水溶性食品用香精耐热性较差。加入香精、香料时,一次不能加入太多,最好一点点、慢慢加入。香精、香料在开放系统中的损失较大,所以在加工中要尽量减少其在环境中暴露。

(2)合成食品用香料一般会与天然食品用香料混合使用,但是不必要的香精、香料不要加入,以免产生不良效果。少量的有机酸对各种香精、香料的香味有协调作用,可使香味柔和协调,特别是几种人造单体香料的同时使用,有机酸的协调作用尤为重要。

(3)香精、香料在使用前必须做预备试验。制作食品时,加入香精、香料会使得食品香味改变。找出香精、香料最佳使用条件对于批量生产食品至关重要。如果在预备试验中香精的效果始终不佳,就需要重新更换香精或改变工艺条件,直到适合的风味出现为止。

(4)使用香精、香料要注意其稳定性。香精、香料中的各种原料、稀释剂等,除了容易挥发外,一般都容易受碱性条件、抗氧化剂及金属离子等影响,要防止这类物质与香精直接接触,如两者都要用于同一种食品时,要注意分别添加。有些香精、香料会因氧化、聚合、水解等作用而发生变化,在一定的温度、时间、酸碱度、金属离子污染等因素下会加速变质。橡胶制品会影响香精的品质,不能使用橡皮塞密封。香精要贮存于阴凉干燥处,但贮存室温不宜过低,水溶性食品用香精在低温下会析出结晶和分层,油溶性食品用香精在低温下会冻凝,贮存温度一般以10~30 ℃为宜。香精、香料中许多成分容易燃烧,要严禁烟火。香精、香料启封后不宜继续贮存,要尽快使用。

(5)对于含气的饮料、食品和真空包装的食品,其内部的压力及包装过程都会引起香味的变化,对这类食品都要增减其中香精、香料的某些成分。

(6)香精、香料使用前要考虑消费者的接受程度、产品的形式、档次等。

(7)生产冰棍和冰激凌,要考虑产品的食用温度比较低,人的味觉不如常温敏感,调味时要比常温下食用的食品略浓厚一些。

操作与体验

技能一　食品用香精的调配

目的与要求

了解常见果香型、花香型等食品用香精、香料的基本组成，香韵的描述方法，初步掌握加香方法。

仪器与材料

实验仪器：辨香纸，滤纸条(0.5~1.0 cm宽，10~18 cm长，12条/组)，纸片(8 cm长，10 cm宽，3张/组)，一次性纸杯(5个/组)，5 mL移液管(5支/组)，100 mL量筒(1只/组)，洗耳球。

实验材料：草莓香精，香蕉香精，橘子香精，桂花香精，红烧肉香精(已知香精4人/份；未知香精4人/份，编号为#1~#5)。肉香粉，乙基麦芽酚，五香粉(4人/份)。柠檬水，蔗糖，95%乙醇。

方法与步骤

1. 记忆下列香精、香料的香型、香韵：草莓香精、香蕉香精、橘子香精、桂花香精、红烧肉香精。

(1) 要在辨香纸上写明被辨评对象的名称、日期和时间。辨香纸作为作业上交。

(2) 采用滤纸条，将其一头浸入拟辨香料或香精中，蘸上各样品(1~2 cm)，对比时要蘸得相等。

(3) 嗅辨时，样品不要触及鼻子，要有一定的距离(刚可嗅到)。

(4) 随时记录嗅辨香气的结果，包括香韵、香型、强度，并根据自己的体会，用贴切的词汇描述香气。

2. 在未标明名称的#1~#5香精样品中，进行观察、嗅辨后，写出香精名称和香型。(实验过程同上)

3. 记忆下列添加剂的香型、香味特点：肉香粉、乙基麦芽酚、五香粉。采用纸片，将固态样品少量置于纸片中心，再进行嗅辨。

4. 模拟天然果汁饮料的调香、加香实验，试配制柠檬汁饮料，记录用量和呈香效果。

效果与评价

将相关信息填入表4-1、表4-2、表4-3。

表4-1　已知香精的香型、香韵、强度及其描述

香精名称	草莓香精	香蕉香精	橘子香精	桂花香精	红烧肉香精
香型					
香韵					

续表

香精名称	草莓香精	香蕉香精	橘子香精	桂花香精	红烧肉香精
强度					
描述					

表4-2　　　　　　　　　　　　　未知香精的名称和香型

	#1	#2	#3	#4	#5
名称					
香型					

表4-3　　　　　　　　　　　　　柠檬汁的加香、调香实验

柠檬汁	香精名称	用量	呈香效果

说明：1.所加香精自己确定，要求必须品尝自己所做的柠檬汁；2.要求添加若干香精混合，体会一下混合后香精的呈香效果。

≫ 技能二　食品用香精在饮料调香中的应用与效果体验 ≪

▌目的与要求▐

了解不同香味食品用香精在10%果汁饮料中的赋香作用。

▌仪器与材料▐

材料：一级白砂糖，一水合柠檬酸，苹果酸，柠檬酸钠，苹果浓缩汁(70°Brix)，抗坏血酸，焦糖色素，苹果香精5支。

仪器：电子天平(量程为3 kg，精确至0.01g)，电子天平(量程为100 g，精确至0.001g)，烧杯(1 000 mL)，口杯，玻璃棒，高速乳化均质机，高压均质机等。

饮料基础配方：苹果浓缩汁1.5%，白砂糖90%(根据测定调整)，苹果酸0.04%，柠檬酸(根据测定调整)，柠檬酸钠(柠檬酸用量的1/5)，抗坏血酸0.02%，焦糖色素0.01%，香精0.05%，纯净水定容至1 000 g。

▌方法与步骤▐

1.香精感官评析

用闻香纸顶部蘸香精样品适量，闻香，对香气进行描述。注意嗅辨时，样品不要触及鼻子，

要有一定的距离。随时记录嗅辨香气的结果,包括香韵、香型、强度、挥发程度,并根据自己的体会,用贴切的词汇描述香气,写出它们之间区别的评语。

苹果香精A：_____
苹果香精B：_____
苹果香精C：_____
苹果香精D：_____
苹果香精E：_____

2. 香精应用感官评析

将4支定性分析结果较好的苹果香精按添加量0.05%（质量分数）加入10%苹果果汁饮料的基础配方中,并进行品评,记录结果。

苹果香精_____：_____
苹果香精_____：_____
苹果香精_____：_____
苹果香精_____：_____

3. 香精复配

优选的苹果香精以X_1和X_2表示,将应用结果较好的2支苹果香精进行复配,复配方案见表4-4。

表4-4　　　　　　　　　苹果香精X_1与苹果香精X_2复配　　　　　　　　　　%

项目	1#	2#	3#	4#	5#	6#	7#	8#	9#	10#
苹果香精X_1	0.5	0.45	0.4	0.35	0.3	0.25	0.2	0.15	0.1	—
苹果香精X_2	—	0.05	0.1	0.15	0.2	0.25	0.3	0.35	0.4	0.5
品评										

4. 稳定性分析

（1）将较优的复配方案进行应用实验,并制备10%苹果汁饮料样品（其中,单一香精应用饮料样品各6瓶,复配香精应用饮料样品6瓶）。

饮料工艺：杀菌温度为98 ℃,杀菌时间为30 s,冷却至85 ℃灌装至聚酯（PET）瓶中,密封后倒置5 min,冷却至室温。

（2）稳定性试验。分别将不同的饮料样品分成三组置于25 ℃、37 ℃的培养箱及25 ℃的光照老化箱中保温1个月。

效果与评价

通过品评分析：
饮料样品（X_1）：_____
饮料样品（X_2）：_____
饮料样品（X_1+X_2）：_____

拓展与提升

食品用香料、香精分析方法研究进展

随着社会的进步，人们在追求食品健康、营养的同时也更加注重口味的变化。作为改善和强化食品香气和香味而加入的一种食品添加剂，香料、香精对于食品风味有着重要的作用。由于食品用香料、香精安全性与人体健康息息相关，国际上大多数国家都制定了相应的法规和标准，比如美国的FEMA GRAS名单，欧盟的(EC)No.1334/2008号法规，我国的国家标准《食品安全国家标准 食品添加剂使用标准》(GB 2760—2024)也对食品用香料、香精进行了明确规定，但是香料、香精的过量使用和非法添加违禁成分等问题依然突出，对消费者的健康造成潜在危害。因此，对食品用香料、香精成分进行高通量、灵敏、快速的分析十分必要。近年来，许多样品前处理及分析检测技术在该领域得到了广泛的应用，相关食品用香料、香精的前处理和检测方法总结如下：

1. 样品前处理

1.1 蒸馏法

1.1.1 同时蒸馏法

同时蒸馏法(Simultaneous Distillation Extraction，SDE)是将样品的水蒸气蒸馏和馏分的溶剂萃取两步过程合二为一，加热萃取溶剂和加热样品同时进行，使样品与溶剂气态分子混合、冷凝、萃取。与传统的水蒸气蒸馏萃取相比，同时蒸馏法能够降低样品转移过程中的损失，对微量成分萃取效率高；但同时蒸馏法操作温度高，所得香气会有失真现象。

1.1.2 分子蒸馏法

分子蒸馏法(Molecular Distillation Extraction，MDE)是一种在高真空下操作的蒸馏方法，蒸汽分子的平均自由程度大于蒸发表面与冷凝表面之间的距离，从而可利用料液中各组分蒸发速率的差异，对液体混合物进行分离。与常规蒸馏法不同，分子蒸馏是没有达到气液相平衡的蒸馏，可以使一些常规蒸馏不能分离的热敏性物质和高沸点难分离物质实现分离，但分子蒸馏法设备价格昂贵，对密封要求较高，设备加工难度大等缺点阻碍了其进一步发展。

1.2 萃取法

1.2.1 超临界流体萃取法

超临界流体萃取法(Supercritical Fluid Extraction，SFE)是以超临界CO_2为溶剂，从固体或液体基质中萃取出特定成分，从而实现分离的一种技术。超临界流体萃取法操作条件温和，对有效成分的破坏少，因此特别适用于处理高沸点热敏性物质。由于超临界流体萃取法设备大、价格昂贵，因此应用范围相对狭窄。

1.2.2 固相萃取法

固相萃取法(Solid Phase Extraction，SPE)是由液固萃取和柱液相色谱技术相结合发展而来，与传统的液液萃取法相比，固相萃取法可以更有效地将目标物从干扰组分中分离，减少样品预处理过程，提高回收率。

1.2.3 固相微萃取法

固相微萃取法(Solid Phase Micro Extraction，SPME)是通过石英纤维头表面涂渍的高分子层对样品中的有机分子进行萃取和预富集，完成试样的前处理过程，其操作简单方便、分析时

间短、样品用量小、无须萃取溶剂,大大简化了前处理的时间和步骤。

1.2.4 搅拌棒吸附萃取法

搅拌棒吸附萃取法(Stir Bar Sorptive Extraction,SBSE)是近年来发展的一种新型固相微萃取前处理方法。与固相微萃取法相比,该方法具有高萃取容量、避免竞争性吸附等优点。

1.3 溶剂辅助香味蒸发法

溶剂辅助香味蒸发法(Solvent Assisted Flavor Evaporation,SAFE)利用溶剂在低温和高真空条件下的迅速气化,辅助目标香气物质蒸发,除去难挥发物质,使萃取物表现出样品原有的自然香味,具有高效、低溶剂的优势。

2. 检测方法

近年来,食品中香料、香精成分的检测技术得到了较大发展,高灵敏度、高分辨率的检测分析手段陆续被开发出来,目前应用最多的有气相色谱串联质谱法,全二维气相色谱串联飞行时间质谱法,气相色谱-嗅觉测量技术,电子鼻、电子舌技术,稳定同位素质谱法,超临界流体色谱法,液相色谱串联质谱法等。

2.1 气相色谱串联质谱法

气相色谱是利用物质的沸点、极性及吸附性质的差异,实现对目标混合物的分离。气质联用选择性好,灵敏度高,而且强大的质谱库检索功能对分析食品中香气成分十分有利,但是它对不易挥发、热稳定差、沸点高的化合物有一定的局限性。

2.2 全二维气相色谱串联飞行时间质谱法

全二维气相色谱串联飞行时间质谱法(Gas Chromatography Tandem Time-Of-Flight Mass Spectrometry,GC-GC/TOF-MS)是把2支分离机制不同而又相互独立的色谱柱以串联方式结合成二维气相色谱,在这2支色谱柱之间装有一个调制器,起捕集再传送的作用。全二维气相色谱串联飞行时间质谱法适合于分析复杂体系,具有分辨率和灵敏度高、峰容量大等特点。

2.3 气相色谱-嗅觉测量技术

气相色谱-嗅觉测量技术(Gas Chromatography-Olfactory,GC-O)是一种感官检测技术,它可以将气相色谱的分离能力和人鼻子敏感的嗅觉联系起来,实现从食品基质所有挥发性化合物区分出关键风味物质。

2.4 电子鼻、电子舌技术

电子鼻、电子舌技术应用嗅觉与味觉传感器技术,是一种模仿生物有机嗅觉和味觉的人工智能识别系统,克服了传统人工评价食品时重复性不佳的问题,并且无须色谱法分析时烦琐的样品前处理步骤。

2.5 稳定同位素质谱法

由于同位素质量不同,使得同位素中轻同位素和重同位素与其他元素的化学键结合强度有轻微的不同,导致稳定同位素的富集或贫化。根据来源不同的香料、香精同位素的分馏不同,通过稳定同位素质谱分析,可以鉴定香料香精的来源。

2.6 超临界流体色谱法

超临界流体色谱法(Supercritical Fluid Chromatography,SFC)是以物理性质介于气体和液体之间的超临界流体作为流动相的一种色谱方法。该方法既能分析低挥发性、高沸点等不适宜气相色谱分析的成分,又能实现比液相色谱更快的分析速度,近年来发展十分迅速。但超临界流体色谱是以CO_2为流体,适合提取低极性物质,这限制了该方法的应用范围。

2.7 液相色谱串联质谱法

液相色谱串联质谱法是将待测样品随流动相进入装有固定相的色谱柱,在柱内利用液-液分配或吸附作用来实现待测组分的分离,再进入质谱检测器检测,最后通过工作站导出结果。液相色谱串联质谱法在针对食品中一些高沸点、大分子、强极性、热稳定性差等不适合气相色谱法化合物的分离分析中具有极大的优势。

2.8 其他方法

其他食品中香气成分的分析方法还包括气相-火焰离子化检测器、红外吸收光谱法等。气相-火焰离子化检测器仅对含碳有机物灵敏度高,对含杂原子的有机化合物响应值偏低;红外吸收光谱很难对香精特征峰确定和分析。

▌思考与练习 ▌

一、名词解释

1. 食品用香精   2. 食品用香料   3. 调香

二、判断题

1. 一般世界上有两个以上发达国家许可使用的食品用香料,中国才会考虑列入 GB 2760—2024 的食品用香料名单。（　　）
2. 浸膏是从香料植物中提取的挥发性油状液体,是植物性天然香料的主要品种。（　　）
3. 薄荷素油又称薄荷草油、绿薄荷等。（　　）
4. 柠檬油为鲜黄色澄清的油状液体,具有清甜的柠檬果香气,味辛辣微苦。（　　）
5. 合成食品用香料生产过程受气候和自然灾害的影响大,不能随时根据需要批量生产。（　　）
6. 香兰素为允许使用的食品用天然等同物香料,可用于配制各种食品用香精。（　　）
7. 麦芽酚为白色、微黄色针状或结晶性粉末,具有焦甜香气。（　　）
8. 加入食品用香精后能够使罐头、香肠、面包等的香味得到补充和改善。（　　）
9. 调香过程中,主体香的加入量不一定很大,有时候甚至含量极低,也可以不加入。（　　）
10. 水溶性食品用香精适用于高温加工的食品。（　　）

三、选择题

1. 合成食品用香料的分类方法不包括(　　)。
   A. 按官能团   B. 按碳原子骨架
   C. 按化合物相对分子质量   D. 按香味类型

2. 以乙醇为溶剂,在加热或回流的条件下,浸提香料植物或植物的渗出物,乙醇浸出液经冷却、澄清、过滤后所得的制品,通称为(　　)。
   A. 精油   B. 酊剂   C. 浸膏   D. 油树脂

3. (　　)为无色或淡黄色液体,具有浓郁的竹麝香气味。
   A. 丁香酚   B. 乙基香兰素   C. 乙基麦芽酚   D. 丁酸异戊酯

4. 食品用香精按香味物质来源分类不包括(　　)。
   A. 调和型食品用香精   B. 反应型食品用香精
   C. 发酵型食品用香精   D. 还原型食品用香精

5.以精炼植物油作为稀释剂的食用油溶性香精,在低温时会发生(　　)现象。
　　A.升华　　　　　　　　B.冻凝　　　　　　　　C.蒸发　　　　　　　　D.挥发
6.乳化香精的粒度为(　　)。
　　A.2 μm　　　　　　　　B.大于2 μm　　　　　　C.小于2 μm　　　　　　D.小于0.2 μm
7.在汽水生产中,可在配制糖浆时添加(　　)。
　　A.水溶性食品用香精　　　　　　　　　　　　　B.油溶性食品用香精
　　C.乳化食品用香精　　　　　　　　　　　　　　D.膏状食品用香精
8.生产硬糖时,香精、香料应在调和时加入,当糖膏温度降至(　　)℃时,依次加入酸、色素和香精。
　　A.50~60　　　　　　　　B.70~80　　　　　　　　C.85~95　　　　　　　　D.105~110
9.少量的(　　)对各种香精、香料的香味有协调作用。
　　A.有机酸　　　　　　　　B.食盐　　　　　　　　C.碱液　　　　　　　　D.金属离子
10.食品用油溶性香精贮存温度为(　　)℃为宜。
　　A.50~60　　　　　　　　B.0~10　　　　　　　　C.10~30　　　　　　　　D.30~50

四、填空题
1.《食品安全国家标准 食品添加剂使用标准》(GB 2760—2024)中包含有_____种我国允许使用的食品用香料,其中天然香料_____种、合成香料_____种。
2.天然香料的有效成分大部分可以_____或用_____的方法合成出来。
3.如果是用来源于天然动植物的原料合成的食品用香料,其分子中所有C原子都来源于天然动植物,^{14}C同位素比例与天然动植物相同,则这种食品用香料称为_____。
4.绝大部分合成食品用香料是_____和_____。
5.苯甲醛,又称_____。
6.在主体香选好之后,要选择合适的_____。
7.由主体香和合香剂配出的香味,缺乏天然香味具有的自然香气,所以需要加入_____。
8.为了使各组分挥发度和保留度尽量均匀,保持原有香味,就必须添加_____。
9.食品用香精按剂型分为_____、_____及_____。
10.液体食品用香精分为_____、_____和_____。

五、简述题
1.简述食品香味的三个来源。
2.简述食品使用的天然香料的主要类型。
3.简述食用调香过程包含的步骤。
4.食品用香精按来源分哪些类型?
5.简述粉末香精的配制方法。

六、技能题
1.试总结在使用化学合成香精、香料时应注意哪些问题?
2.调研食品添加剂使用标准,试回答有哪些食品中不得添加食用香精、香料?

项目五

调味类食品添加剂的使用

调味剂——平衡
传统与现代

学习目标与要求

知识目标

1. 了解酸度调节剂、甜味剂、增味剂的种类。
2. 知道酸度调节剂、甜味剂、增味剂的概念。
3. 理解酸度调节剂、甜味剂、增味剂的作用机理。
4. 掌握酸度调节剂、甜味剂、增味剂的应用。

能力目标

1. 能够掌握调味技术。
2. 会对酸度调节剂、甜味剂的性能进行比较。

职业素养目标

1. 通过对新型调味类食品添加剂的学习,培养创新精神。
2. 通过了解各类调味类食品添加剂超范围使用带来的食品安全问题,树立按标准添加的遵纪守法意识。
3. 通过学习使用调味类食品添加剂解决食品风味的问题,养成探索解决问题的习惯。

学习重点与难点

重点:酸度调节剂、甜味剂、增味剂的应用。
难点:酸度调节剂、甜味剂、增味剂的作用机理。

认知与解读

知识点一　甜味剂的使用

一　甜味剂的概念、特点与种类

甜味剂

甜味剂是指能赋予食品甜味的调味剂。甜味剂具备以下特点：
(1)很高的安全性。
(2)良好的味觉。
(3)较高的稳定性。
(4)较好的水溶性。
(5)较低的价格。

目前甜味剂种类较多，按来源可分为两大类：一类是天然甜味剂，如蔗糖、果糖、葡萄糖、麦芽糖、木糖等，糖类甜味剂如蔗糖、葡萄糖、果糖、果葡萄糖浆等在我国通常称为糖，并视为食品，仅糖类和非糖甜味剂才作为食品添加剂管理；另一类是人工合成甜味剂，如糖精钠、环己基氨基磺酸钠、天门冬酰苯丙氨酸甲酯、阿力甜等。

甜味剂按营养还可以分为营养型甜味剂和非营养型甜味剂。营养型甜味剂是指与蔗糖甜度相等的含量，其热值相当于蔗糖热值2%以上，主要包括各种糖类（如葡萄糖、果糖、麦芽糖等）。营养型甜味剂的相对甜度，除果糖、木糖醇外，一般均低于蔗糖。非营养型甜味剂是指与蔗糖甜度相等的含量，其热值低于蔗糖热值2%，包括甜菊糖苷、甘草苷等天然物和糖精、环己基氨基磺酸钠、乙酰磺胺酸钾等化合物。

二　甜味剂选用原则及常用甜味剂在食品中的使用

(一)甜味剂选用原则

甜味剂的选用一般遵循如下原则：
(1)根据食品的品质、功能及生产工艺需要确定甜味剂。
(2)使用高倍甜味剂替代蔗糖后，食品生产商应能降低生产成本。
(3)符合消费者对风味的要求，高倍甜味剂替代蔗糖产生的口味差异能被消费者接受或不能被察觉，而且符合当地的饮食习惯。

(二)常用甜味剂在食品中的使用

1. 人工合成甜味剂

人工合成甜味剂是人工合成的具有甜味的复杂有机化合物，其主要优点为：①化学性质稳定、耐热、耐酸和耐碱,不易出现分解失效现象,故使用范围比较广泛;②不参与机体代谢,大多数人工合成甜味剂经口摄入后全部排出体外,不提供能量,适合糖尿病人、肥胖者和老年人等特殊营养消费群使用;③甜度较高,一般都是蔗糖甜度的50倍以上;④价格便宜,相等甜度条件下的价格均低于蔗糖;⑤不是口腔微生物的合适作用底物,不会引起牙齿龋变。

有些人工合成甜味剂的甜味不够纯正,带有后苦味或金属异味,甜味特性与蔗糖有一定的差距,需要较好的甜味时不单独使用人工合成甜味剂;由于人类使用人工合成甜味剂的历史远远低于天然甜味剂,人们对人工合成甜味剂的安全性始终保持警惕。

(1)糖精钠

糖精钠(Saccharin Sodium)又名邻苯甲酰磺酰亚胺钠,化学式为$C_7H_4NNaO_3S \cdot 2H_2O$,相对分子质量为241.19。

性状:糖精钠为白色结晶或结晶性粉末,无臭或微有芳香气味,味极甜并微带苦,在空气中慢慢风化,失去一半结晶水而成为白色粉末,易溶于水,溶解度随温度升高迅速增大,10%的水溶液呈中性,微溶于乙醇。

性能:糖精钠在水中离解出来的阴离子有极强的甜味,甜度为蔗糖的300~500倍。稀释1 000倍的水溶液仍有甜味。甜味阈值约0.000 48%。但分子状态却无甜味而反有苦味,故高浓度的水溶液亦有苦味。因此,使用时浓度应低于0.02%。

糖精钠与酸复配使用有爽快的甜味;与其他甜味剂以适当的比例复配,可调出接近蔗糖的甜味。

ADI:0~5 mg/(kg·d)(FAO/WHO,2001)。

使用范围和最大使用量(g/kg,以糖精计):冷冻饮品(03.04食用冰除外),腌渍的蔬菜,复合调味料,配制酒,0.15;果酱,0.2;蜜饯、新型豆制品(大豆蛋白及其膨化食品、大豆素肉等)、熟制豆类、脱壳熟制坚果与籽类,1.0;带壳熟制坚果与籽类,1.2;水果干类(仅限柑果干、无花果干)、蜜饯类、凉果类、话化类、果糕类,5.0。

使用方法:溶于水后加入食品中,使用时浓度应低于0.02%,避免苦味。预期使用效果为赋予食品以甜味、增味。

(2)环己基氨基磺酸钠(甜蜜素),环己基氨基磺酸钙

环己基氨基磺酸钠,分子式为$C_6H_{12}NNaO_3S$,相对分子质量为201.23。环己基氨基磺酸钙,分子式为$C_{12}H_{24}CaN_2O_6S_2 \cdot 2H_2O$,相对分子质量为396.54。

性状:环己基氨基磺酸钠为白色结晶性粉末,无臭,味甜,易溶于水,10%水溶液pH为6.5;难溶于乙醇。对热、光、空气稳定。加热后微有苦味。在酸性条件下略有分解,在碱性条件下稳定。溶于亚硝酸盐、亚硫酸盐含量高的水中会产生石油或橡胶样的气味。

环己基氨基磺酸钙为白色结晶或结晶性粉末,几乎无臭,味甜。对热、光、空气均稳定。140 ℃加热2 h,可失去结晶水,于500 ℃分解。易溶于水,微溶于乙醇。10%水溶液的pH为5.5~7.5。

性能:环己基氨基磺酸钠的甜度为蔗糖的40~50倍,为非营养型甜味剂,浓度大于0.4%时带苦味。环己基氨基磺酸钙的甜度为蔗糖的30~50倍,加热后有苦味,在水溶液中呈钙离子强电解质。

ADI:0~11 mg/(kg·d)(FAO/WHO,2001)。

使用范围和最大使用量(g/kg,以环己基氨基磺酸计):膨化食品,0.2;冷冻饮品(03.04食用冰除外)、水果罐头、腐乳类、饼干、复合调味料、饮料类[14.01 包装饮用水、14.02.01 果蔬汁

（浆）、14.02.02浓缩果蔬汁（浆）除外］，配制酒，果冻，0.65；果酱，蜜饯，腌渍的蔬菜，熟制豆类，1.0；脱壳熟制坚果与籽类，1.2；方便米面制品（仅限调味面制品），面包，糕点，1.6；焙烤食品馅料及表面用挂浆（仅限焙烤食品馅料），2.0；带壳熟制坚果与籽类，6.0；蜜饯类、凉果类、话化类、果糕类，8.0。

另外，餐桌甜味料可按生产需要适量使用。

使用方法：溶于水后直接均匀加入食品中，亦可与三氯蔗糖、阿斯巴甜、AK糖、有机酸按适当比例混合后使用。

（3）天门冬酰苯丙氨酸甲酯

天门冬酰苯丙氨酸甲酯俗称阿斯巴甜，化学式为 $C_{14}H_{18}N_2O_5$，相对分子质量为294.31。

性状：阿斯巴甜在常温下为白色结晶性粉末。无臭，有强烈甜味，具有清爽、类似蔗糖一样的甜感，它没有人工合成甜味剂通常有的苦涩味和金属后味，可溶于水，难溶于乙醇，不溶于油脂。热稳定性较差，高温下易分解，25 ℃时pH 4.2左右最稳定。

性能：阿斯巴甜的甜度是蔗糖的180~220倍，甜味与砂糖十分接近，有凉爽感。

ADI：0~40 mg/(kg·d)（FAO/WHO，2001）。

使用范围和最大使用量(g/kg)：醋、油或盐渍水果、腌渍的蔬菜、腌渍的食用菌和藻类、冷冻挂浆制品、冷冻水产糜及其制品（包括冷冻丸类产品等）、预制水产品（半成品）、熟制水产品（可直接食用）、水产品罐头，0.3；加工坚果与籽类、膨化食品，0.5；调制乳、果蔬汁（浆）类饮料、蛋白饮料、碳酸饮料、茶、咖啡、植物（类）饮料、特殊用途饮料、风味饮料，0.6；风味发酵乳、稀奶油（淡奶油）及其类似品（01.05.01稀奶油除外）、非熟化干酪、干酪类似品、以乳为主要配料的即食风味食品或其预制产品（不包括冰淇淋和风味发酵乳）、02.02类以外的脂肪乳化制品，包括混合的和（或）调味的脂肪乳化制品、脂肪类甜品、冷冻饮品（03.04食用冰除外）、水果罐头、果酱、果泥、除04.01.02.05以外的果酱（如印度酸辣酱）、装饰性果蔬、水果甜品（包括果味液体甜品）、发酵的水果制品、煮熟的或油炸的水果、冷冻蔬菜、干制蔬菜、蔬菜罐头、蔬菜泥（酱）（番茄沙司除外）、经水煮或油炸的蔬菜、其他加工蔬菜、食用菌和藻类罐头、经水煮或油炸的藻类、其他加工食用菌和藻类、饰糖果（如工艺造型，或用于蛋糕装饰）、顶饰（非水果材料）和甜汁、即食谷物［包括碾轧燕麦（片）］、谷类和淀粉类甜品（如米布丁、木薯布丁）、焙烤食品馅料及表面用挂浆、其他蛋制品、果冻，1.0；糕点、饼干、其他焙烤食品，1.7；调制乳粉和调制奶油粉、冷冻水果、水果干类、蜜饯、固体复合调味料、半固体复合调味料，2.0；发酵蔬菜制品，2.5；可可制品、巧克力和巧克力制品（包括代可可脂巧克力及其制品）、除胶基糖果以外的其他糖果、调味糖浆、食醋、液体复合调味料，3.0；面包，4.0；胶基糖果，10.0。

另外，餐桌甜味料可按生产需要适量使用。

使用方法：溶于水或直接加入食品。

2. 天然甜味剂

天然甜味剂是从天然甜料植物中提取的一类天然产物。

（1）麦芽糖醇

麦芽糖醇（Maltitol），分子式为 $C_{12}H_{24}O_{11}$，相对分子质量为344.31。

性状：白色晶体粉末或无色透明黏稠液体，易溶于水、乙醇。具有较好的温度和化学稳定性。当加热到200 ℃以上时，发生降解（依赖于时间、温度和其他主要条件）。麦芽糖醇与氨基酸反应变成褐色。在20 ℃以下只有相对湿度大于或等于89%时才吸湿。

性能：甜度为蔗糖的85%~95%。热值仅为蔗糖的5%，是难发酵性和非结晶性的糖醇，具有保香和保湿作用。

ADI：不做特殊规定（FAO/WHO，1994）。

使用范围和最大使用量：可以作为甜味剂、稳定剂和凝固剂、水分保持剂、乳化剂、膨松剂、增稠剂，在调制乳、风味发酵乳、炼乳及其调制产品、稀奶油类似品、冷冻饮品（03.04食用冰除外）、加工水果、腌渍的蔬菜、豆类制品、加工坚果与籽类、可可制品、巧克力和巧克力制品（包括代可可脂巧克力及其制品）、糖果、粮食制品馅料、面包、糕点、饼干、焙烤食品馅料及表面用挂浆、食糖、淀粉糖（食用葡萄糖、低聚异麦芽糖、果葡糖浆、麦芽糖、麦芽糊精、葡萄糖浆等）、餐桌甜味料、半固体复合调味料、液体复合调味料、饮料类［14.01包装饮用水、14.02.01果蔬汁（浆）、14.02.02浓缩果蔬汁（浆）除外］、果冻中可按生产需要适量使用；冷冻水产糜及其制品（包括冷冻丸类产品等），最大使用量为0.5 g/kg。

使用方法：溶于水或直接加入食品。麦芽糖醇熔点较低（115~140 ℃），加工粉碎时需专门的粉碎机，以免温度升高熔化产品。

（2）山梨糖醇

山梨糖醇别名山梨醇，分子式为$C_6H_{14}O_6$，相对分子质量为182.17。

性状：白色结晶性粉末、片状或颗粒状，无臭。依结晶条件不同，熔点在88~102 ℃内变化，相对密度约为1.49。易溶于水（1 g溶于约0.45 mL水中），微溶于乙醇和醋酸。

性能：有清凉的甜味，甜度约为蔗糖的60%，热值与蔗糖相近，作为甜味剂使用不会引起龋齿。

ADI：不做特殊规定（FAO/WHO，2001）。

使用范围和最大使用量：山梨糖醇（液）可用于炼乳及其调制产品，02.02类以外的脂肪乳化制品［包括混合的和（或）调味的脂肪乳化制品（仅限植脂奶油）］、冷冻饮品（03.04食用冰除外）、果酱、腌渍的蔬菜、豆类制品、熟制坚果与籽类（仅限油炸坚果与籽类）、巧克力和巧克力制品（除05.01.01以外的可可制品）糖果、面包、糕点、饼干、焙烤食品馅料及表面用挂浆（仅限焙烤食品馅料）、熟干水产品、经烹调或油炸的水产品、熏、烤水产品、食糖、淀粉糖（食用葡萄糖、低聚异麦芽糖、果葡糖浆、麦芽糖、麦芽糊精、葡萄糖浆等）、调味品（12.01盐及代盐制品、12.09香辛料类除外）、饮料类［14.01包装饮用水、14.02.01果蔬汁（浆）、14.02.02浓缩果蔬汁（浆）除外］、膨化食品，按生产需要适量使用；冷冻水产糜及其制品（包括冷冻丸类产品等），最大使用量为20.0 g/kg；生湿面制品（如面条、饺子皮、馄饨皮、烧麦皮），最大使用量为30.0 g/kg。

使用方法：溶于水后加入食品中。

（3）甜菊糖苷

甜菊糖苷又称甜叶菊苷、甜菊糖，是从菊科植物甜叶菊的叶子中提取出来的一种糖苷。分子式为$C_{38}H_{60}O_{18}$，相对分子质量为805.00。

性状：白色或微黄色结晶性粉末，易溶于水、乙醇和甲醇，不溶于苯、醚、氯仿等有机溶剂。

性能：甜度是蔗糖的200~300倍，热值仅为蔗糖的1/300，甜味纯正，清凉甘甜，残留时间长，后味可口。甜菊苷与柠檬酸或甘氨酸并用，味道良好；与蔗糖、果糖等其他甜味料配合，味质较好。食用后不被吸收，不产生热能，故为糖尿病、肥胖病患者良好的天然甜味剂。

ADI：0~4 mg/（kg·d）（FAO/WHO，2008）。

使用范围和最大使用量（g/kg，以甜菊醇计）：新型豆制品（大豆蛋白及其膨化食品、大豆素肉等），0.09；杂粮罐头、即食谷物［包括碾轧燕麦（片）］、膨化食品，0.17；调制乳，0.18；风味发酵乳、发酵蔬菜制品、饮料类[14.01包装饮用水、14.02.01果蔬汁(浆)、14.02.02浓缩果蔬汁(浆)除外],0.2;配制酒,0.21;果酱,0.22;腌渍的蔬菜,0.23;水果罐头,0.27;糕点,0.33;调味品(12.01盐及代盐制品、12.09香辛料类除外),0.35;饼干,0.43;冷冻饮品(03.04食用冰除外)、果冻,0.5;可可制品、巧克力和巧克力制品(包括代可可脂巧克力及制品),0.83;调味糖浆,0.91;熟制坚果与籽类,1.0;蜜饯,3.3;糖果,3.5;茶制品(包括调味茶和代用茶类),10.0。

另外,餐桌甜味料可按生产需要适量使用。

使用方法:水溶解或直接均匀加入食品中。也可和甘草苷一起使用达到相互改善口味的作用。

3. 复合甜味剂

复合甜味剂是利用多种甜味剂配合而成的食品甜味剂,可起到增强甜味和风味,弥补或掩蔽不良口味的作用。复合甜味剂是各种甜味剂的科学复配产品,它们取长补短,使口味更接近蔗糖,性能更稳定,并且相互间往往有增效作用。它们复合使用,可增强甜度,改善后味,能相互掩盖对方的不良风味,在降低成本的同时使产品口感更好。甜味剂的复合是利用各种甜味剂之间的协同效应和味觉的生理特点来实现的。它可以:①减少不良口味,增加风味;②缩短味觉开始的味觉差;③提高甜味的稳定性;④减少甜味剂总使用量,降低成本。甜味剂与甜味增强剂(如甘草酸铵)复配具有协同效应。

复合甜味剂举例:

(1)颗粒状(%):糖精,20;甘草甜素,1;柠檬酸钠,3;山梨糖醇,2;蔗糖脂肪酸酯,1;葡萄糖,73。

(2)粉末状(%):糖精,15;柠檬酸钠,5;葡萄糖,80。

(3)颗粒状(%):甘草,7;柠檬酸,10;甜菊糖苷,3.5;苹果酸钠,3;乳糖,76.5。

(4)粉末状(%):甜菊糖,22;蔗糖,37.7;麦芽糖,30;糊精,10;盐,0.3。

复合甜味剂不仅能提高甜度,还能赋予食品好的质地、口感。单一甜味剂使用时都有一定程度的缺陷,如糖精有一定的后苦味;甜菊糖苷有一定的草腥味。乳糖醇与高浓度的甜味剂配合使用,其味感、甜味强度和其他风味方面非常接近于蔗糖。以异麦芽糖、甜味素和异麦芽糖-甜菊糖苷制作的碳酸饮料,品尝不出后苦味。

正是因为各种甜味剂之间存在协同增效作用,复合甜味剂才具有使用方便、甜度高、甜味纯正、生产成本降低的特点,从而成为甜味剂开发、应用的一个重要发展方向。

知识点二 酸度调节剂的使用

一 酸度调节剂的种类

酸度调节剂按照其组成可分为有机酸和无机酸两大类。

食品中天然存在的主要是有机酸,如柠檬酸、酒石酸、苹果酸、延胡索酸、抗坏血酸、乳酸、葡萄糖酸等;无机酸有磷酸等。

酸度调节剂

酸度调节剂按其酸味可以分为以下几类：
(1)令人愉快的：柠檬酸、抗坏血酸、葡萄糖酸、L-苹果酸。
(2)带有苦味的：DL-苹果酸。
(3)带有涩味的：酒石酸、乳酸、延胡索酸、磷酸。
(4)带有刺激性气味的：冰乙酸。
(5)带有鲜味的：谷氨酸。

二 酸度调节剂的作用

酸度调节剂与其他调味剂配合使用，可以调节食品的口味，灵活地、科学地使用酸度调节剂，不仅可以起到调味作用，使食品产品具备最佳的风味和口感，还可改善杀菌条件，在食品生产工艺中发挥不可或缺的独特作用。

(一)赋予酸味

酸味给人以爽快的刺激感，一般人虽多喜甜食，但是纯甜的糖果、饮料、果酱等饮食甜味平淡，食多则腻，若能以适当的酸味配合，可明显地改善其风味，掩盖某些不好的风味。因此，酸度调节剂在食品加工中被广泛应用。

(二)调节 pH

酸度调节剂在食品中可用于控制体系的酸碱性，如在凝胶、干酪、果冻、软糖、果酱等产品中，为取得产品的最佳性状和韧度，必须正确调整 pH，果胶的凝胶、干酪的凝固尤其如此。酸度调节剂降低了体系的 pH，可抑制许多有害微生物繁殖，抑制不良的发酵过程，并有助于增强酸性防腐剂的效果，减少高温灭菌时间，减少高温对食品风味的不利影响。

(三)抑菌作用

微生物生存需要一定的 pH，多数细菌生存 pH 为 6.5~7.5，少数耐受到 pH 为 3~4(酵母菌、霉菌)，因此，酸度调节剂以调整酸度起防腐作用，还能增加苯甲酸、山梨酸等防腐剂的抗菌效果。

(四)稳定泡沫

酸度调节剂遇碳酸盐可产生 CO_2 气体，这是化学膨松剂产生的基础，而且酸度调节剂的性质决定了膨松剂的反应速度。酸度调节剂有一定的泡沫稳定作用。

(五)香味辅助剂

酸度调节剂在食品中可作为香味辅助剂，广泛应用于调香。许多酸度调节剂都得益于特定的香味，如酒石酸可辅助葡萄的香味，磷酸可辅助可乐饮料的香味，苹果酸可辅助许多水果和果酱的香味。酸度调节剂能平衡风味，修饰蔗糖或甜味剂的甜味。

(六)螯合剂

酸度调节剂在食品加工中可作为螯合剂。某些金属离子如镍、铬、铜、锡等能加速氧化作用，对食品产生不良影响，如变色、腐败、营养损失等，许多酸度调节剂具有螯合这些金属离子的能力。酸度调节剂与抗氧化剂结合使用,能起到增效的作用。

(七)护色剂

由于酸度调节剂具有还原性,在水果蔬菜制品的加工中可以起到护色的作用,在肉类加工中可作为护色剂。

(八)缓冲剂

酸度调节剂有缓冲剂的作用,在糖果生产中用于蔗糖的转化,并抑制褐变。

三 常用酸度调节剂及其在食品中的使用

(一)柠檬酸

柠檬酸(CA),又名枸橼酸,分子式为$C_6H_8O_7 \cdot H_2O$,相对分子质量为210.14。

性状:无色半透明结晶,或白色晶体颗粒或粉末,无臭,有强酸味。相对密度为1.67(20 ℃/4 ℃),熔点为153 ℃,易溶于209 g/100 mL(25 ℃)的水,1%水溶液的pH为2.31。除易溶于水外,它还易溶于乙醇、乙醚。柠檬酸有一水合物和无水物两种,含1分子结晶水的柠檬酸,相对密度为1.542(20 ℃/4 ℃),熔点为100~133 ℃;在空气中放置易风化,失去结晶水。无水柠檬酸在潮湿空气中吸潮能形成水合物。其刺激阈的最大值为0.08%,最小值为0.02%。

性能:柠檬酸是柠檬、柚子、柑橘等存在的天然酸味的主要成分,具有强酸味,酸味柔和爽快,入口即达到最高酸感,后味延续时间较短。与柠檬酸钠复配使用,酸味更为柔美。柠檬酸还有良好的防腐性能,能抑制细菌增殖。它还能增强抗氧化剂的抗氧化作用,延缓油脂酸败。柠檬酸含有3个羧基,具有很强的螯合金属离子的能力,可用作金属螯合剂。它还可用作抗氧化剂,防止果蔬褐变。

柠檬酸可与柠檬酸钠、钾盐等配成缓冲液,可与碳酸氢钠配成起泡剂及pH调节剂等。可提高冰激凌质量,制作干酪时容易成形和截开。

ADI:不做限制性规定(FAO/WHO,2001)。

使用范围和最大使用量:可以用于各类食品[《食品安全国家标准 食品添加剂使用标准》(GB 2760—2024)表A.2中编号为1~15、17~53、59~62、64~68的食品类别除外],按生产需要适量使用。用作酸度调节剂时,在清凉饮料中添加0.15%~0.30%(如柠檬碳酸水中加0.3%,汽水中加0.2%,乳酸菌饮料中加0.15%,果实饮料中加0.15%),在果汁、果冻、果酱、水果糖等食品中加1%左右,在咸菜和调味料中也可以使用。用作抗氧化剂时,在冷冻水果和水果加工品中添加约0.5%,在食用油中添加0.001%~0.050%。在其他特殊用途中,柠檬酸还可用作乳制品品质改良剂,干酪、冰激凌的稳定剂。柠檬酸与其盐复配可用作乳化剂。无水柠檬酸吸湿也不凝固,故可用于粉末汁液、粉末果冻、粉末发泡汁液和口香糖等兼吸湿吸水食品中。

在婴儿、儿童食品中,以谷物为基料的食品用量为25 g/kg(以干基计),婴儿食品罐头用量为15 g/kg。

无水柠檬酸多用于粉末制品,其酸度强,用量应较一水柠檬酸少10%。

在水产品中使用柠檬酸,如在贝、蟹、虾等罐装或急冻工艺中添加柠檬酸,可减少褪色、变味,并避免铜、铁等金属杂质将产品变为蓝色或黑色。在加工前,可将水产品浸入0.25%~

1.00%的柠檬酸液,如添加0.01%~0.03%的异抗坏血酸或其钠盐,更可增强抗氧化作用并抑制酶的活力。

应用: 水溶解,用于溶液中时特别注意在食品中要分散均匀。

(二)乳酸

乳酸是一种羧酸,分子式为$C_3H_6O_3$,含有羟基,属于α-羟酸,相对分子质量为90.08。

性状: 无色或浅黄色糖浆状液体,有特殊酸味。纯乳酸的熔点为16.8 ℃,沸点为122 ℃,相对密度为1.249。可溶于水、乙醇、乙醚、丙酮,几乎不溶于三氯甲烷、石油醚,有强烈的吸潮性,能通过水蒸气挥发,常压蒸馏则分解。煮沸浓缩时,乳酸分子间易发生分子间的缩合反应,合称乳酰乳酸和2-乳酰羟基丙酸,这些缩合物总称为乳酸酐,经稀释和加热水解后又成为乳酸。工业产品常为含50%~90%乳酸溶液(一般为85%~92%)。

性能: 乳酸存在于腌渍物、果酒、酱油和乳酸菌饮料中。乳酸还具有较强的杀菌作用,有防止杂菌生长,抑制异常发酵的作用。

ADI: 不做特殊规定(FAO/WHO,1994)。

使用范围和最大使用量: 可以用于各类食品[《食品安全国家标准 食品添加剂使用标准》(GB 2760—2024)表A.2中编号为1~4、6~53、57~68的食品类别除外],按生产需要适量使用。乳酸用于果酱、果冻时,其添加量以保持产品的pH为2.8~3.5较为合适。用于乳酸饮料和果味露时,一般添加量为0.4~2.0 g/kg,且多与柠檬酸并用。用于配制酒、果酒调酸时,配制酒添加0.03%~0.04%,果酒如葡萄酒,一般使酒中总酸度达0.55~0.65 g/100 mL(以酒石酸计)即可。用于白酒调香时,在玉冰烧酒和曲香白酒中分别添加0.7~0.8 g/kg和0.05~0.20 g/kg。

应用: 食用乳酸为浆状液体,故用于食品中时注意在食品中要分散均匀。

(三)磷酸

磷酸,又名正磷酸,是一种常见的无机酸,是中强酸,分子式为H_3PO_4,相对分子质量为98.00。

性状: 无色透明结晶,或透明浆状液体,稀溶液有愉快的酸味。42.35 ℃时熔化。食品级磷酸浓度在85%以上,相对密度为1.69(20 ℃/4 ℃)。磷酸加热至200 ℃变为焦磷酸,于300 ℃左右转变为偏磷酸。焦磷酸为二磷酸,为无色结晶,熔点为61 ℃,是比磷酸较强的酸。偏磷酸为玻璃状物质,有毒。磷酸潮解性强,能与水、乙醇混溶,接触有机物则着色。

性能: 磷酸属强酸,其酸味度较柠檬酸大,为其2.3~2.5倍。有强烈的收敛味和涩味。在饮料业中用来代替柠檬酸和苹果酸。磷酸是酵母的营养成分,可加强其发酵能力,酿酒时可作为酵母的磷源,而且还能防止杂菌生长。

ADI: 0~70 mg/kg(体重)(以各种来源的总磷计,FAO/WHO,1994)。

使用范围和最大使用量(g/kg,最大使用量以磷酸根PO_4^{3-}计): 米粉(包括汤圆粉等),谷类和淀粉类甜品(如米布丁、木薯布丁)(仅限谷类甜品罐头),预制水产品(半成品),水产品罐头,婴儿配方食品,较大婴儿和幼儿配方食品,特殊医学用途婴儿配方食品,1.0;杂粮罐头,其他杂粮制品(仅限冷冻薯类制品),1.5;熟制坚果与籽类(仅限油炸坚果与籽类),膨化食品,2.0;乳及乳制品(13.0特殊膳食用食品涉及品种除外)(01.01.01巴氏杀菌乳、01.01.02灭菌乳和高温杀菌乳、01.02.01发酵乳和01.03.01乳粉和奶油粉除外),水油状脂肪乳化制品(02.02.01.01黄油和浓缩黄油除外),02.02类以外的脂肪乳化制品[包括混合的和(或)调味的脂肪乳化制品],冷冻饮品(03.04食用冰除外)、蔬菜罐头、可可制品、巧克力和巧克力制品(包括代可可脂巧克力及其制品)及糖果、小麦粉及其制品(06.03.02.02生干面制品除外)、杂粮粉、食用淀粉、即食谷物[包括碾轧燕麦(片)]、方便米面制品、冷冻米面制品、面糊(如用于鱼和禽肉的拖面糊)、裹粉、煎炸粉、预制肉制品、熟肉制品、冷冻水产品、冷冻水产糜及其制品(包括冷冻丸类产品等)、熟制水产品(可直接食用)、热凝固蛋制品(如蛋黄酪、皮蛋肠)、饮料类[14.01包装饮用水、14.02.01果蔬汁(浆)、14.02.02浓缩果蔬汁(浆)除外]、配制酒、果冻,5.0;乳粉和奶油粉、调味糖浆,10.0;再制干酪及干酪制品,14.0;焙烤食品,15.0;其他油脂或油脂制品(仅限植脂末)、复合调味料,20.0;其他固体复合调味料(仅限方便湿面调味料包),80.0。

应用:缓慢搅拌食品基质时加入磷酸。

(四)酒石酸

酒石酸,即2,3-二羟基丁二酸,是一种羧酸,分子式为$C_4H_6O_6$,相对分子质量为150.09。

性状:酒石酸分子中有两个不对称碳原子,故有三种光学异构体,即左旋酒石酸或L-酒石酸、右旋酒石酸或D-酒石酸、内消旋酒石酸。等量的左旋酒石酸与右旋酒石酸混合得外消旋酒石酸或DL-酒石酸。天然酒石酸是右旋酒石酸。工业上生产量最大的是外消旋酒石酸。D-酒石酸为无色结晶或白色结晶粉末,无臭,味极酸,相对密度为1.759 8,熔点为168~170 ℃。易溶于水,溶于甲醇、乙醇,难溶于乙醚、氯仿。DL-酒石酸为无色透明细粒晶体,无臭味,极酸,相对密度为1.697,熔点为204~206 ℃,于210 ℃分解。溶于水和乙醇,微溶于乙醚,不溶于甲苯。酒石酸在空气中稳定,无毒。

性能:酒石酸酸味较强,味觉阈值为0.002 5,为柠檬酸的1.2~1.3倍,在所有酸度调节剂中酸味最为强烈,但是在口中保留的时间短,稍有涩感,但酸味爽口。

ADI:0~30 mg/kg(体重)(L-酒石酸,FAO/WHO,1994)。

使用范围和最大使用量(g/kg):粉丝、粉条,2.0;腌渍的蔬菜,3.0;果蔬汁(浆)类饮料、植物蛋白饮料、复合蛋白饮料、碳酸饮料、茶、咖啡、植物(类)饮料、特殊用途饮料、风味饮料,5.0;油炸面制品、面糊(如用于鱼和禽肉的拖面糊)、裹粉、煎炸粉、固体复合调味料,10.0;糖果,30.0;葡萄酒,4.0 g/L。

知识点三 增味剂的使用

一 增味剂的概念及其种类

食品鲜味剂是东方食品界的概念。东方人认为鲜味像甜、酸、咸一样,也是各类食品风味的基础之一,这与欧美的观点有很大的区别。鲜味是一种复杂的综合味感,当鲜味剂的用量达到阈值时,会使得食品鲜味增加;但是用量少于阈值时,仅是增强风味,可以提高食品总的味强度,优化整体味感,增强食品风味的持续性、口感性、温和感、浓厚感等特征。所以欧美将鲜味剂称作风味增强剂,简称增味剂。因此在《食品安全国家标准 食品添加剂使用标准》(GB 2760—2024)中,按照欧美的习惯定义食品增

食品鲜味剂

味剂(Flavor Enhancers)是为补充和增强食品原有风味的物质,但没有鲜味剂的定义。人们常说的鲜味剂是指增强食品鲜味感的一类物质,包含了风味增强剂。

增味剂的种类很多,但对其分类还没有统一的规定。可按来源分成动物性增味剂、植物性增味剂、微生物和化学合成增味剂等;也可按化学成分分成氨基酸类增味剂、核苷酸类增味剂、有机酸类增味剂、复合增味剂等。

二 常用的增味剂及其在食品中的使用

(一)氨基酸类增味剂

化学组成为氨基酸及其盐类的增味剂统称为氨基酸类增味剂,主要有谷氨酸钠、氨基乙酸(甘氨酸)、L-丙氨酸等。

1. 谷氨酸钠

谷氨酸钠俗称味精,分子式为 $C_5H_8NNaO_4 \cdot H_2O$,相对分子质量为187.13。

性状: 无色至白色棱柱状结晶或白色结晶性粉末,水溶液无色。易溶于水,微溶于乙醇,不溶于乙醚。具有强烈的肉类鲜味,略含甜味或咸味。

性能: 谷氨酸钠水溶液的口味就是鲜味。其用水稀释3 000倍仍能感到这种特殊的口味,鲜味阈值为0.014%,鲜味在pH≤3.2时最弱,在pH=6~7时呈味最强(谷氨酸钠全部解离)。谷氨酸钠是鲜度的标准。

ADI: 不做特殊规定(FAO/WHO,2001),GRAS FDA - 21 CFR 182。

使用范围和最大使用量(g/kg): 谷氨酸钠可在各类食品[《食品安全国家标准 食品添加剂使用标准》(GB 2760—2024)的表 A.2 中编号为 1~68 的食品类别除外]中按生产需要适量使用。广泛用于家庭、饮食业、食品加工业,如汤、香肠、鱼糕、辣酱油、罐头等生产中。如在葡萄酒中添加0.015%~0.03%的谷氨酸钠,能显著提高其自然风味。

应用: 与核糖核苷酸钠、琥珀酸钠、天门冬氨酸钠、甘氨酸、丙氨酸、柠檬酸(钠)、苹果酸、富马酸、磷酸氢二钠、磷酸二氢钠,以及水解植物蛋白、水解动物蛋白、动植物氨基酸提取物等进行不同的配合,制成具有不同特点的复合鲜味料,广泛应用于各种食品;本品在食盐存在时可增加其呈味作用;本品加入食品时若超出最适浓度,则可口性下降,故有一定的自我限制性。

2. 氨基乙酸

氨基乙酸又名甘氨酸,分子式为 $C_2H_5NO_2$,相对分子质量为75.07。

性状: 白色至灰白色结晶性粉末,有甜味,易溶于水,微溶于吡啶,几乎不溶于乙醇、乙醚。

性能: 氨基乙酸味觉阈值为0.13%。

ADI: 不做特殊规定,GRAS FDA - 21 CFR 172.812。

使用范围和最大使用量(g/kg): 调味品(12.01盐及代盐制品、12.09香辛料类除外),果蔬汁(浆)类饮料(以即饮状态计,相应的固体饮料按稀释倍数增加使用量),植物蛋白饮料(以即饮状态计,相应的固体饮料按稀释倍数增加使用量),1.0;预制肉制品,熟肉制品,3.0。

应用: 在实际加工中可与其他增味剂一起使用,比单一使用效果更佳。

(二)核苷酸类增味剂

核苷酸类增味剂,包括肌苷酸、鸟苷酸等及它们的钠、钾、钙等盐类。

1. 5′-肌苷酸二钠

5′-肌苷酸二钠又称5′-肌苷酸钠、肌苷-5′-磷酸二钠,分子式为$C_{10}H_{11}N_4Na_2O_8P \cdot 7H_2O$,相对分子质量为527.20。

性状: 无色至白色结晶,或白色晶体粉末,含结晶水,无臭,有特异的鲜鱼味,加热至180 ℃时变为褐色,至230 ℃左右发生分解。溶于水,微溶于乙醇。微有吸湿性,不潮解。5%水溶液pH为7.0~8.5。对酸、碱、盐和热均稳定,在一般食品加工条件下(pH为4~7)于100 ℃加热1 h不发生分解。可被动植物组织中的磷酸酯酶分解而失去鲜味。经油炸(170~180 ℃)加热3 min,其保存率为99.7%。

性能: 5′-肌苷酸二钠具有特异的肉味、鲜鱼味,味阈值为0.012%。5′-肌苷酸二钠与谷氨酸钠以1:7复配,有增强鲜味的效果。

ADI: 不做特殊规定(FAO/WHO,1994),GRAS FDA - 21 CFR 172.535。

使用范围和最大使用量(g/kg): 5′-肌苷酸二钠可在各类食品[《食品安全国家标准 食品添加剂使用标准》(GB 2760—2024)的表A.2中编号为1~68的食品类别除外]中按生产需要适量使用。

应用: 多与谷氨酸钠混合使用,其鲜味显著提高。本品可被生鲜动植物组织中的磷酸酯酶分解,失去呈味力,应经加热钝化酶后使用。

2. 5′-鸟苷酸二钠

5′-鸟苷酸二钠又称鸟苷-5′-磷酸二钠、鸟苷酸钠,分子式为$C_{10}H_{12}N_5Na_2O_8P \cdot 7H_2O$,相对分子质量为533.26。

性状: 无色或白色结晶或粉末,溶于水;pH在2~14内稳定,加热到24 ℃变为褐色,250 ℃分解;对酸、碱、盐均稳定;油炸条件下,3 min其保存率为99.3%。

性能: 具有香菇特有的香味,其味阈值为0.003 5%。与味精有协同效应,增鲜倍数在5~6倍,可增加汤汁的黏滞性,即"肉质"感。

ADI: 不做特殊规定(FAO/WHO,1994),GRAS FDA - 21 CFR 172.530。

使用范围和最大使用量: 5′-鸟苷酸二钠可在各类食品[《食品安全国家标准 食品添加剂使用标准》(GB 2760—2024)的表A.2中编号为1~68的食品类别除外]中按生产需要适量使用。本品单独应用较少,多与谷氨酸钠及5′-肌苷酸二钠配合使用,混合使用时,其用量为谷氨酸钠总量的1%~5%。酱油、食醋、肉、鱼制品、速溶汤粉、速煮面条及罐头食品等均可添加,其用量为0.01~0.1 g/kg。也可以与赖氨酸等混合后,添加于蒸煮米饭、速煮面条、快餐中,用量约为0.5 g/kg。

应用: 多与谷氨酸钠混合使用,其鲜味显著提高。本品可被生鲜动植物组织中的磷酸酯酶分解,失去呈味力,应经加热钝化酶后使用。本品与5′-肌苷酸二钠1:1复配使用也可以应用于多种食品。

(三)其他增味剂

1. 琥珀酸二钠

琥珀酸二钠分为含结晶水琥珀酸二钠和无结晶水琥珀酸二钠。含结晶水琥珀酸二钠,分子式为 $C_4H_4Na_2O_4 \cdot 6H_2O$,相对分子质量为270.15;无结晶水琥珀酸二钠,分子式为 $C_4H_4Na_2O_4$,相对分子质量为162.06。

性状:含结晶水琥珀酸二钠为白色晶体颗粒,无结晶水琥珀酸二钠为白色晶体粉末,无臭,无酸味,加热至120 ℃,失去结晶水成为无水物。它易溶于水,不溶于乙醇;在空气中稳定。

性能:琥珀酸二钠有特异的贝类鲜味,味阈值为0.03%。与谷氨酸钠、呈味核苷酸二钠复配使用效果更好。

ADI:无须规定。

使用范围和最大使用量(g/kg):调味品(12.01盐及代盐制品、12.09香辛料类除外)为20.0。

应用:常与谷氨酸钠并用,用量约为谷氨酸钠的1/10,效果显著。

2. 复合增味剂

复合增味剂是由两种或多种单纯增味剂组合而成的增味剂复合物。它包括天然型复合增味剂和复配型复合增味剂两类。天然型复合增味剂包括萃取物和水解物两类,前者有各种肉、禽、水产、蔬菜(如蘑菇)等萃取物,后者包括动物、植物、微生物组织细胞或其他细胞内生物大分子物质经过水解而制成,如各类肉类提取物、酵母提取物、水解动物蛋白质、水解植物蛋白质、水解微生物蛋白质等。从它们的化学组成来看,主要的增味剂是各种氨基酸和核苷酸,但由于比例的不同和少量其他物质的存在,而赋予食品各不相同的鲜味和风味。下面介绍几种复合增味剂。

(1)动物蛋白质水解物

动物蛋白质水解物(HAP)是指用物理或者酶的方法,水解富含蛋白质的动物组织而得到的产物。如畜、禽的肉、骨及鱼等原料的蛋白质含量高而且所含蛋白质的氨基酸构成更接近人体需要,是完全蛋白质,有很好的风味。HAP除保留原料的营养成分外,由于蛋白质被水解为小肽及游离的L-氨基酸,易溶于水,有利于人体消化吸收,原有风味更为突出。

性状与性能:HAP为淡黄色液体、糊状物、粉状体或颗粒。制品的鲜味程度和风味,因原料和加工工艺而各异。

毒性:无毒性,安全性高。

应用:用于各种食品加工和烹饪中调味料的配合使用,可产生独特风味。

(2)植物蛋白质水解物

植物蛋白质水解物(HVP)是指在酸或酶的作用下,水解富含蛋白质的植物组织得到的产物。这些产物不但具有适用的营养保健成分,而且可用作食品调味料和风味增强剂。HVP作为一种高级调味品,是近年来蓬勃发展起来的一种新型调味品,它集色、香、味等营养成分为一体。由于其氨基酸含量高,逐渐成为取代味精的新一代调味品。况且HVP的制造原料植物蛋白质来源丰富,经水解、脱色、中和、除臭、除杂、调味、杀菌、喷雾干燥等工艺制造而成,可机械化、大规模、自动化生产,因此,HVP作为调味品,应用前景非常广阔。

性状与性能：HVP为淡黄色至黄褐色液体、糊状物、粉状体或颗粒。2%水溶液的pH为5.0~6.5。

HVP中含有较多的谷氨酸和天冬氨酸，故其鲜味强烈。由于多种氨基酸、还原糖的存在，在适宜的温度下发生美拉德反应，可产生众多风味如家禽味、猪肉味、牛肉味等，可以增强食品的鲜美味，呈味力强；由于所用原料和加工工艺的不同，制品中氨基酸组成、含量也各异，制品的鲜味性质和程度也各异。

毒性：无毒，安全。

应用：由于动物蛋白质水解物的成本较高，因此植物蛋白质水解物（HVP）目前被广泛用作肉类香精、调味料等食品的风味增强剂。HVP广泛用于食品加工和烹调中，与增味剂复配使用，可产生各种独特风味；可抑制食品中的不良风味。例如用于方便面汤和酱包的调味汁增鲜、增香；用于如海鲜酱油、辣汁、醋等调味品的调香增鲜，提高鲜味，产生肉香效果；用于如沙丁鱼、秋刀鱼、鸡肉、猪肉、腌制蔬菜、海鲜等罐头食品，可除去异味如腥味、铁锈味等，增强肉香效果，改进产品风味。

（3）酵母抽提物

酵母抽提物是通过将酵母细胞内蛋白质降解成氨基酸和多肽，核酸降解成核苷酸，并把它们和其他有效成分，如B族维生素、微量元素等一起从酵母细胞中抽提出来所制得的人体可直接吸收利用的可溶性营养物质与风味物质的浓缩物。

性状与性能：酵母抽提物为深褐色糊状或淡黄色粉末，呈酵母所特有的鲜味和气味。粉末制品具有很强的吸湿性。5%水溶液pH为5.0~6.0。含有谷氨酸、甘氨酸、丙氨酸等多种氨基酸，其氨基酸平衡良好，还含有5′-核苷酸，其组成比例则视原料和加工方法而异。

酵母抽提物是近年来兴起的一种新型营养增味剂，它的鲜味远大于味精，具有鲜美浓郁的天然肉香味。有明显的增鲜、增香、缓和酸味、去除苦味的效果，并且对异味和异臭具有屏蔽功能。

毒性：无毒，安全。

应用：酵母抽提物常与其他调味品合并使用，广泛用于各种加工食品，如汤类、酱油、香肠、米果等调味之用，也用作增香剂等。在我国，酵母抽提物的研究尚处于起步阶段，正在逐步被人们所认识和接受。如果充分利用啤酒酵母作为原料，我国作为仅次于美国的啤酒生产大国，原料来源将十分丰富。

（4）复配型复合增味剂

不同种类增味剂配合使用具有协同增效作用。

①增味剂与食盐配合使用：增味剂往往与食盐一起使用才能更好地显示出鲜美的味道，达到显著的增味效果。其实质可能是增味剂与食盐在水溶液中电离产生的正、负离子相互作用。

②增味剂与其他氨基酸配合使用：增味剂还可以与丙氨酸、甘氨酸等氨基酸及动物水解蛋白质、植物水解蛋白质等含有多种氨基酸的物质配合使用，效果更好。

③增味剂与核苷酸类增味剂配合使用：核苷酸类增味剂之间的配合使用，可以明显降低鲜味阈值，提高增味效果。例如，5′-肌苷酸二钠的鲜味阈值为0.025 g/100 mL，当5′-肌苷酸二钠与5′-鸟苷酸二钠等量混合，其鲜味阈值降低为0.006 3 g/100 mL。

④增味剂与其他有机酸配合使用：增味剂可以与柠檬酸、苹果酸、富马酸及其盐类配合使用，而成为具有不同特色的复合增味剂。

⑤氨基酸类增味剂与核苷酸类增味剂配合使用：氨基酸类增味剂与核苷酸类增味剂的配

合使用,具有非常显著的协同增效作用。例如,谷氨酸钠与5'-肌苷酸二钠以1:1的比例配合使用时,鲜味强度增加8倍;谷氨酸钠与等量的5'-鸟苷酸二钠配合使用,其鲜味强度提高30倍等。5'-肌苷酸二钠、5'-鸟苷酸二钠与谷氨酸钠复配使用,能显著提高鲜味,称为强力味精。

当然,要使食品的味道更鲜美、可口,食品增味剂配合使用增味效果更为显著,但必须经过试验,采用最适宜的配方。

操作与体验

技能一　常用甜味剂的性能比较

目的与要求

1. 了解并比较几种常用甜味剂的性能。
2. 了解影响甜味剂甜度的因素。

仪器与材料

实验仪器:烧杯,锥形瓶,玻璃棒,量筒,电子天平,勺子。

实验材料:蒸馏水,蔗糖,山梨糖醇,木糖醇,环己基氨基磺酸钠(甜蜜素),乙酰磺胺酸钾(安赛蜜),天门冬酰苯丙氨酸甲酯(阿斯巴甜),糖精钠,食盐。

方法与步骤

1. 用电子天平分别称取5 g蔗糖、山梨糖醇、木糖醇于烧杯中,量取100 mL水倒入,用勺子搅拌至溶解,品尝评价其甜度。
2. 按上述方法分别称取0.2 g环己基氨基磺酸钠(甜蜜素)、乙酰磺胺酸钾(安赛蜜)、天门冬酰苯丙氨酸甲酯(阿斯巴甜)、糖精钠置于烧杯中,量取100 mL蒸馏水加入搅拌溶解。
3. 取少许溶液品尝,以蔗糖为100分,比较同样浓度的环己基氨基磺酸钠(甜蜜素)、乙酰磺胺酸钾(安赛蜜)、天门冬酰苯丙氨酸甲酯(阿斯巴甜)、糖精钠的甜度。
4. 在上述溶液中加入0.8 g食盐,比较加入食盐前后的甜度变化。

效果与评价

将相关结果填入表 5-1、表 5-2。

表 5-1　　　　　　　　　　比较几种常见的糖醇类甜味剂的口感

评价项目	蔗糖 （5 g/100 mL）	山梨糖醇 （5 g/100 mL）	木糖醇 （5 g/100 mL）
固体颜色和形状			
水中的溶解性			
与蔗糖相比的甜度	100		
综合口感			

表 5-2　　　　　　　　　　几种常见甜味剂溶液的甜度比较

评价项目	固体甜味剂				
	蔗糖	甜蜜素	安赛蜜	阿斯巴甜	糖精钠
固体颜色和形状					
水中的溶解性					
评价项目	甜味剂溶液				
	5%的蔗糖 溶液	0.2%的甜蜜素 溶液	0.2%的安赛蜜 溶液	0.2%的阿斯巴甜 溶液	0.2%的糖精钠 溶液
与蔗糖相比的甜度					
综合口感					
添加 0.8 g 的食盐后的口感					

技能二　常用酸度调节剂的性能比较

目的与要求

了解并比较几种常用酸度调节剂的性能。

仪器与材料

实验仪器：烧杯，锥形瓶，玻璃棒，量筒，移液器，电子天平。

实验材料：蒸馏水，蔗糖，柠檬酸(食用)，酒石酸(食用)，苹果酸(食用)，乳酸(食用)，醋酸(食用)。

方法与步骤

1. 用电子天平分别称取0.2 g柠檬酸、酒石酸、苹果酸于250 mL的烧杯中,量取200 mL蒸馏水倒入,用玻璃棒搅拌至溶解;乳酸、醋酸用移液器直接量取加入250 mL的烧杯,然后加入蒸馏水至200 mL。

2. 取少许品尝,以柠檬酸的酸度为100分,比较柠檬酸(食用)、酒石酸(食用)、苹果酸(食用)、乳酸(食用)、醋酸(食用)的酸度。

3. 取各种酸度调节剂溶液100 mL,准确加入蔗糖8 g后,再比较各种酸度调节剂溶液酸度和适口性的变化。

4. 继续加入2 g、4 g蔗糖后,比较各种酸度调节剂溶液酸度的变化。对酸度调节剂溶液的酸度进行比较鉴别。

效果与评价

将酸度调节剂酸度比较填入表5-3。

表5-3 各种酸度调节剂酸度比较

评价项目	0.1%柠檬酸溶液	0.1%酒石酸溶液	0.1%苹果酸溶液	0.1%乳酸溶液	0.1%醋酸溶液
固体颜色和形状					
在水中的溶解性					
与0.1%柠檬酸溶液相比的酸度	100				
综合口感评价					
加入8 g的蔗糖后的酸度和口感					
加入10 g的蔗糖后的酸度和口感					
加入12 g的蔗糖后的酸度和口感					

项目五　调味类食品添加剂的使用

拓展与提升

知识拓展一

味感

味感是食物在人的口腔内对味觉器官化学感受系统的刺激并产生的一种感觉。这种刺激有时是单一性的，但多数情况下是复合性的。

目前世界各国对味感的分类并不一致。例如，日本将味感分成甜、苦、酸、咸、辣5类；欧美各国则再加上金属味，共分为6类；印度的分类没有金属味，却有淡味、涩味、不正常味，加上上述5类分成8类；我国的分类通常分成甜、苦、酸、咸、辣、鲜、涩7类。此外，还有些国家或地区的分类有凉味、碱味等。但从生理学的角度看，只有甜、苦、酸、咸4种基本味感。辣味仅是刺激口腔黏膜、鼻腔黏膜、皮肤和三叉神经而引起的一种痛觉；涩味则是口腔蛋白质受到刺激而凝固时所产生的一种收敛的感觉，与触觉神经末梢有关。这两种味感与上述4种刺激味蕾的基本味感有所不同，但就食品的调味而言，也可看作是两种独立的味感。鲜味由于其呈味物质与其他味感物质相配合时能使食品的整个风味更为鲜美，所以欧美各国都将鲜味物质列为风味增效剂或强化剂，而不看作是一种独立的味感。食品中各种风味都是一定物质的信号，依据这些知识和人们的嗜好进行食品调味剂的合理利用和调配，就可以使食品的风味独特，丰富多彩，达到最佳目的。

知识拓展二

饮料生产过程中酸度调节剂的使用方法及注意事项

因为饮料的特殊性，选用的酸度调节剂应为水溶性的，因此一般都是在调配时，和其他调味的添加剂一起加入。例如，茶饮料中常用的酸度调节剂为柠檬酸和苹果酸等，主要是以柠檬酸为主，其他有机酸为辅。目前市面上的茶饮料中还加入了柠檬酸钠，柠檬酸钠具有咸辣味，在茶饮料中，主要起到一个缓冲作用，使茶汁柔和、舒爽、持久，一般用量在0.03%左右。

在茶饮料生产中，酸度调节剂一般是在调配时加入，加料顺序为白砂糖、精制盐、酸度调节剂、维生素C、焦糖色。这些辅料预先用茶汁溶解，边搅拌边加入。值得一提的是，酸度调节剂不能与苯甲酸钠、山梨酸钾等溶液同时添加，应分别添加，以防止形成难溶于水的结晶，影响防腐剂的使用效果。

除了柠檬酸和苹果酸等常用的酸度调节剂外，磷酸也是一种常见的酸度调节剂，常见于可乐型碳酸饮料。在可乐生产中，酸度调节剂和其他添加剂应在糖浆调配时加入，加入顺序为：

(1)测定原糖浆的浓度，并确定糖浆的加入量。

(2)如需添加防腐剂，将防腐剂用温水溶解后加入。

(3)其他甜味剂用温水溶解后加入。

(4)酸度调节剂用温水溶解后加入。

(5)如需添加果汁，可将果汁直接加入。

(6)色素用温水溶解后加入。

(7)香精、香料直接加入。

(8)已经过处理的饮料用水加至定量。

思考与练习

一、名词解释
1.酸度调节剂　2.增味剂　3.甜味剂　4.相对甜度

二、选择题
1.与甜味没有关系的结构是(　　)。
　A.羟基　　　　　　B.氨基酸　　　　　　C.酚或多酚　　　　　　D.羧基
2.相对甜度最低的甜味剂是(　　)。
　A.葡萄糖　　　　　B.低聚麦芽糖　　　　C.低聚果糖　　　　　　D.大豆低聚糖
3.由于独特的风味和酸味而用于可乐香型碳酸饮料的酸度调节剂是(　　)。
　A.柠檬酸　　　　　B.苹果酸　　　　　　C.琥珀酸　　　　　　　D.磷酸
4.能产生一种令人愉快的,兼有清凉感酸味的酸度调节剂是(　　)。
　A.苹果酸　　　　　B.富马酸　　　　　　C.柠檬酸　　　　　　　D.磷酸
5.各种甜味剂的甜度是对照(　　),通过品尝确定。
　A.葡萄糖　　　　　B.蔗糖　　　　　　　C.淀粉　　　　　　　　D.果糖

三、填空题
1.增味剂大致分为_____和_____两类。
2.调味剂一般分为_____、_____、_____、苦味剂、咸味和代盐剂及其他调味剂。
3.味精是常用的调味品,它的鲜味来自其中的主要成分_____。

四、简答题
1.影响甜味剂甜味强度的因素有哪些?
2.酸度调节剂的作用有哪些?
3.举例说明酸度调节剂的性状、作用和应用。
4.比较两种增味剂的性状、作用和应用。

项目六

调质类食品添加剂的使用

调质剂——创新
提升品质

学习目标与要求

知识目标

1. 了解增稠剂、乳化剂、凝固剂、膨松剂、水分保持剂、抗结剂的特点。
2. 知道调质类食品添加剂种类。
3. 理解增稠剂、乳化剂、凝固剂、膨松剂、水分保持剂、抗结剂的概念、分类、作用机理等。
4. 掌握增稠剂、乳化剂、凝固剂、膨松剂、水分保持剂、抗结剂在食品工业中的安全应用。

能力目标

1. 能区分调质类食品添加剂的种类。
2. 会根据食品生产要求正确选择合适的调质类食品添加剂。

职业素养目标

1. 通过小组完成课堂任务,培养团队合作意识。
2. 提升精准用量意识,树立敬业价值观,培育精益求精的工匠精神。
3. 通过食品添加剂国标的学习,培养安全使用食品添加剂的意识。

学习重点与难点

重点:1. 增稠剂、乳化剂的概念、分类、常见种类。
   2. 增稠剂、乳化剂复配技术的应用。
难点:1. 常见增稠剂、乳化剂的性质。
   2. 调质类食品添加剂在使用过程中的限量要求。

认知与解读

知识点一 增稠剂的使用

一 增稠剂的概念和分类

增稠剂可以提高食品的黏稠度或形成凝胶,从而改变食品的物理性状,赋予食品黏润、适宜的口感,并兼有乳化、稳定或使食品呈悬浮状态作用的物质。它在水溶液中具有一定的溶解性,剧烈溶胀,在一定温度条件下可快速溶解糊化,水溶液黏度较大,可形成薄膜、凝胶体等。

全球范围内可供使用的增稠剂有六十余种,我国《食品安全国家标准 食品添加剂使用标准》(GB 2760—2024)中规定允许作为增稠剂的物质有:丙二醇、刺云实胶、醋酸酯淀粉、淀粉磷酸酯钠、D-甘露糖醇、瓜尔胶、果胶、海萝胶、海藻酸丙二醇酯、海藻酸钠(又名褐藻酸钠)、槐豆胶(又名刺槐豆胶)、α-环状糊精、γ-环状糊精、β-环状糊精、黄原胶(又名汉生胶)、甲壳素(又名几丁质)、聚甘油脂肪酸酯、聚葡萄糖、决明胶、卡拉胶、可得然胶、可溶性大豆多糖、磷酸化二淀粉磷酸酯、硫酸钙(又名石膏)、氯化钙、罗望子多糖胶、麦芽糖醇和麦芽糖醇液、普鲁兰多糖、羟丙基二淀粉磷酸酯、乳酸钙、乳酸钠、乳糖醇(又名4-β-D 吡喃半乳糖-D-山梨醇)、沙蒿胶、山梨糖醇和山梨糖醇液、双乙酰酒石酸单双甘油酯、羧甲基淀粉钠、田菁胶、脱乙酰甲壳素(又名壳聚糖)、亚麻籽胶(又名富兰克胶)、皂荚糖胶、海藻酸钙(又名褐藻酸钙)、阿拉伯胶等。

增稠剂按照来源可以分为天然增稠剂和化学合成增稠剂两大类。在众多增稠剂中绝大多数是从植物、动物、微生物、海藻中提取的天然物质,如海藻酸、琼脂、卡拉胶、甲壳素、阿拉伯胶、瓜尔胶、槐豆胶、亚麻籽胶、淀粉、果胶、魔芋胶、明胶、酪蛋白、黄原胶、结冷胶等。化学合成增稠剂包括两种,一种是以天然增稠剂为原料进行改良合成的,例如海藻酸钠丙二酯、羧甲基淀粉钠、乙醇酸淀粉钠、磷酸化二淀粉磷酸酯等;另一种是采用化学方法合成的,例如双乙酰酒石酸单双甘油酯、聚甘油脂肪酸酯等。

增稠剂的分类方法还有很多,按照作用机理可以分为水相增稠剂和油相增稠剂;按照制取方法和生物学特征可分为植物性增稠剂、动物性增稠剂、微生物性增稠剂和其他增稠剂。

二 增稠剂的作用及影响效果的因素

增稠剂不仅具有增稠的作用,使用恰当时还具有增稠稳定作用,起泡、稳定泡沫作用,黏合作用,成膜作用,保水作用,掩蔽作用,等等。

(一)增稠稳定作用

增稠剂可保持流态食品、胶冻食品的色、香、味、结构等。流变性作为增稠剂的主要特性,可以很好地改善食品的质地结构外观,使液体、半固体、固体食品形成特定的性状,食品状态稳定、均匀、丝滑、具有弹性。在食品冷冻的过程中,形成含有大量微小气泡的细微化冰晶,此时冷冻食物结构均一细腻、口感丝滑、外观整齐。在含有某些特定增稠剂的体系中,达到一定浓度时,可形成大分子链相互交错的三维空间网络结构,使食品组织结构更加稳定,内部组织结构不易改变,品质不易改变。

(二)起泡、稳定泡沫作用

增稠剂在食品加工过程中可以发泡,其中含有大量的气体,形成一定的空间网格结构,液泡表面黏性增加使其更加稳定。蛋糕、冰激凌等食品在生产过程中使用的海藻酸钠、明胶等物质就是很好的发泡剂。

(三)黏合作用

增稠剂(鹿角藻胶、槐豆胶、阿拉伯明胶)可以使香肠类食品形成聚集体,片状、颗粒状食品结合在一块,均质后组织结构稳定、均匀、丝滑。并且利用胶的强力保水性可以防止香肠在贮存中失重。

(四)成膜作用

增稠剂可在冷冻食品、固体粉末食品表面形成光滑的薄膜,减少吸湿作用带来的品质下降,在水果、蔬菜保鲜上具有一定的抛光作用。

(五)保水作用

增稠剂作为高分子化合物,具有较强的亲水作用,在肉制品、面制品中可以起到很好的改良品质的作用。在肉制品中添加增稠剂可以有效地锁住水分,肉质鲜美,质地Q弹;在面制品加工制作过程中可改善面团的吸水性利于调粉,同时增稠剂还具有凝胶性状,面制品弹性增强,淀粉α化提高,不易老化变干。

(六)掩蔽作用

某一增稠剂对部分特殊的不良气味具有一定的掩蔽作用,比如环状糊精可以有效地掩蔽鱼、肉腥味及食品中补加维生素B等营养成分后的不愉快味道及其他食品中的异味。需要注意的是增稠剂绝不能用于腐败变质食品中,来掩盖食品腐败变质的本质。

增稠剂是高分子化合物,相对分子质量通常在几万甚至几百万,在反应体系中以黏度来表现。影响黏度的因素有很多,其中增稠剂的来源、浓度、结构和相对分子质量均会对其作用产生一定的影响,同时反应体系的温度、pH等因素也会产生一定的影响。

1. 结构和相对分子质量

增稠剂在溶液体系中易形成网状结构或含有较多亲水基团的胶体,使增稠剂具有较强的黏度。分子结构不同的增稠剂在其他条件相同的情况下其黏度也不相同;相同品种的增稠剂,平均相对分子质量越大,形成网状结构的概率增大,黏度越大。

2. 浓度

随着增稠剂浓度的增加,其在固定反应体系中占比增大,增稠剂分子间相互作用的概率增加,黏度增大。

3. pH

体系中介质的pH大小与增稠剂的黏度之间存在一定的关系。增稠剂的黏度通常随pH的变化而变化,比如海藻酸钠在pH为5~10时,黏度较为稳定;在pH<4.5时,黏度增加,此时易发生酸催化降解影响使用。在食品中为使增稠剂起到更好的效果,介质的pH需要与增稠剂的特性相符合。

4. 温度

随着温度的升高,反应体系中分子运动速率加快,溶液的黏性会降低,根据相关资料显示,温度升高5~6 ℃,黏度下降12%。温度升高,胶体在酸性环境条件下溶解速度加快。胶体遇高温产生不可逆的解体,为了保证某些增稠剂效果,需避免长时间处于高温环境。

三、常用食品增稠剂及其在食品中的使用

(一)甲壳素

甲壳素(Chitin;CNS号:20.018),又名几丁质,是许多低等动物,特别是节肢动物,如虾、蟹和昆虫等外壳的重要成分,分布广泛。

性状:海洋甲壳类动物的壳中提取出来的多糖物质,化学式为$(C_8H_{13}NO_5)_2$。淡米黄色至白色,溶于浓盐酸、磷酸、硫酸和乙酸,不溶于碱液及其他有机溶剂,也不溶于水。

安全性:LD_{50}>7 500 mg/kg(小鼠,口服),ADI不做特殊规定。

使用范围和最大使用量(g/kg):啤酒和麦芽饮料,0.4;食醋,液体复合调味料,1.0;氢化植物油,其他油脂或油脂制品(仅限植脂末),冷冻饮品(03.04食用冰除外),坚果与籽类的泥(酱)(包括花生酱等),蛋黄酱、沙拉酱,2.0;乳酸菌饮料,2.5;果酱,5.0。

(二)琼脂

琼脂(Agar),学名琼胶,又名洋菜、海东菜、冻粉等。琼脂是植物胶的一种,来源于麒麟菜、石花菜、江蓠等。在食品工业中广泛应用,可用作细菌培养基。

性状:为无色、无固定形状的固体,根据制法的不同可形成条状、片状、粉末状、颗粒状等,不溶于冷水,可溶于热水。低于32 ℃处于凝固、半凝固状态,熔点为80~90 ℃。

安全性:LD_{50}为16 g/kg(小鼠,口服),LD_{50}为11 g/kg(大鼠,口服),ADI不做特殊规定。

使用范围和最大使用量:各类食品[《食品安全国家标准 食品添加剂使用标准》(GB 2760—2024)的表A.2中编号为1~68的食品类别除外]按生产需要适量使用。

(三)果胶

果胶(Pectins;CNS号:20.006;INS号:440),一种多糖,由同质多糖和杂多糖形成。植物细胞壁和细胞内层含量较高,柑橘、柠檬、柚子等果皮中大量存在。

性状:呈白色至黄色粉状,相对分子质量为20 000~400 000,无味。在酸性溶液中比在碱性溶液中稳定,按酯化度分为高酯果胶及低酯果胶。

安全性:GRAS,ADI不做特殊规定。

使用范围和最大使用量：各类食品[《食品安全国家标准 食品添加剂使用标准》(GB 2760—2024)的表A.2中编号为1~4、6~9、11~30、33~46、48~49、54~68的食品类别除外]按生产需要适量使用；果蔬汁(浆)(以即饮状态计，相应的固体饮料按稀释倍数增加使用量)，3.0 g/kg。

(四)黄原胶

黄原胶(Xanthan gum；CNS号：20.009；INS号：415)，又名汉生胶。黄原胶是由黄单胞杆菌经发酵工程生产的一种微生物胞外多糖。

性状：白色或浅黄色粉末，常温下易溶于水，不溶于大多数有机溶剂，常温条件下可形成半透明状溶液。

安全性：GRAS，ADI不做特殊规定。

使用范围和最大使用量：各类食品[《食品安全国家标准 食品添加剂使用标准》(GB 2760—2024)的表A.2中编号为1~4、6~49、54~61、63~68的食品类别除外]按生产需要适量使用；生干面制品，4.0 g/kg；黄油和浓缩黄油、赤砂糖、原糖、其他糖和糖浆，5.0 g/kg；特殊医学用途婴儿配方食品，9.0 g/kg；生湿面制品(如面条、饺子皮、馄饨皮、烧麦皮)，10.0 g/kg。

(五)羧甲基纤维素钠

羧甲基纤维素钠(Sodium carboxy methyl cellulose；CNS号：20.003；INS号：466)。化学式为$[C_6H_7O_2(OH)_2OCH_2COONa]_n$，是纤维素的羧甲基化衍生物。由天然的纤维素和苛性碱及一氯醋酸反应形成的阴离子型高分子化合物，相对分子质量由几千到百万。

性状：羧甲基纤维素钠为白色纤维状或颗粒状粉末，无臭、无味，有吸湿性，易溶于水，可形成透明的胶体溶液，不溶于乙醇等多种有机溶剂。

安全性：LD_{50}为27 g/kg(大鼠，经口)，GRAS，ADI不做特殊规定。

使用范围和最大使用量：可在各类食品中按生产需要适量使用[《食品安全国家标准 食品添加剂使用标准》(GB 2760—2024)的表A.2中编号为1~4、6~68的食品类别除外]。

知识点二 乳化剂的使用

一 乳化剂的概念和分类

食品是一个极其复杂的多相体系，包含水分、蛋白质、脂类、糖类、矿物质等组分，组分之间混合不均匀，会出现油水分离、发酵乳乳清分离、烘焙制品发硬等影响食品质量的现象。乳化剂是一类可以使食品组分之间互不融合，形成内部结构稳定，形态均匀，提高食品质量特性的一类食品添加剂。

《食品安全国家标准 食品添加剂使用标准》(GB 2760—2024)规定：能改善乳化体中各种构成相之间的表面张力，形成均匀分散体或乳化体的物质叫乳化剂。我国批准使用的食品乳化剂有：铵磷脂、丙二醇、丙二醇脂肪酸酯、单,双甘油脂肪酸酯、D-甘露糖醇、果胶、海藻酸丙二醇酯、琥珀酸单甘油酯、聚甘油蓖麻醇酸酯(PGPR)、聚甘油脂肪酸酯、聚氧乙烯木糖醇酐单硬脂酸酯、聚氧乙烯(20)山梨醇酐单月桂酸酯(又名吐温20)、聚氧乙烯(20)山梨醇酐单棕榈酸酯(又名吐温40)、聚氧乙烯(20)山梨醇酐单硬脂酸酯(又名吐温60)、聚氧乙烯(20)山梨醇酐单油酸酯(又名吐温80)、卡拉胶、可溶性大豆多糖、磷脂、麦芽糖醇和麦芽糖醇液、木糖醇酐单硬脂酸酯、柠檬酸脂肪酸甘油酯、氢化松香甘油酯、乳酸钙、乳酸脂肪酸甘油酯、乳糖醇(又名4-β-D吡喃半乳糖-D-山梨醇)、山梨醇酐单月桂酸酯(又名司盘20)、山梨醇酐单棕榈酸酯(又名司盘40)、山梨醇酐单硬脂酸酯(又名司盘60)、山梨醇酐三硬脂酸酯(又名司盘65)、山梨醇酐单油酸酯(又名司盘80)、山梨糖醇和山梨糖醇液、双乙酰酒石酸单双甘油酯、辛癸酸甘油酯、辛烯基琥珀酸淀粉钠、硬脂酸钙、硬脂酸钾、硬脂酸镁、硬脂酰乳酸钠、硬脂酰乳酸钙、蔗糖脂肪酸酯、皂树皮提取物等。

  乳化剂的性质不仅与烃基大小和结构有关系，还与亲水基的差异有关。亲水基团和疏水基团相比变化更大，亲水基团的结构对乳化剂的作用影响较大，因此根据亲水基团和疏水基团的性质，即按照离子的类型可分为离子型乳化剂和非离子型乳化剂。离子型乳化剂溶于水后产生电离作用，若形成一个较小的阳离子和较大的阴离子基团，且阴离子起作用，则这类乳化剂称为阴离子乳化剂；若形成一个较小的阴离子和一个较大的阳离子，且阳离子起作用，则这类乳化剂称为阳离子乳化剂。非离子型乳化剂在水溶液中不产生电离作用，亲水基团和疏水基团在同一分子上，起到亲水和亲油的作用。乳化剂还有其他的一些分类方法，从来源上可分为天然乳化剂和人工合成乳化剂；从乳化剂在两相中形成的体系性质可分为水包油型(O/W)和油包水型(W/O)。

二 乳化剂体系特点与作用机理

  乳化剂的乳化能力与亲水基团和疏水基团的数量是有关系的。优质乳化剂的亲水基团和疏水基团之间存在完美的平衡关系，通常使用"亲水亲油平衡值"(HLB值)来表示。亲油性为100%的乳化剂HLB值为0(以石蜡为代表)，亲水性为100%的乳化剂HLB值为20(以酒石酸为代表)，其间均分成20份，依次来表示亲水、亲油性的强弱。食品用乳化剂绝大部分是非离子型，HLB值为0~20，食品用离子型乳化剂HLB值为0~40。因此规定，凡HLB<10的乳化剂大多数是亲油性的，HLB≥10的乳化剂具有亲水特征。

  乳状液在制备的过程中，在连续相中加入细小滴的分散相，形成的溶液是不稳定的，此时需要加入少量的乳化剂来改变这种不稳定的状态。乳化剂的加入在连续相和分散相形成的溶液中是如何改变不平衡状态的，作用机理是怎么样的？乳化剂的作用机理较为复杂，专家从不同的角度对作用机理提出了不同的观点。

  1929年，哈金斯提出的乳状液稳定理论被称为"定向楔理论"。他认为乳化剂密度最大的位置在界面，它以横截面较大的一端指向分散介质，形成一种"大头向外，小头向里"的形式，在小液滴的表面形成保护膜，此时形成的乳状液较为稳定。

  在分散相和连续相形成的体系中加入乳化剂，降低界面张力的同时表面活性剂必定会在界面处形成一层保护膜即界面膜，它可以保护分散相液滴在布朗运动相互碰撞的过程中不易聚集。界面膜一旦破裂，液滴的聚集性增强破坏体系的稳定性，所以界面膜的机械强度是维持乳状液的重要因素，此理论即界面膜的稳定理论。

  1969年，弗里伯格等发现在油水相体系中表面活性剂析出的第三相为液晶相。液晶在结构和力学性质上都处于晶体和液体之间，不仅具有液体的流动性，还具有固体分子排列的规则性。液晶吸附在油水界面形成稳定的一层保护层,隔断了液滴碰撞粗化,此时乳状液的稳定性增强。

三、常用的乳化剂及其在食品中的使用

(一)蔗糖脂肪酸酯

蔗糖脂肪酸酯(Sucrose esters of fatty acid;CNS号:10.001;INS号:473)。非离子表面活性剂,蔗糖和脂肪酸经酯化反应生成的单质或混合物。蔗糖含有8个—OH基,经酯化,可形成各种产物。蔗糖脂肪酸酯有单脂肪酸酯、双脂肪酸酯和三脂肪酸酯。以蔗糖的—OH基为亲水基,脂肪酸的碳链部分为亲油基,常用硬脂酸、油酸、棕榈酸等高级脂肪酸,也用醋酸、异丁酸等低级脂肪酸。

性状:白色至微黄色粉末、块状或为无色至微黄色黏稠凝胶,无臭或微臭味,微溶于水,易溶于乙醇、乙醚等。其水溶液具有润湿性和黏性,乳化性好。

安全性:LD_{50}为30 g/kg(大鼠,经口),ADI为0~30 mg/kg。

使用范围和最大使用量(g/kg):风味发酵乳,冷冻饮品(03.04食用冰除外),经表面处理的鲜水果,杂粮罐头,肉及肉制品(08.01生、鲜肉除外),鲜蛋,饮料类[14.01包装饮用水、14.02.01果蔬汁(浆)、14.02.02浓缩果蔬汁(浆)除外],1.5;稀奶油,2.5;调制乳,焙烤食品,3.0;生湿面制品(如面条、饺子皮、馄饨皮、烧麦皮),生干面制品,方便米面制品,果冻,4.0;果酱,专用小麦粉(如自发粉、饺子粉等),面糊(如用于鱼和禽肉的拖面糊)、裹粉、煎炸粉,调味糖浆,调味品(12.01盐及代盐制品、12.09香辛料类除外),其他(仅限即食菜肴),5.0;调制稀奶油,稀奶油类似品,基本不含水的脂肪和油,水油状脂肪乳化制品(02.02.01.01黄油和浓缩黄油除外),02.02类以外的脂肪乳化制品[包括混合的和(或)调味的脂肪乳化制品],可可制品、巧克力和巧克力制品(包括代可可脂巧克力及其制品)及糖果,10.0。

(二)磷脂

磷脂(Phospholipid;CNS号:04.010;INS号:322),也称磷脂类、磷脂质,含有磷酸的脂类,是复合脂。磷脂是组成生物膜的主要成分,磷脂为两性分子,一端为亲水的含氮或磷的头,另一端为疏水(亲油)的长烃基链。

性状:天然乳化剂,白色至淡黄色半透明或透明黏稠物质,无臭略有气味,具有较强的吸湿性,空气中容易变成褐色,部分溶于水,微溶于乙醇,难溶于丙酮,易溶于乙醚、氯仿。

安全性:GRAS,ADI不做特殊规定。

使用范围和最大使用量:磷脂可在各类食品[《食品安全国家标准 食品添加剂使用标准》(GB 2760—2024)的表A.2中编号为1~4、6、8~53、59~68的食品类别除外]中按生产需要适量使用。

(三)硬脂酰乳酸钠,硬脂酰乳酸钙

硬脂酰乳酸钠,硬脂酰乳酸钙(Sodium stearoyl lactylate,Calcium stearoyl lactylate;CNS号:10.011,10.009;INS号:481i,482i)。离子型乳化剂,具有良好的乳化、防老化、增筋、保鲜等作用。

性状：白色至黄色粉末或片状固体，具有特殊的气味，难溶于水，溶于有机溶剂，加热时易溶于植物油、动物油。熔点为54~69 ℃。

安全性：LD_{50}为2.5 g/kg（大鼠，经口），ADI为0~20 mg/kg。

使用范围和最大使用量(g/kg)：植物油脂，0.3；调制乳，风味发酵乳，其他油脂或油脂制品（仅限粉末油脂），冰激凌、雪糕类，果酱，装饰糖果（如工艺造型，或用于蛋糕装饰）、顶饰（非水果材料）和甜汁，专用小麦粉（如自发粉、饺子粉等），生湿面制品（如面条、饺子皮、馄饨皮、烧麦皮），发酵面制品，其他杂粮制品（仅限脱水马铃薯制品），面包，糕点，饼干，肉灌肠类，调味糖浆，蛋白饮料，茶、咖啡、植物（类）饮料，特殊用途饮料，风味饮料，2.0；稀奶油，调制稀奶油，稀奶油类似品，水油状脂肪乳化制品（02.02.01.01 黄油和浓缩黄油除外），02.02类以外的脂肪乳化制品[包括混合的（或）调味的脂肪乳化制品]，5.0；其他油脂或油脂制品（仅限植脂末），10.0。

（四）单，双甘油脂肪酸酯

单，双甘油脂肪酸酯（Mono-and diglycerides off atty acids；CNS 号：10.006；INS 号：471）包括油酸、亚油酸、棕榈酸、山嵛酸、硬脂酸、月桂酸、亚麻酸。

性状：白色至微黄色粉末、片状、蜡状，无臭无味，常温下难溶于水，溶于乙醇、油脂等，溶解后与沸水混合强力搅拌可呈现乳化状态，HLB值为2.8~3.5。

安全性：ADI不做特殊规定。

使用范围和最大使用量：香辛料类，5.0 g/kg；赤砂糖、原糖、其他糖和糖浆，6.0 g/kg；黄油和浓缩黄油，20.0 g/kg；生干面制品，30.0 g/kg；在各类食品[《食品安全国家标准 食品添加剂使用标准》（GB 2760—2024）的表 A.2 中编号为 1~4、6~11、13~14、16~30、32~53、59~68 的食品类别除外]中按生产需要适量使用。

知识点三　其他调质类食品添加剂

一　凝固剂的使用

使食品结构稳定或使食品组织结构不变，增强黏性固形物的物质叫作凝固剂。早在两千多年前的东汉时期，劳动人民就已经学会了使用盐卤来制作新鲜爽口的豆腐，延续至今。研究表明，使豆浆凝固形成豆腐的物质就是我们通常所说的凝固剂。凝固剂还包括防止果蔬软化的氯化钙、碳酸钙等。

凝固剂

我国允许在食品中添加的凝固剂有：丙二醇、谷氨酰胺转氨酶、可得然胶、磷酸、焦磷酸二氢二钠、焦磷酸钠、磷酸二氢钙、磷酸二氢钾、磷酸氢二铵、磷酸氢二钾、磷酸氢钙、磷酸三钙、磷酸三钾、磷酸三钠、六偏磷酸钠、三聚磷酸钠、磷酸二氢钠、磷酸氢二钠、焦磷酸四钾、焦磷酸一氢三钠、聚偏磷酸钾、酸式焦磷酸钙、硫酸钙（又名石膏）、氯化钙、氯化镁、柠檬酸亚锡二钠、乳酸钙、乙二胺四乙酸二钠等。

(一)葡萄糖酸-δ-内酯

葡萄糖酸-δ-内酯(Glucono delta-lactone；CNS 号：18.007；ISN 号：575)，其分子式为 $C_6H_{10}O_6$，相对分子质量为178.14。白色结晶或粉末，无臭，先甜味后酸味，易溶于水，微溶于酒精，溶解性受温度和pH的影响较大，稳定性较差，153 ℃左右即可分解。LD_{50} 为 7.63 g/kg(兔静脉注射)，ADI不做特殊规定(FAO/WHO，1994)。

(二)硫酸钙

硫酸钙(又名石膏)(Calcium sulfate；CNS 号：18.001；INS 号：516)。化学式为 $CaSO_4$，白色结晶粉末，无臭，有涩味，微溶于水、甘油，难溶于乙醇等有机溶剂。《食品安全国家标准 食品添加剂使用标准》(GB 2760—2024)规定的使用范围和使用量：豆类制品，按生产需要适量使用；小麦粉制品，1.5 g/kg；面包、糕点、饼干，10.0 g/kg；腌腊肉制品(如咸肉、腊肉、板鸭、中式火腿、腊肠)(仅限腊肠)，5.0 g/kg；肉灌肠类，3.0 g/kg。

二 膨松剂的使用

在面包、馒头、蛋糕等食物制作的过程中面团中含有大量的气体，气体膨胀使面团膨胀。气体除了来自环境，还有大部分是由一种叫作膨松剂的物质引起的。《食品安全国家标准 食品添加剂使用标准》(GB 2760—2024)将膨松剂定义为在食品加工过程中加入的，能使产品发起形成致密多孔组织，从而使制品具有膨松、柔软或酥脆的物质。

膨松剂

我国规定 D-甘露糖醇、酒石酸氢钾、聚葡萄糖、磷酸、焦磷酸二氢二钠、焦磷酸钠、磷酸二氢钙、磷酸二氢钾、磷酸氢二铵、磷酸氢二钾、磷酸氢钙、磷酸三钙、磷酸三镁、磷酸三钠、六偏磷酸钠、三聚磷酸钠、磷酸二氢钠、磷酸氢二钠、焦磷酸四钾、焦磷酸一氢三钠、聚偏磷酸钾、酸式焦磷酸钙、硫酸铝钾(又名钾明矾)、硫酸铝铵(又名铵明矾)、麦芽糖醇和麦芽糖醇液、乳酸钠、山梨糖醇和山梨糖醇液、碳酸镁、碳酸氢铵、碳酸氢钠、碳酸铵等可作为食品膨松剂使用。我国允许使用的膨松剂有两种分别为生物膨松剂、化学膨松剂。

酵母作为最主要的生物膨松剂，不仅具有使食物膨松体积增大，出现蜂窝状结构的特征，还具有提高发酵制品风味，改善口感及营养价值的作用。酵母的种类较多，主要有干酵母、活性干酵母、鲜酵母。酵母作为生物膨松剂，它的生长繁殖代谢需要合适的温度、湿度等环境条件。

化学膨松剂在水溶液中呈现酸性或碱性，以此可以将化学膨松剂分为酸性膨松剂和碱性膨松剂。碳酸氢钠、碳酸氢铵等作为典型的碱性膨松剂具有价格低、易保存、稳定性强的特点，既可单独使用也可与酸性膨松剂复合使用。硫酸铝钾、酒石酸氢钾、磷酸氢钙等酸性膨松剂不可单独使用，可在复合膨松剂中作为酸性成分来使用。部分酸性膨松剂对人体是有一定危害的，国家对于这类物质的使用有明确限制。目前市面上食用最多的膨松剂多为复合膨松剂，比如发酵粉、泡打粉。复合膨松剂主要由碳酸盐类、酸性成分、其他物质组成，它的使用可消除碱性膨松剂使用过程中出现的风味裂变、色泽欠缺等缺点，同时可在一定程度上中和酸性膨松剂对人体的危害。

三　水分保持剂的使用

《食品安全国家标准　食品添加剂使用标准》(GB 2760—2024)将水分保持剂定义为有助于保持食品中水分而加入的物质。允许作为水分保持剂的物质有丙二醇、磷酸、焦磷酸二氢二钠、焦磷酸钠、磷酸二氢钙、磷酸二氢钾、磷酸氢二铵、磷酸氢二钾、磷酸氢钙、磷酸三钙、磷酸三钾、磷酸三钠、六偏磷酸钠、三聚磷酸钠、磷酸二氢钠、磷酸氢二钠、焦磷酸四钾、焦磷酸一氢三钠、聚偏磷酸钾、酸式焦磷酸钙、麦芽糖醇和麦芽糖醇液、乳酸钠、山梨糖醇和山梨糖醇液等。

在众多水分保持剂中，大部分为磷酸盐，可分为正磷酸盐、聚磷酸盐、偏磷酸盐、焦磷酸盐。磷酸盐类具有多种功能，如保持肉制品的营养成分及柔嫩性，明显改善水、蛋、乳、谷物制品等品质特性。磷酸盐在人体内可与钙形成正磷酸钙，该物质难溶于水，会影响人体钙的吸收，因此，使用磷酸盐需要特别注意钙磷比。水分保持剂在食品加工中的作用主要有增加食品中水分的含量及稳定性；减少加工过程中水分的流失，保证食品的新鲜度；改善食品品质，延长食品的保质期。

目前对于水分保持剂的作用机理尚不明确，依据实验结果可归纳为以下原因：

（1）肉制品的持水性跟其等电点有关，处于等电点时其持水性最低，pH在5.5左右。磷酸盐在水溶液中呈现弱碱性，可提高肉的pH，使其偏离等电点。此时肉制品的持水性增加。

（2）多价阴离子的磷酸根离子，离子强度较大，可螯合肉制品中的二价金属离子形成络合物。蛋白质中的极性游离基之间增加排斥力，网状结构膨胀，肉制品的持水性提高。

（3）磷酸盐具有解离肌动球状蛋白的作用，形成持水性较强的肌动蛋白和肌球蛋白，肌球蛋白的增加使肉制品的持水性增加。

磷酸三钠

磷酸三钠(Trisodium phosphate；CNS号：15.001；INS号：339iii)，又名磷酸钠、正磷酸钠。磷酸三钠除了具有持水作用外，还具有乳化、络合金属离子、改善食品色泽、缓冲酸碱、调整组织结构的作用。

性状：化学式为Na_3PO_4，无色至白色结晶或结晶性粉末，易溶于水，不溶于有机溶剂，具有吸湿性，水溶液呈强碱性，对人体皮肤具有侵蚀性。

安全性：LD_{50}>4 g/kg，ADI为0~70 mg/kg(体重)(FAO/WHO，1994)。

使用范围和最大使用量(g/kg)：米粉(包括汤圆粉等)，谷类和淀粉类甜品(如米布丁、木薯布丁)(仅限谷类甜品罐头)，预制水产品(半成品)，水产品罐头，婴儿配方食品，较大婴儿和幼儿配方食品，特殊医学用途婴儿配方食品，婴幼儿辅助食品，1.0；杂粮罐头，其他杂粮制品(仅限冷冻薯类制品)，1.5；熟制坚果与籽类(仅限油炸坚果与籽类)，膨化食品，2.0；乳及乳制品(13.0 特殊膳食用食品涉及品种除外)(01.01.01 巴氏杀菌乳、01.01.02 灭菌乳和高温杀菌乳、01.02.01 发酵乳和01.03.01 乳粉和奶油粉除外)，水油状脂肪乳化制品(02.02.01.01 黄油和浓缩黄油除外)，02.02类以外的脂肪乳化制品[包括混合的和(或)调味的脂肪乳化制品]，冷冻饮品(03.04 食用冰除外)，蔬菜罐头，可可制品、巧克力和巧克力制品(包括代可可脂巧克力及其制品)以及糖果，小麦粉及其制品(06.03.02.02 生干面制品除外)，杂粮粉，食用淀粉，即食谷物[包括碾轧燕麦(片)]，方便米面制品，冷冻米面制品，面糊(如用于鱼和禽肉的拖面糊)、裹粉、煎炸粉，预制肉制品，熟肉制品，冷冻水产品，冷冻水产糜及其制品(包括冷冻丸类产品等)，熟制水产品(可直接食用),热凝固蛋制品(如蛋黄酪、皮蛋肠),饮料类[14.01包装饮用水、14.02.01果蔬汁(浆)、14.02.02浓缩果蔬汁(浆)除外],配制酒,果冻,5.0;乳粉和奶油粉,调味糖浆,10.0;再制干酪及干酪制品,14.0;焙烤食品,15.0;其他油脂或油脂制品(仅限植脂末),复合调味料,20.0;其他固体复合调味料(仅限方便湿面调味料包),80.0。

四 抗结剂的使用

《食品安全国家标准 食品添加剂使用标准》(GB 2760—2024)将抗结剂定义为用于防止颗粒或粉状食品聚集结块,保持其松散或自由流动的物质。抗结剂具有颗粒细微、松散多孔、吸附能力强等特点,能够有效地吸附容易形成结块的水分、油脂等。抗结剂可通过物理阻断隔绝、竞争吸湿、消除基料表面静电荷和分子作用力、改变结晶结构等方式来达到保持食品粉末状、颗粒状的要求。抗结剂也用于非食品中,如防止道路结冰使用的盐、化肥、化妆品、合成洗涤剂等。

我国规定可作为食品抗结剂的物质有巴西棕榈蜡、丙二醇、二氧化硅、硅酸钙、滑石粉、聚甘油脂肪酸酯、可溶性大豆多糖、磷酸、焦磷酸二氢二钠、焦磷酸钠、磷酸二氢钙、磷酸二氢钾、磷酸氢二铵、磷酸氢二钾、磷酸氢钙、磷酸三钙、磷酸三钾、磷酸三钠、六偏磷酸钠、三聚磷酸钠、磷酸二氢钠、磷酸氢二钠、焦磷酸四钾、焦磷酸一氢三钠、聚偏磷酸钾、酸式焦磷酸钙、柠檬酸铁铵、碳酸镁、亚铁氰化钾、亚铁氰化钠、硬脂酸钙、硬脂酸钾、硬脂酸镁等。

(一)二氧化硅

二氧化硅(Silicon dioxide;CNS号:02.004;INS号:551),又称硅石。

性状:化学式为SiO_2,熔点为1 710 ℃,沸点为2 230 ℃。化学性质比较稳定,食品行业使用的胶体硅、湿法硅属于无定形二氧化硅。具有吸湿性,无臭,无味。

安全性:LD_{50}为21.5 g/kg(小鼠,经口),ADI不做特殊规定(FAO/WHO,1994)。

使用范围和最大使用量:冷冻饮品(03.04食用冰除外),0.5 g/kg;原粮,1.2 g/kg;其他特殊膳食用食品(仅限1~10岁特殊医学用途配方食品),10.0 g/kg;乳粉和奶油粉及其调制产品(01.03.01乳粉和奶油粉除外),其他乳制品(如乳清粉、酪蛋白粉等)(仅限奶片),其他油脂或油脂制品(仅限植脂末),其他豆制品(仅限豆腐花、大豆蛋白粉和调配大豆蛋白粉),可可制品(包括以可可为主要原料的脂、粉、浆、酱、馅等),脱水蛋制品(如蛋白粉、蛋黄粉、蛋白片),其他甜味料(仅限糖粉),固体饮料,15.0 g/kg;面糊(如用于鱼和禽肉的拖面糊)、裹粉、煎炸粉,盐及代盐制品,香辛料类,固体复合调味料,20.0 g/kg。二氧化硅除了具有抗结剂的作用外还具有液体饮料、酱油醋的助滤和澄清的作用。

(二)亚铁氰化钾

亚铁氰化钾(Potassium ferrocyanide;CNS号:02.001,02.008;INS号:536,535),又称黄血盐。

性状:分子式为$K_4Fe(CN)_6 \cdot 3H_2O$,常以含水化合物的形式存在。浅黄色单斜结晶或粉末,无臭,略有咸味,相对密度1.853,常温条件下稳定,溶于水,不溶于乙醇、乙醚、乙酸甲酯和液氨。

安全性：ADI 为 0~0.025 mg/kg（体重）（FAO/WHO，1994），LD_{50} 为 1.6~3.2 g/kg（小鼠，经口）。

使用范围和最大使用量(g/kg)：盐及代盐制品，0.01（以亚铁氰根计）。

操作与体验

技能一　增稠剂在饮料制作中的应用及效果评价

目的与要求

了解增稠剂在饮料制作过程中所起的作用。

仪器与材料

实验仪器：均质机，恒温水浴锅，离心机，磁力搅拌器，数字折光仪，酸度计，紫外分光光度计。

实验材料：稳定剂，脱脂乳粉，浓缩柠果汁，绵白糖，羧甲基纤维素钠，三聚磷酸钠，黄原胶，藻酸丙二醇酯，柠檬酸，柠檬酸钠。

方法与步骤

1. 溶解：将脱脂乳粉、稳定剂、绵白糖分别溶解、混匀、冷却；柠檬酸加入浓缩柠果汁冷却。
2. 调制：将溶解好的脱脂乳粉、稳定剂、绵白糖与浓缩柠果汁混匀进行调制。
3. 采用均质机将混合液进行均质。
4. 均质结束的饮料进行分装灌装。
5. 对饮料进行杀菌处理。
6. 对饮料进行稳定性检验。

效果与评价

在饮料实际生产过程中，容易出现果粒与水分离析出的现象，此时会加入一定量的增稠剂来维持饮料制品的黏度，比如焦磷酸钠等。饮料黏度的增加在一定程度上可以缓解粒子的重力下沉作用，增稠剂可提高饮料黏稠度，稳定饮料性状，防止水分离析出，有效改善饮料制品的质地和口感。

技能二　乳化剂在乳饮料制作中的应用及效果评价

目的与要求

通过实验,了解乳化剂在乳饮料制作过程中乳化作用性能。

仪器与材料

实验仪器:均质机,分装机,杀菌器,不锈钢锅,温度计等。
实验材料:鲜牛乳,单硬脂酸甘油酯,磷脂,旋盖玻璃瓶。

方法与步骤

1. 混合

将2 L新鲜的牛乳水浴加热至70 ℃,均分为两份,将4 g单硬脂酸甘油酯溶解后加入其中一份热牛乳;10 g磷脂加入另一份热牛乳并混合均匀。设置空白对照。

2. 均质

将60 ℃左右的牛乳置于5 MPa压力下进行均质。

3. 杀菌、冷却

均质后的牛乳分装于旋盖玻璃瓶内,置于80 ℃水浴锅中杀菌15~20 min。随后置于55 ℃水浴锅中冷却降温10 min,再置于冷水中冷却至38 ℃以下。

4. 贮存

将制备好的乳制品置于冷藏室进行保存,5 d观察一次,观察旋盖玻璃瓶内是否出现水乳分离现象。连续观察15 d,进行感官评定。

效果与评价

乳饮料在制作加工过程中,牛乳中的脂肪与水分不互溶、脂肪和蛋白质容易发生分离现象,此时添加一定量的乳化剂来调节乳清分离的现象。乳化剂应用于工业生产中,需要根据乳饮料的性质确定乳化剂,进而调整乳化剂的配比,调整pH、黏度、乳化剂的比例等。

技能三　凝固剂在果冻制作中的应用及效果评价

目的与要求

掌握凝固剂的性能、作用原理及应用。

仪器与材料

实验仪器:烧杯,量筒。
实验材料:白砂糖,柠檬酸,可得然胶,菠萝。

方法与步骤

1. 溶解

将浸泡过的可得然胶 6 g 置于 10 mL 水中,沸水浴中加热 30 min。

2. 混合

白砂糖 8 g、柠檬酸 0.1 g、加水 90 mL,加热至沸腾,加入适量的菠萝丁,将全部原料进行混合冷却定型。

效果与评价

利用可得然胶成胶性和热不可逆性,在果冻制品生产加工中,适量使用可增强耐热、耐冷冻性,改良口感,改善成形性,将不同成分的含天然胶的混合物放在容器中加热,可以制作出多种具有美观外形的凝胶制品。

技能四　膨松剂在糕点制作中的应用及效果评价

目的与要求

了解膨松剂的性能及应用。

仪器与材料

实验仪器:打蛋器,不锈钢盆,烤箱,电子秤等。
实验材料:鸡蛋,小苏打,人造奶油,面粉,酒石酸氢钾,白糖。

方法与步骤

将 1 kg 新鲜的鸡蛋搅打成糊,加入 1 kg 白糖、1 kg 面粉、1 kg 人造奶油、0.002 kg 小苏打、0.004 kg 酒石酸氢钾混匀调成糊状,装入模具中进行焙烤,冷却成品包装贮存。

效果与评价

在糕点制作的过程中,乳化剂的添加可以增加蛋糊气泡,再添加一定量的膨松剂,膨松剂产生的气体进入空气泡,油脂、面粉膨胀使蛋糕膨松。在实际生产过程中需要严格控制膨松剂的添加使用量,过量或不足都会影响糕点制品的外形及口感。

拓展与提升

知识拓展一

《食品安全国家标准 食品添加剂 复配膨松剂》(GB 1886.245—2016)

知识拓展二

《食品安全国家标准 食品添加剂 单,双甘油脂肪酸酯》(GB 1886.65—2015)

思考与练习

一、名词解释

1.乳化剂　2.增稠剂　3.抗结剂　4.膨松剂

二、选择题

1.100%亲油性的乳化剂,如石蜡,HLB为(　　)。
A.0　　　　　　　　B.10　　　　　　　　C.15　　　　　　　　D.20

2.下列不属于乳化剂的是(　　)。
A.CMC　　　　　　B.蔗糖脂肪酸酯　　　C.卵磷脂　　　　　　D.吐温

3.乳化剂乳化能力的差别,一般用(　　)表示。
A.电离能力　　　　B.水解能力　　　　　C.亲水亲油平衡值　　D.增稠能力

4.下列增稠剂中,(　　)是合成增稠剂。
A.羧甲基纤维素钠　B.酪蛋白酸钠　　　　C.海藻酸钠　　　　　D.琼脂

5.下列增稠剂中属于植物性食品增稠剂的是(　　)。
A.瓜尔胶　　　　　B.黄原胶　　　　　　C.卡拉胶　　　　　　D.明胶

6.经常与酒石酸、酒石酸氢钾等按一定比例混合作为食品膨松剂的物质是(　　)。
A.亚硫酸钠　　　　B.磷酸三钠　　　　　C.硬脂酸钠　　　　　D.碳酸氢钠

7.在豆腐生产中,下列凝固剂效果最好的是(　　)。
A.盐卤　　　　　　B.硫酸钙　　　　　　C.氯化钙　　　　　　D.葡萄糖酸-δ-内酯

8.食品抗结剂的基本特点是(　　)。
A.颗粒细小　　　　B.表面积大　　　　　C.比容高　　　　　　D.质量大

9.属于抗结剂的是(　　)。
A.丁苯橡胶　　　　B.焦亚硫酸钠　　　　C.亚铁氰化钾　　　　D.过氧化钙

10.肉制品中常用的水分保持剂是(　　)。
A.磷酸盐类　　　　B.硫酸盐类　　　　　C.醋酸盐类　　　　　D.碳酸盐类

三、判断题

1. 添加的增稠剂浓度越大胶凝性越好。（   ）
2. 增稠剂果胶是从苹果皮、向日葵盘和柑橘皮等中提取的。（   ）
3. 增稠剂海藻酸钠、琼脂和卡拉胶是从海洋植物中提取的。（   ）
4. 皮冻不属于增稠剂。（   ）
5. 碳酸氢钠和碳酸氢铵作为化学膨松剂可在各类食品中按生产需要适量使用。（   ）
6. 微晶纤维素作为抗结剂，可在各类食品中按生产需要适量使用。（   ）
7. 磷酸三钙是我国许可使用的抗结剂。（   ）
8. 磷酸盐在肉制品、水产品、面制品等中能起到保水保鲜、抗结缓冲和乳化分解的作用。（   ）
9. 水分保持剂是指有助于保持食品中水分而加入的物质。（   ）
10. 经常在肉制品中作为水分保持剂的物质是焦亚硫酸钠。（   ）

四、填空题

1. 不同来源的增稠剂主要有_____、_____、_____、_____和_____。
2. 常用的食品乳化剂主要包括_____、_____、_____、_____、_____、_____、_____。
3. 能够提高食品的_____和_____的食品添加剂，叫增稠剂。
4. 水分保持剂是指用于肉类和水产品加工中增强_____和_____的_____物质一般为磷酸盐类。
5. 乳化剂的乳化能力的差别一般用_____（简称_____）来表示。
6. 亲水性为100%者HLB值为_____，以_____为代表。
7. 凝固剂是_____或使_____的一类食品添加剂。
8. 水分保持剂主要用于_____。
9. 生产中常用的膨松剂主要有_____和_____。
10. 常用的凝固剂有_____、_____、_____、_____。

五、简答题

1. 什么是食品乳化剂？在食品配料中有哪些方面的作用？
2. 乳化剂在使用过程中的注意事项有哪些？
3. 什么是食品增稠剂？在食品加工过程中增稠剂起到哪些作用？
4. 什么是膨松剂？我国批准使用的膨松剂有哪些？
5. 结合所学知识谈谈食品添加剂的发展趋势。

六、技能题

1. 海藻酸钠的检验方法。
2. 酪蛋白酸钠的检验方法。

项目七

食品抗氧化剂的使用

抗氧化剂——科技守护健康

学习目标与要求

知识目标

1. 了解食品抗氧化剂的基本分类。
2. 知道食品抗氧化剂的概念。
3. 理解食品抗氧化的过程。
4. 掌握抗氧化剂的抗氧化机制。

能力目标

1. 能正确掌握食品抗氧化剂的使用时机。
2. 会复配使用抗氧化剂。
3. 会对影响抗氧化剂还原性的因素加以控制。
4. 会控制抗氧化剂使用的情形和添加剂量。

职业素养目标

1. 通过小组完成课堂任务,培养团队合作意识。
2. 通过食品抗氧化剂的学习,养成客观严谨的职业意识。

学习重点与难点

重点:食品抗氧化剂的概念、分类、作用机理。
难点:食品抗氧化剂的作用机理。

认知与解读

知识点一　食品抗氧化剂的概念、分类及作用机理

一　食品抗氧化剂的概念

抗氧化剂的定义及自由基

食品在加工运输贮存的过程中因为与氧气的接触而发生化学反应出现腐败变质，常见的有食物的酸化、褪色、褐变、维生素破坏、异味等品质裂变现象，严重影响食品质量安全。除了在食品中添加防腐剂外，还需要考虑食品的抗氧化，食品企业在食物的生产加工运输贮存过程中通常使用低温、低压、遮阳、添加惰性气体等常规方法来阻止氧化反应的发生，常规方法有耗时、耗力、对基础设备要求高、资金投入大等缺点。目前食品行业通常会向其中添加一定量的物质来延缓甚至阻止氧化反应的发生，进而达到延长保质期的作用，该类物质被称为抗氧化剂。

《食品安全国家标准　食品添加剂使用标准》（GB 2760—2024）将能防止或延缓油脂或食品成分氧化分解、变质，提高食品稳定性的物质成为抗氧化剂。

世界各国对于抗氧化剂的允许使用品种、使用范围以及最大使用量或残留量方面存在差异，我国《食品安全国家标准　食品添加剂使用标准》（GB 2760—2024）规定茶多酚（又名维多酚）、茶多酚棕榈酸酯、丁基羟基茴香醚（BHA）、二丁基羟基甲苯（BHT）、二氧化硫、焦亚硫酸钾、焦亚硫酸钠、亚硫酸钠、亚硫酸氢钠、低亚硫酸钠、甘草抗氧化物、4-己基间苯二酚、抗坏血酸（又名维生素 C）、抗坏血酸钙、抗坏血酸钠、抗坏血酸棕榈酸酯、磷脂、硫代二丙酸二月桂酯、没食子酸丙酯（PG）、迷迭香提取物、羟基硬脂精（又名氧化硬脂精）、乳酸钙、乳酸钠、山梨酸及其钾盐、特丁基对苯二酚（TBHQ）、维生素 E（dl-α-生育酚，d-α-生育酚，混合生育酚浓缩物）、乙二胺四乙酸二钠、乙二胺四乙酸二钠钙、D-异抗坏血酸及其钠盐、植酸（又名肌醇六磷酸）及其钠盐、竹叶抗氧化物、茶黄素等可作为食品抗氧化剂使用。

二　食品抗氧化剂的分类

抗氧化剂的种类较多，截止到目前没有一个明确的分类方法。通常按照来源可分为合成抗氧化剂和天然抗氧化剂；按照溶解性可分为油溶性抗氧化剂、水溶性抗氧化剂；按照作用方式可分为自由基吸收剂、金属离子螯合剂、氧清除剂、过氧化物分解剂、酶抗氧化剂、紫外线吸收剂或单线态氧淬灭剂等。按照来源和溶解性分类是目前最常见的分类方式。

合成抗氧化剂通常是指经过化学方法合成的抗氧化剂，如丁基羟基茴香醚（BHA）、二丁基羟基甲苯（BHT）、特丁基对苯二酚（TBHQ）、没食子酸丙酯（PG）、抗坏血酸棕榈酸酯、硫代二丙酸二月桂酸酯、4-己基间苯二酚等。合成抗氧化剂生产成本低、使用方便、操作简单、易于贮存等特性受到食品行业的青睐，但是其化学结构特性复杂，在使用过程中必须严格执行《食品安全国家标准　食品添加剂使用标准》（GB 2760—2024）中对允许使用品种、使用范围以及最大使用量或残留量的规定。

项目七　食品抗氧化剂的使用

天然抗氧化剂通常是指从动植物微生物体或其代谢产物中提取的具有抗氧化功效的物质,如茶多酚、抗坏血酸、迷迭香提取物、磷脂、植酸等。天然抗氧化剂具有毒性低、安全性高等特性,广泛应用于食品行业。天然物质的培养提取纯化过程复杂、工艺繁琐、产量低,是目前制约天然抗氧化剂发展最大的问题,各国科学家都在积极探索寻找天然抗氧化剂。

油溶性抗氧化剂通常是指能溶于油脂的一类抗氧化剂,多用于油脂的抗氧化。如丁基羟基茴香醚(BHA)、二丁基羟基甲苯(BHT)、特丁基对苯二酚(TBHQ)、没食子酸丙酯(PG)、维生素E等。该类抗氧化剂适用于脂类含量高的食品,油脂中的不饱和键与氧气反应产生酮、醛、酸等特殊气味的物质,这个过程称为食物的酸败。产生酸败的食物其营养价值大大降低,甚至对身体产生危害。油溶性抗氧化剂可在食品加工运输贮存的过程中减缓甚至阻止酸败的发生。

水溶性抗氧化剂通常是指能溶于水的抗氧化剂,此类抗氧化剂常用于保持食品色泽和果蔬的防腐。如抗坏血酸及其钠盐、异抗坏血酸及其盐、茶多酚、亚硫酸盐类、植酸等。

三　食品抗氧化剂作用机理

抗氧化剂作用机理

抗氧化剂种类繁多结构复杂,抗氧化作用机理复杂,常见的作用机理如下:

1.抗氧化剂是还原剂。抗氧化剂极易氧化作为还原剂先与氧气发生氧化还原反应,优先消耗食物本身及周围贮存环境中的氧气,降低氧含量,进而达到减缓食物腐败的效果。如抗坏血酸、异抗坏血酸等。

2.抗氧化剂是过氧化物分解剂。抗氧化剂可释放出氢离子与油脂自动氧化反应过程中产生的过氧化物结合,连锁反应中断,氧化反应中断,使食品因缺少中间自由基而不能产生酮、醛、酸等物质。

3.抗氧化剂是自由基吸收剂。抗氧化剂在油脂氧化过程中第一阶段自由基形成阶段,与产生的自由基结合从而切断自动氧化的连锁反应,达到抗氧化的作用。如丁基羟基茴香醚(BHA)、二丁基羟基甲苯(BHT)、特丁基对苯二酚(TBHQ)等。

4.抗氧化剂是金属离子螯合剂。抗氧化剂可以将具有催化作用或诱导氧化反应发生的物质封闭起来,减少促氧化作用的进行。与具有催化作用的金属离子等物质形成络合物,减缓其催化诱导作用。

5.抗氧化剂是酶抑制剂。有些抗氧化剂是酶抑制剂,通过抑制酶的活性来很好地抑制氧化反应的发生。酶作为一种高效催化剂在生物化学反应中具有重要作用,它可以使化学反应速率大大提高,缩短反应进程。酶抑制剂作为抗氧化剂应用于食物保鲜可延长保质期,抑制酶的活性,使氧化反应的速率降低进而达到抗氧化的目的。

知识点二　食品抗氧化剂的正确使用方法

一　抗氧化剂的选用原则

抗氧化剂的使用方法、选用原则和发展趋势

目前国内外抗氧化剂的种类繁多,不同的抗氧化剂都有其特殊的物理化学

139

性质，不同的食物其理化特性也存在很大的差异，不同的运输贮存环境也会对抗氧化效果产生一定的影响。所以在抗氧化剂的选用上必须整体考虑抗氧化剂的特性、食物的特征、环境等方面的因素。

1. 正确选用抗氧化剂

在国家标准中规定的可允许加入食品的抗氧化剂有二十余种，每一种抗氧化剂都有其独特的抗氧化效果，充分了解抗氧化剂的理化特性，选择最适合的抗氧化剂能起到事半功倍的抗氧化效果。对于含油脂性食物来说，一般选择油性抗氧化剂比水溶性抗氧化剂的效果好，有资料表明丁基羟基茴香醚（BHA）、二丁基羟基甲苯（BHT）对动物油脂的抗氧化效果要比对植物油脂的抗氧化效果好，而特丁基对苯二酚（TBHQ）对动植物油脂均具有抗氧化效果。针对不同食物选择合适的抗氧化剂可以起到很好的抗氧化效果。

2. 正确把握抗氧化剂添加时机

抗氧化剂虽然具有抗氧化效果延长保质期，但是抗氧化作用不是绝对的，如果食物已经出现了腐败现象，此时再加入抗氧化剂也不能阻止腐败的发生。为了使抗氧化达到最佳效果，需要准确把握抗氧化剂的添加时机。

油脂在自动氧化过程中出现过氧化物要经过相当一段时间的诱导期，一旦生成了过氧化物，该过氧化物即以自己的催化作用促使氧化反应迅速进行，所以尽早使用抗氧化剂就可能尽早地切断其反应链。否则，即使加入量很大，也不会起抗氧化效果，而且还可能发生相反的作用。另外，因为抗氧化剂本身极易被氧化，若添加后迅速地被氧化，被氧化了的抗氧化剂反而可能变成促进氧化的因素。所以还应注意抗氧化剂的氧化，要注意保存贮藏好抗氧化剂。

3. 正确选择抗氧化剂添加量

国家标准明确规定抗氧化剂最大使用量或残留量，其使用量在国家标准允许范围内并不是使用量越大抗氧化效果就越好，使用量与效果之间并不存在正比关系。只有在合适的添加量时才可以发挥更好的作用。对于合成抗氧化剂来说其毒性是不可忽略的问题，当食品中添加量过大时其毒性对于人体的危害是不可忽略的。

4. 正确复配使用抗氧化剂

食品结构多样化成分复杂，单一的抗氧化剂很难达到最佳的效果，此时可以考虑多种抗氧化剂的联合使用，抗氧化剂与其他的添加剂比如稳定剂、防腐剂共同使用效果更佳。同时还可以使用抗氧化增效剂，使抗氧化作用明显增加。抗氧化增效剂本身没有抗氧化作用，但与抗氧化剂同时使用，却能增加抗氧化效果。常用的增效剂有柠檬酸、磷酸、乙二胺四乙酸（EDTA）等。通常认为，这些物质能与促进氧化的微量金属离子生成络合物，使金属离子失去促进氧化的作用。

5. 正确控制抗氧化剂影响因素

对于抗氧化剂的抗氧化效果来说不仅与自身特性有关，同时环境因素也会对抗氧化效果产生很大影响，如光照、温度、氧含量、金属离子等。

二、抗氧化剂的使用注意事项

（1）抗氧化剂不应对人体产生任何健康危害。食品抗氧化剂并非食品中的自然成分，其安全使用非常重要。只有在保证添加物安全的基础上，才有添加剂的效果。抗氧化剂作为食品添加剂加入食品，在国家标准规定的范围内，必须是相对安全的，不应对人体产生任何危害。食品安全高于一切，不仅是抗氧化剂，所有的食品添加剂都不应对人体产生任何危害。进入人体后，应能参与人体的正常代谢，或能够经过正常解毒过程而排出体外，或不被吸收而排出体外。抗氧化剂本身不对人体产生危害，同时它的代谢产物等也需要遵循此项原则。经过严格的食品毒理学安全评价程序的评价，证明在使用限量内长期使用对人体安全无害。

（2）抗氧化剂不应掩盖食品腐败变质。食物的腐败变质是无法完全阻止的，对于已经出现腐败变质的食物，不能采用添加抗氧化剂等物质来掩盖其腐败变质的现状。

（3）不应掩盖食品本身或加工过程中的质量缺陷或掺杂、掺假、伪造。不影响食品感官性质和原味，对食品营养成分不应有破坏作用。

（4）不应改变食品本身的营养价值。抗氧化剂作为一种食品添加剂加入食品，其作用仅为抗氧化延缓腐败变质，食品本身的营养价值不因抗氧化剂的加入而有所改变。

（5）在达到预期效果的前提下尽可能降低在食品中的使用量。《食品安全国家标准　食品添加剂使用标准》（GB 2760—2024）中明确规定了抗氧化剂的最大使用量及残留量，能起到防止或延缓油脂或食品成分氧化分解、变质，提高食品稳定性的作用时，尽可能地减少抗氧化剂的使用量。抗氧化剂在人体内的代谢需要一定的时间，添加量大，其毒性会产生一定的蓄积作用，达到某种程度后会对人体产生一定的危害，所以在微量抗氧化剂可以起到作用时，尽可能降低抗氧化剂的使用量。

三、常用的食品抗氧化剂及其在食品中的使用

（一）天然抗氧化剂

抗氧化剂的分类及常用抗氧化剂

1. 茶多酚

茶多酚（Tea polyphenol，TP；CNS号：04.005），又名维多酚，茶叶中多酚类物质的总称，由30多种酚类物质组成，主要化学成分分为儿茶素类、黄酮类、花青素类、酚酸类。一般采用溶剂提取、离子沉淀、超声萃取法等进行工艺提取。茶多酚具有抗氧化、防辐射、抗衰老、降血脂、降血糖、抑菌抑酶等多种生理活性作用。

性状：白色不定形粉末，味苦涩，易溶于水，可溶于乙醇、甲醇、丙酮、乙酸乙酯，不溶于氯仿、石油醚。耐热性好，具有吸湿性。在光照或pH>8时易于氧化聚合，铁离子存在时生成绿黑色化合物。

安全性：大鼠经口，$LD_{50}(2\,496\pm32)$ mg/kg。有研究表明在5%的半致死量浓度内，致畸性、致突变为阴性，茶多酚对人体是无毒的。

使用范围和最大使用量（g/kg）：复合调味料，植物蛋白饮料，0.1；熟制坚果与籽类（仅限油炸坚果与籽类），油炸面制品，即食谷物[包括碾轧燕麦（片）]，方便米面制品，膨化食品，

0.2;酱卤肉制品类,熏、烧、烤肉类(熏肉、叉烧肉、烤鸭、肉脯等)、油炸肉类、西式火腿(熏烤、烟熏、蒸煮火腿)类、肉灌肠类、发酵肉制品类、预制水产品(半成品)、熟制水产品(可直接食用)、水产品罐头,0.3;基本不含水的脂肪和油、糕点、焙烤食品馅料及表面用挂浆(仅限含油脂馅料)、腌腊肉制品类(如咸肉、腊肉、板鸭、中式火腿、腊肠),0.4;果酱、水果调味糖浆,0.5;蛋白固体饮料,0.8。

2. 甘草抗氧化物

甘草抗氧化物(Antioxidant of glycyrrhiza;CNS 号:04.008;INS 号:—),俗称甘草抗氧灵,又称绝氧灵。黄酮和类黄酮类物质为主要的抗氧化成分。甘草抗氧化物是提取甘草浸膏或甘草酸之后的甘草渣中提取的一组脂溶性混合物。

性状: 棕红色粉末,略有甘草的特殊气味。不溶于水,可溶于乙酸乙酯,在乙醇中的溶解度为 11.7%。

安全性: LD_{50} 为 21.5 g/kg(大鼠,经口),ADI 为 0.1 mg/kg

使用范围和最大使用量(g/kg): 基本不含水的脂肪和油、熟制坚果与籽类(仅限油炸坚果与籽类)、油炸面制品、方便米面制品、饼干、腌腊肉制品类(如咸肉、腊肉、板鸭、中式火腿、腊肠)、酱卤肉制品类,熏、烧、烤肉类(熏肉、叉烧肉、烤鸭、肉脯等)、油炸肉类、西式火腿(熏烤、烟熏、蒸煮火腿)类、肉灌肠类、发酵肉制品类、腌制水产品、膨化食品,0.2。

3. 维生素 E

维生素 E(Vitamin E;CNS 号:04.016;INS 号:307),又称 dl-α-生育酚(Dl-α-tocopherol)、d-α-生育酚(D-α-tocopherol)、混合生育酚浓缩物(Mixed tocopherol concentrate)。油溶性维生素,水解产物为生育酚,主要有四种衍生物,按甲基位置分为 α、β、γ 和 δ 四种。

性状: 不溶于水,易溶于氯仿和乙醇等有机溶剂,对热、酸稳定,对碱不稳定,对氧敏感,对热不敏感。

安全性: LD_{50} 为 5 g/kg(大鼠,经口),ADI 为 0.15~2.00 mg/kg。脂溶性抗氧化剂在体内蓄积性较强,长期大量摄入易造成大量蓄积,对人体产生较大危害,需特别规定其使用量。

使用范围和最大使用量: 即食谷物[包括碾轧燕麦(片)],0.085 g/kg;调制乳、熟制坚果与籽类(仅限油炸坚果与籽类)、油炸面制品、方便米面制品、面糊(如用于鱼和禽肉的拖面糊)、裹粉、煎炸粉、果蔬汁(浆)类饮料、蛋白饮料、其他型碳酸饮料、茶、咖啡、植物(类)饮料、蛋白固体饮料、特殊用途饮料、风味饮料、膨化食品,0.2 g/kg;水油状脂肪乳化制品,02.02 类以外的脂肪乳化制品[包括混合的和(或)调味的脂肪乳化制品],0.5 g/kg;基本不含水的脂肪和油、油炸面制品按生产需要适量使用。

4. 磷脂

磷脂(Phospholipid;CNS 号:04.010;INS 号:322),又称磷脂类、磷脂质,属于复合脂。磷脂为两性分子,广泛存在于生物界,生物膜的成分,一端为亲水的含氮或磷的头,另一端为疏水(亲油)的长烃基链。

性状: 乳白色、浅黄色或棕色,易溶于乙醚、苯、三氯甲烷、正己烷,不溶于丙酮、水等极性溶剂。属于两性表面活性剂,具有乳化特性。

安全性: GRAS,ADI 不做规定。

使用范围和最大使用量: 磷脂可在各类食品[《食品安全国家标准 食品添加剂使用标准》(GB 2760—2024)的表 A.2 中编号为 1~4、6、8~53、59~68 的食品类别除外]中按生产需要适量使用。

(二)合成抗氧化剂

1. 丁基羟基茴香醚(BHA)

丁基羟基茴香醚(Butylated hydroxyanisole;CNS 号:04.001;INS 号:320)。脂溶性抗氧化剂,多用于油脂食品和含油量高的食品抗氧化。丁基羟基茴香醚是常用的抗氧化剂之一。

性状: 白色或微黄色蜡样结晶性粉末,有特异的酚类臭和刺激性气味。对热稳定,长时间光照颜色变深,在弱碱性条件下较稳定。易溶于乙醇、丙二醇、猪油、玉米油和部分植物油等,不溶于水。

安全性: LD_{50} 为 2 000 mg/kg(小鼠,经口);2 200 mg/kg(大鼠,经口)。ADI 为 0~0.5 mg/kg。

使用范围和最大使用量(g/kg): 脂肪、油和乳化脂肪制品(02.02.01.01 黄油和浓缩黄油除外),熟制坚果与籽类(仅限油炸坚果与籽类),坚果与籽类罐头,油炸面制品,杂粮粉,即食谷物[包括碾轧燕麦(片)],方便米面制品,饼干,腌腊肉制品类(如咸肉、腊肉、板鸭、中式火腿、腊肠),风干、烘干、压干等水产品,固体复合调味料(仅限鸡肉粉),膨化食品,0.2;胶基糖果,0.4。

2. 二丁基羟基甲苯(BHT)

二丁基羟基甲苯(Butylated hydroxytoluene;CNS 号:04.002;INS 号:321),耐热性好,稳定性高,常用于食品的长期贮存。

性状: 无色结晶或白色结晶性粉末,无臭,无味。易溶于乙醇、丙酮、苯、大豆油、棉籽油,不溶于水、甘油、丙二醇。对光、热稳定,加热能与水蒸气一起挥发,遇金属离子不变色。

安全性: LD_{50} 为 1.39 g/kg(小鼠,经口);1.70~1.97 g/kg(大鼠,经口)。ADI 为 0~0.3 mg/kg。

使用范围和最大使用量(g/kg): 脂肪、油和乳化脂肪制品(02.02.01.01 黄油和浓缩黄油除外),熟制坚果与籽类(仅限油炸坚果与籽类),坚果与籽类罐头,油炸面制品,其他杂粮制品(仅限脱水马铃薯制品),即食谷物[包括碾轧燕麦(片)],方便米面制品,饼干,腌腊肉制品类(如咸肉、腊肉、板鸭、中式火腿、腊肠),风干、烘干、压干等水产品,膨化食品,0.2;胶基糖果,0.4。

3. 特丁基对苯二酚(TBHQ)

特丁基对苯二酚(Tertiary butylhydroquinone;CNS 号:04.007;INS 号:319)。抗氧化效果较好的新合成抗氧化剂,植物油抗氧化效果佳,可使食用油脂的抗氧化稳定性提高 3~5 倍。无异臭味,可独用或与 BHA 或 BHT 混合使用。

性状: 白色至淡灰色结晶或结晶性粉末,有轻微特殊气味,溶于乙醇、乙酸乙酯、异丙醇、乙醚及油脂等,几乎不溶于水,沸点为 300 ℃,熔点为 126.5~128.5 ℃。

安全性: LD_{50} 为 0.7~1.0 mg/kg(大鼠,经口),ADI 为 0~0.2 mg/kg。

使用范围和最大使用量(g/kg): 脂肪、油和乳化脂肪制品(02.02.01.01 黄油和浓缩黄油除外),熟制坚果与籽类(仅限油炸坚果与籽类),坚果与籽类罐头,油炸面制品,方便米面制品,糕点,饼干,焙烤食品馅料及表面用挂浆,腌腊肉制品类(如咸肉、腊肉、板鸭、中式火腿、腊肠),风干、烘干、压干等水产品,膨化食品,0.2。

4. 没食子酸丙酯(PG)

没食子酸丙酯(Propyl gallate；CNS号：04.003；INS号：310)。安全性较高的合成抗氧化剂。

性状：乳白色针状结晶或白色至淡黄色结晶性粉末，无臭，稍有苦味。难溶于冷水，易溶于热水、乙醇、丙二醇、甘油、棉籽油、猪油、花生油和乙醚。对热比较稳定，遇光分解，遇铜、铁离子呈紫色或暗绿色，有吸湿性。

安全性：LD_{50}为3 800 mg/kg(大鼠，经口)，ADI为0~1.4 mg/kg。

使用范围和最大使用量(g/kg)：脂肪、油和乳化脂肪制品(02.02.01.01黄油和浓缩黄油除外)，熟制坚果与籽类(仅限油炸坚果与籽类)，坚果与籽类罐头，油炸面制品，方便米面制品，饼干，腊肉制品类(如咸肉、腊肉、板鸭、中式火腿、腊肠)，风干、烘干、压干等水产品，固体复合调味料(仅限鸡肉粉)，膨化食品，0.1；胶基糖果，0.4。

操作与体验

技能一　油脂中抗氧化剂的选用与效果体验

▶ 目的与要求 ◀

通过实验，对比是否添加抗氧化剂的油脂其过氧化值的差异，掌握抗氧化剂在油脂氧化中的作用。

▶ 仪器与材料 ◀

实验仪器：碘量瓶，滴定管，天平，电热恒温干燥箱，旋转蒸发仪。

实验材料：猪油，冰醋酸-氯仿混合液(3∶2)，1%NaS_2O_3标准溶液，1%淀粉指示剂，碘化钾饱和溶液，没食子酸丙酯，柠檬酸。

▶ 方法与步骤 ◀

1. 油样的制备

取3份猪油每份20g，第一份不加任何添加剂，第二份加入0.01%的没食子酸丙酯，第三份加入0.01%没食子酸丙酯和0.005%的柠檬酸。

2. 过氧化值的测定

参照《食品安全国家标准　食品中过氧化值的测定》(GB 5009.227—2016)。

将猪油样品混匀后，各取2 g油样进行过氧化值的测定。剩余样品置于60 ℃干燥箱中每天取2 g进行过氧化值的测定。

效果与评价

过氧化值表示油脂和脂肪酸等被氧化程度的一种指标,是 1 kg 样品中的活性氧含量,以过氧化物的毫摩尔数表示。过氧化值用于说明样品是否因已被氧化而变质。那些以油脂、脂肪为原料而制作的食品,通过检测其过氧化值来判断其质量和变质程度。

技能二　苹果汁中抗氧化剂的选用与效果体验

目的与要求

了解抗氧化剂的性能及其应用。

仪器与材料

实验仪器:电磁炉,刀具,榨汁机,电子天平等。
实验材料:苹果,柠檬酸,抗坏血酸,蔗糖,果胶酶。

方法与步骤

1. 原料预处理:剔除原料中的病虫果和腐败果,清水洗去苹果表面的污渍。
2. 切分:称量苹果质量,将苹果经去皮、去核,然后切分成 2 cm³ 左右的小块。
3. 榨汁:放入榨汁机,合理控制榨汁时原料的添加速度和剪切力以提高原料的出汁率。
4. 粗滤:将榨出的苹果汁用滤布粗滤得原汁。
5. 酶处理:果胶酶用量 0.15%,酶解 2 h,并进行相应的原果汁检测。
6. 过滤,调配:过滤除去沉淀和悬浮物后进行调配。添加适量蔗糖、柠檬酸,将糖度调至 12%,酸度调至 0.25%。调配完成后需要进行相应的理化及感官检测。
7. 杀菌:将果汁迅速加热到 85 ℃,保持 3 min 进行杀菌。
8. 灌装:果汁杀菌后趁热灌装密封。

效果与评价

食品抗氧化剂是一类容易发生氧化作用的物质,能防止或减缓氧气与饮料制品发生作用,饮料不发生品质劣变现象。

技能三　几种食品抗氧化剂的性能试验

目的与要求

了解不同抗氧化剂的性能。

仪器与材料

实验仪器：刀具等。

实验材料：苹果，食盐，维生素C，维生素E等。

方法与步骤

1. 挑选优质水果进行清洗；水果去皮、切块（约2 cm厚度）。
2. 切分后的水果分成2份，1份浸入不同保鲜液中浸泡1 min，取出，晾干；另1份不处理。
3. 待切分后水果表面无水珠时用包装袋封口包装；贮藏。
4. 10~30 min后，观察采用不同处理方式贮藏一段时间后的苹果片的外观。

效果与评价

氧化反应如果发生在切开、削皮、碰伤的水果蔬菜上，产生的现象是使原来食品的色泽变暗或变成褐色。褐变是氧化酶类的酶促反应使酚类和单宁物质氧化变为褐色。利用抗氧化剂可以防止褐变，尤其是水溶性抗氧化剂常被应用于果蔬类食品加工中，如饮料、罐头等，可以有效地抑制褐变。

拓展与提升

知识拓展一

《食品安全国家标准 食品添加剂 茶多酚（又名维多酚）》（GB 1886.211—2016）

知识拓展二

《食品安全国家标准 食品添加剂 维生素E》（GB 1886.233—2016）

思考与练习

一、名词解释

1. 抗氧化剂 2. 自由基 3. 天然抗氧化剂

二、选择题

1. 柠檬酸的抗氧化机理是（　　）。

    A. 抑制自动氧化的链式反应　　　　　　B. 金属离子螯
    C. 氧清除剂　　　　　　　　　　　　　D. 单线态氧猝灭剂

2.下列有关BHA,不正确的是(　　)。
A.丁基羟基茴香醚的缩写　　　　　　　　B.有2种异构体,其中3-位比2-位抗氧化能力强
C.水溶性抗氧化剂　　　　　　　　　　　D.脂溶性抗氧化剂

3.下列为水溶性抗氧化剂的是(　　)。
A.BHT　　　　　　B.TBHQ　　　　　　C.PG　　　　　　D.抗坏血酸

4.有关茶多酚不正确的是(　　)。
A.天然提取物类抗氧化剂,几十种酚类化合物的总称,主体为儿茶素
B.白色粉末,溶于热水、醇酯类
C.属于氧清除剂
D.用于脂类、富脂类食品

5.维生素E的衍生物中,抗氧化性最强的是(　　)。
A.α-维生素E　　　B.β-维生素E　　　C.γ-维生素E　　　D.δ-维生素E

6.抗坏血酸的功能是(　　)
A.酸味　　　　B.护色　　　　C.抗氧　　　　D.强化　　　　E.防腐

7.下列(　　)属于天然抗氧化剂。
A.BHA　　　　B.PG　　　　C.抗坏血酸　　　　D.TBHQ

8.下面不属于水溶性抗氧化剂的是(　　)。
A.没食子酸丙酯　　　　　　　　B.异抗坏血酸
C.异抗坏血酸钠　　　　　　　　D.L-抗坏血酸

9.下列抗氧化剂,在使用过程中需避开铜离子的是(　　)。
A.没食子酸丙酯　　　　　　　　B.丁基羟基茴香醚
C.异抗坏血酸　　　　　　　　　D.特丁基对苯二酚

10.TBHQ具有一定的抗菌作用,(　　)对抗菌具有增效作用。
A.柠檬酸　　　　B.磷酸　　　　C.NaCl　　　　D.EDTA

三、判断题
1.所有的抗氧化剂都是水溶性的。(　　)
2.根据溶解性的判断,BHA属于水溶性的抗氧化剂。(　　)
3.用于植物油脂抗氧化效果最好的是BHT。(　　)
4.脂肪和油的变质主要是氧化反应过程。(　　)
5.抗坏血酸又名L-抗坏血酸、维生素C。(　　)
6.茶多酚是茶叶中酚类物质的总称,红茶中茶多酚含量较高。(　　)
7.抗氧化剂可以阻止一切食物的氧化。(　　)
8.食物的腐败变质均是由微生物所引起的。(　　)
9.食品抗氧化剂可以使用的种类、质量要求、最大允许使用量和最大允许残留量都必须严格按照国家标准执行。(　　)
10.食品抗氧化剂按照溶解性的不同可分为油溶性抗氧化剂和水溶性抗氧化剂。(　　)

四、填空题
1.脂溶性抗氧化剂的特点是还原性抗氧化剂,脂肪链越长,脂溶性越好,抗氧化活性_____。
2.二丁基羟基甲苯简称_____。
3.酚类抗氧化剂的抗氧化原理是_____。

4._____与铁铜不形成有色物质,但是在可见光和碱性条件下呈粉红色。

5.没食子酸丙酯的英文缩写是_____,别名_____,其化学式是_____。

6.茶多酚是一种混合物,主要成分是_____。

7.BHA的化学结构是_____,为_____溶性的。

8.抗氧化剂一般分为_____、_____和_____。

9.能够阻止或延缓食品氧化,以提高食品的_____和_____的食品添加剂成为抗氧化剂。

10.氧化反应可导致食品中的_____,还会导致食品褪色、褐变,维生素受破坏等。

五、简答题

1.什么是食品抗氧化剂?在食品配料中有哪些方面的作用?

2.抗氧化剂在使用过程中的注意事项有哪些?

3.在食品加工过程中抗氧化剂的作用机理是什么?

4.食品抗氧化剂的分类有哪些?

5.结合所学知识谈谈食品抗氧化剂的发展趋势。

六、技能题

1.丁基羟基茴香醚的检验方法。

2.茶多酚的检验方法。

项目八

营养强化剂的使用

营养强化剂——
健康引领者

学习目标与要求

知识目标

1. 了解营养强化剂在食品生产加工中的意义。
2. 知道营养强化剂的用途。
3. 理解营养强化剂的定义、分类及特点。
4. 掌握营养强化剂在食品生产加工中的应用。

能力目标

1. 能在食品加工中正确使用营养强化剂。
2. 会正确使用营养强化剂的添加方法。

职业素养目标

1. 通过学习营养强化剂的定义、分类等,培养科学严谨品质。
2. 通过学习营养强化剂的使用方法,树立食品安全意识。
3. 通过学习营养强化剂的应用,养成良好职业道德。

学习重点与难点

重点:各种营养强化剂的应用。
难点:各种营养强化剂的性能。

认知与解读

知识点一 认识营养强化剂

一 营养强化剂的概念和使用意义

营养强化剂是指为增强食品中的营养成分而加入的天然或人工合成的营养素或其他营养成分,主要有维生素、氨基酸和矿物质三大类。营养强化剂不仅能提高食品的营养质量,而且还可以提高食品的感官性状、改善保藏性能。食品经强化处理后,食用较少种类的食品即可获得全面营养,这对于某些特殊职业的人群具有重要意义,如军人、地质工作者、海员、宇航员等。

营养强化可以保证人们在各生长发育阶段及各种劳动条件下获得全面的合理的营养,满足人体生理、生活和劳动的正常需要,以维持和提高人类的健康水平。食品营养强化的主要目的如下:

1. 弥补天然食品的缺陷,使其营养趋于均衡

人类的天然食物中,几乎没有一种单纯食物可以满足人体的全部营养需要。由于膳食习惯不同,各地区的食物收获品种及生产、生活水平等的限制,很少有人能使日常膳食中包含所有的营养素,往往会出现某些营养上的缺陷。如食用精白米、精白面的地区缺少维生素B_1,果蔬缺乏地区维生素C缺乏,而内陆地区往往缺碘。这些问题如能在当地基础膳食中针对性地通过营养强化来解决,就能减少和防止疾病的发生,增强人体体质。

2. 弥补食品在正常加工、贮存和运输时造成的营养素损失

食品在加工、贮存和运输中往往会损失某些营养素。谷物食品的精加工过程造成B族维生素的大量损失,果蔬食品在贮存过程维生素C的氧化损失,漂洗、烹饪造成水溶性、热敏性维生素损失破坏。

3. 弥补某些人群因为特殊情况导致可能的营养素缺乏

某些人群由于饮食习惯、职业、身体状况等出现营养素摄入量水平低或缺乏,需要通过营养强化剂改善其摄入水平低或缺乏导致的健康影响。

4. 弥补或调整特殊膳食用食品中营养素或其他营养成分的含量

为满足特殊的身体或生理状况或满足疾病、紊乱等状态下的膳食需求,可补充营养强化剂。特殊膳食人群主要涉及二大类人群:第一类是婴幼儿、孕妇、老年人等;第二类是各种疾病患者,如心脑血管疾病、高血压、糖尿病等。这类食品的营养素和其他营养成分含量与可类比普通食品有显著不同。

二 营养强化剂的使用原则和强化方法

(一)营养强化剂的使用原则

营养强化剂种类繁多,使用时应符合《食品安全国家标准 食品营养强化剂使用标准》(GB 14880—2012)和相关规定。不应通过使用营养强化剂夸大食品中某一营养成分的含量或作用来误导和欺骗消费者,在使用营养强化剂过程中应遵循以下原则:

(1)营养强化剂的使用不应导致人群食用后营养素及其他营养成分摄入过量或不均衡,不应导致其他营养成分的代谢异常。

(2)营养强化剂的使用不应鼓励和引导与国家营养政策相悖的食品消费模式。

(3)添加到食品中的营养强化剂应能在特定的贮存、运输和食用条件下保持质量的稳定。

(4)添加到食品中的营养强化剂不应导致食品一般特性如色泽、滋味、气味、烹调特性等发生明显不良改变。

(二)营养强化剂的强化方法

食品的营养强化,除应根据不同的食品选择适当的营养强化剂之外,还应根据食品种类的不同,采取不同的强化方法。按照在生产过程中不同环节添加,营养强化剂可分为三种:

(1)在食品原料中添加,如面粉、谷物、饮用水、食盐等。

(2)在加工过程中添加,如烘焙食品、婴幼儿食品、饮料、罐头等,这是最普遍采用的方法之一,其易使所添加的营养素成分分布均匀。

(3)在成品中添加,为减少营养强化剂在加工过程中被破坏,对于某些产品可以采用在加工的最后工序或在成品中混入的方法。如奶粉类、一些救济食品中可采用此方法。

按照采用的技术方式不同,营养强化剂大体可分为三种:

(1)用物理方法添加,如把富含微量元素的材料制成饮食器具,缓慢向食物中释放微量元素。

(2)用生物学方法添加,用生物制成载体吸收微量营养素,生产富含微量营养素的生物制品。如富含亚麻酸的鸡蛋、锌乳等。

(3)通过转基因技术使供食用的动植物富含微量营养素。通过对植物进行基因修饰或育种,提高它们的营养成分含量或改善吸收品质。

三 营养强化剂的使用注意事项

添加营养强化剂的目的是使营养素达到平衡,滥加营养素不仅不能达到增加营养的目的,反而易造成营养失调而有害健康。因此,在进行食品的营养强化时,应注意以下几个方面:

(1)营养强化剂应符合我国使用卫生标准和质量规格标准,并应经济合理。

(2)添加的营养素应是大多数人的膳食中含量低于所需的,被强化的食品应是人们需要大量消费的。

(3)食品强化要符合营养学原理,强化剂量应适当,既不会破坏机体的营养平衡,也不会因摄取过量而引起中毒。一般强化剂量以人体每日推荐膳食供给量的1/3~1/2为宜。

(4)营养强化剂在食品加工及保存等过程中,应不易分解、破坏,有较好的稳定性,并且不影响该食品中其他营养成分的含量及感官性状。

(5)营养强化剂易被机体吸收利用。

知识点二 常用的营养强化剂及其在食品中的应用

一 氨基酸类强化剂

作为食品强化剂用的氨基酸主要是必需氨基酸或其盐类。它们中有的又因为人类膳食中比较缺乏,被称为限制氨基酸,主要有赖氨酸、蛋氨酸、色氨酸、苏氨酸4种,其中尤以赖氨酸最为重要。还有一些非必需氨基酸也是人体所需的重要成分,如牛磺酸。

氨基酸类
强化剂

(一)赖氨酸

赖氨酸强化剂是L-赖氨酸。游离的L-赖氨酸易潮解,易发黄变质,难以长期保存。常用营养强化剂L-赖氨酸的化合物来源是L-盐酸赖氨酸。L-盐酸赖氨酸比较稳定,不易吸潮,便于保存。

性质:L-盐酸赖氨酸为白色结晶性粉末,无臭、味甜,水溶性好,难溶于乙醇或乙醚。与维生素C或维生素K共存时易着色,在碱性及有还原糖存在时,加热易分解为戊二胺和二氧化碳,人体摄入残留在食品中的戊二胺有不适感觉。

应用:饮食中缺乏赖氨酸的情况是比较常见的。通常情况下吃素的人发生率较高,一些运动员如果没有采取适当的饮食措施也会出现赖氨酸缺乏的问题。在中国人的膳食结构中,植物性蛋白质的供给约占70%,所以在大米、玉米、小麦粉之类的谷类农作物食品中强化赖氨酸是十分必要的。成人每天最低需要量约为0.8 g。人体对氨基酸的需要有一个均衡的问题,过多添加赖氨酸,会影响其他氨基酸的吸收和代谢。《食品安全国家标准 食品营养强化剂使用标准》(GB 14880—2012)规定,L-赖氨酸的使用范围和使用量为:大米及其制品、小麦粉及其制品、杂粮粉及其制品、面包,1~2 g/kg。

(二)蛋氨酸

蛋氨酸强化剂一般是DL-蛋氨酸。

性质:白色的薄片状结晶或结晶性粉末,有特异的臭气,味微甜,外观呈半透明的细颗粒状,有的呈长棱状。溶于水、稀酸和稀碱溶液,微溶于乙醇,不溶于乙醚。对热和空气稳定,对强酸不稳定。

功能:蛋氨酸是人体必需的氨基酸,与生物体内各种含硫化合物的代谢密切相关。当人体缺乏蛋氨酸时,会引起食欲减退、生长减缓或肾脏肿大等现象,最后导致肝坏死或纤维化。

应用:在食品中添加量一般占总蛋白质含量的3.1%。

(三)牛磺酸

性质:牛磺酸是非必需氨基酸,也是含硫氨基酸。它存在于人及哺乳动物的几乎所有脏器中,以游离形式存在,其中在脑、小肠、骨骼肌中含量较高。牛磺酸通常是白色结晶或结晶性粉末,熔点为300 ℃,无臭、味微酸。溶于水,不溶于乙醇、乙醚或丙酮。在水溶液中呈中性,对热稳定。

应用:机体中的牛磺酸主要来自外界,部分由自身合成。牛磺酸在动物体内含量较高,尤其在海鱼、贝类中含量较高,而一般肉类中牛磺酸含量仅为鱼贝类的1%~10%,故动物性食品是膳食中牛磺酸的主要来源。体内牛磺酸的合成来自半胱氨酸双氧歧化酶作用下的氧化产物半胱亚磺酸。《食品安全国家标准 食品营养强化剂使用标准》(GB 14880—2012)规定,牛磺酸的使用范围和使用量(g/kg)为:调制乳粉、豆粉、豆浆粉、果冻,0.3~0.5;豆浆,0.06~0.10;含乳饮料、特殊用途饮料,0.1~0.5;风味饮料,0.4~0.6;固体饮料类,1.1~1.4。

二 维生素类强化剂

(一)维生素A

维生素类强化剂

性质:维生素A又称视黄醇,是最早被发现的维生素。维生素A有两种:一种是维生素A醇,是最初的维生素A形态,其只存在于动物性食物中;另一种是类胡萝卜素,可在体内转变为维生素A,因此被称为维生素A原,可从植物性及动物性食物中摄取。

应用:维生素A的纯品很少作为食品添加剂使用,一般使用维生素A油,也有用含有维生素A、维生素D的鱼肝油者。β-胡萝卜素既具有维生素A的功效,又可作为食用天然色素使用。《食品安全国家标准 食品营养强化剂使用标准》(GB 14880—2012)规定的维生素A的使用范围和使用量见表8-1。

表8-1 维生素A的使用范围和使用量

食品类别(名称)	使用量/($\mu g \cdot kg^{-1}$)
调制乳	600~1 000
调制乳粉(儿童用乳粉和孕产妇用乳粉除外)	3 000~9 000
调制乳粉(仅限儿童用乳粉)	1 200~7 000
调制乳粉(仅限孕产妇用乳粉)	2 000~10 000
植物油	4 000~8 000
人造黄油及其类似制品	4 000~8 000
冰激凌类、雪糕类	600~1200
豆粉、豆浆粉	3 000~7 000
豆浆	600~1 400
大米	600~1 200
小麦粉	600~1 200
即食谷物[包括碾扎燕麦(片)]	2 000~6 000
西式糕点	2 330~4 000
饼干	2 330~4 000

续表

食品类别(名称)	使用量/(μg·kg^{-1})
含乳饮料	300~1 000
固体饮料类	4 000~17 000
果冻	600~1 000
膨化食品	600~1 500

(二)B族维生素

1. 维生素 B$_1$

性质：维生素 B$_1$ 即硫胺素，又称抗脚气病维生素或抗神经炎维生素。白色粉末，有微弱的米糠似的特异臭，味苦。易吸湿，极易溶于水，微溶于乙醇。

应用：联合国粮食及农业组织(FAO)将维生素 B$_1$ 列为一般公认安全物质。一般摄取量没有什么毒性，但大量静脉注射会引起神经冲动。《食品安全国家标准 食品营养强化剂使用标准》(GB 14880—2012)规定的维生素 B$_1$ 的使用范围和使用量见表8-2。

表8-2　　　　　　　维生素 B$_1$ 的使用范围和使用量

食品类别(名称)	使用量/(μg·kg^{-1})
调制乳粉(仅限儿童用乳粉)	1.5~14.0
调制乳粉(仅限孕产妇用乳粉)	3~17
豆粉、豆浆粉	6~15
豆浆	1~3
胶基糖果	16~33
大米及其制品	3~5
小麦粉及其制品	3~5
杂粮粉及其制品	3~5
即食谷物[包括碾扎燕麦(片)]	7.5~17.5
面包	3~5
西式糕点	3~6
饼干	3~6
含乳饮料	1~2
风味饮料	2~3
固体饮料类	9~22
果冻	1~7

2. 维生素 B$_2$

性质：维生素 B$_2$ 为黄色至橙黄色结晶性粉末，稍有臭味，味微苦。易溶于碱性溶液和氯化钠，微溶于水和乙醇，不溶于乙醚和氯仿。饱和水溶液呈中性，对酸、热稳定，对氧化剂较稳定。

应用：《食品安全国家标准　食品营养强化剂使用标准》(GB 14880—2012)规定的维生素B_2的使用范围和使用量见表8-3。

表8-3　　　　　　　　　　　　维生素B_2的使用范围和使用量

食品类别(名称)	使用量/($\mu g \cdot kg^{-1}$)
调制乳粉(仅限儿童用乳粉)	8~14
调制乳粉(仅限孕产妇用乳粉)	4~22
豆粉、豆浆粉	6~15
豆浆	1~3
胶基糖果	16~33
大米及其制品	3~5
小麦粉及其制品	3~5
杂粮粉及其制品	3~5
即食谷物[包括碾扎燕麦(片)]	7.5~17.5
面包	3~5
西式糕点	3.3~7.0
饼干	3.3~7.0
含乳饮料	1~2
固体饮料类	9~22
果冻	1~7

3. 维生素B_6

性质：维生素B_6又称吡哆素，包括吡哆醇、吡哆醛及吡哆胺，在体内以磷酸酯的形式存在。维生素B_6为白色至淡黄色结晶或结晶性粉末，易溶于水及丙二醇，溶于乙醇，在酸液中稳定，在碱液中易破坏，吡哆醇耐热，吡哆醛和吡哆胺不耐高温。

应用：《食品安全国家标准　食品营养强化剂使用标准》(GB 14880—2012)规定的维生素B_6的使用范围和使用量见表8-4。

表8-4　　　　　　　　　　　　维生素B_6的使用范围和使用量

食品类别(名称)	使用量/($\mu g \cdot kg^{-1}$)
调制乳粉(儿童用乳粉和孕产妇用乳粉除外)	8~16
调制乳粉(仅限儿童用乳粉)	1~7
调制乳粉(仅限孕产妇用乳粉)	4~22
即食谷物[包括碾扎燕麦(片)]	10~25
饼干	2~5
其他烘烤食品	3~15
饮料	0.4~1.6
固体饮料类	7~22
果冻	1~7

(三)维生素C

性质: 维生素C又称抗坏血酸,是一种水溶性维生素。抗坏血酸为白色结晶或结晶性粉末,水溶性好,极易受温度、pH、盐和糖的浓度、氧、酶、金属催化剂、水分活度等因素的影响而发生降解,有强酸味。

应用: 市场上的强化食品如奶粉、婴儿乳粉、谷物营养补充食品和软饮料能够有效地增加维生素C的摄入量,因为饮料中的糖分有利于保护抗坏血酸,糖可作为维生素C的载体。《食品安全国家标准 食品营养强化剂使用标准》(GB 14880—2012)规定的维生素C的使用范围和使用量见表8-5。

表8-5　　　　　　　　　　维生素C的使用范围和使用量

食品类别(名称)	使用量/($\mu g \cdot kg^{-1}$)
风味发酵乳	120~240
调制乳粉(儿童用乳粉和孕产妇用乳粉除外)	300~1 000
调制乳粉(仅限儿童用乳粉)	140~800
调制乳粉(仅限孕产妇用乳粉)	1 000~1 600
水果罐头	200~400
果泥	50~100
豆粉、豆浆粉	400~700
胶基糖果	630~13 000
除胶基糖果以外的其他糖果	1 000~6 000
即食谷物[包括碾扎燕麦(片)]	300~750
果蔬汁(肉)饮料(包括发酵型产品等)	250~500
含乳饮料	120~240
水基调味饮料类	250~500
固体饮料类	1 000~2 250
果冻	120~240

(四)维生素D

维生素D是一种脂溶性维生素,有5种化合物,与健康关系较密切的是维生素D_2和维生素D_3。

性质: 维生素D_3为无色柱状结晶或结晶性粉末,维生素D_2为白色柱状结晶或结晶性粉末。两者无臭、无味,易溶于乙醇,不溶于水,对热稳定。溶于油脂中亦相当稳定,但有无机盐存在时则迅速分解。在空气中易氧化,对光不稳定。

应用: 牛乳、乳制品如奶粉和含乳饮料、果蔬饮料等可被维生素D强化。要保证在膳食中至少有400 IU/d的摄入量。《食品安全国家标准 食品营养强化剂使用标准》(GB 14880—2012)规定的维生素D的使用范围和使用量见表8-6。

表 8-6　　　　　　　　　　　维生素 D 的使用范围和使用量

食品类别(名称)	使用量/(μg·kg⁻¹)
调制乳	10~40
调制乳粉(儿童用乳粉和孕产妇用乳粉除外)	63~125
调制乳粉(仅限儿童用乳粉)	20~112
调制乳粉(仅限孕产妇用乳粉)	23~112
人造黄油及其类似制品	125~156
冰激凌类、雪糕类	10~20
豆粉、豆浆粉	15~60
豆浆	3~15
藕粉	50~100
即食谷物[包括碾扎燕麦(片)]	12.5~37.5
饼干	16.7~33.3
其他烘烤食品	10~70
果蔬汁(肉)饮料(包括发酵型产品等)	2~10
含乳饮料	10~40
风味饮料	2~10
固体饮料类	10~20
果冻	10~40
膨化食品	10~60

(五)维生素 E

性质：维生素 E 是脂溶性维生素，又称生育酚，是最主要的抗氧化剂之一。易溶于氯仿、乙醚、丙酮和植物油，溶于醛，不溶于水，对热、酸稳定，对碱不稳定，对氧敏感，对热不敏感。

应用：《食品安全国家标准　食品营养强化剂使用标准》(GB 14880—2012)规定的维生素 E 的使用范围和使用量见表 8-7。

表 8-7　　　　　　　　　　　维生素 E 的使用范围和使用量

食品类别(名称)	使用量/(μg·kg⁻¹)
调制乳	12~50
调制乳粉(儿童用乳粉和孕产妇用乳粉除外)	100~310
调制乳粉(仅限儿童用乳粉)	10~60
调制乳粉(仅限孕产妇用乳粉)	32~156
植物油	100~180
人造黄油及其类似制品	100~180
豆粉、豆浆粉	30~70
豆浆	5~15

续表

食品类别(名称)	使用量/(μg·kg^{-1})
胶基糖果	1 050~1 450
即食谷物[包括碾扎燕麦(片)]	50~125
饮料类	10~40
固体饮料类	76~180
果冻	10~70

三、矿物质类强化剂

矿物质又称无机盐,是维持机体正常生理活动所必需的成分。

无机盐在食物中分布很广,一般均能满足机体需要,只有某些种类比较易于缺乏,如钙、铁和碘等。特别是对正在生长发育的婴幼儿、青少年、孕妇和哺乳期妇女,钙和铁的缺乏较为常见,而碘和硒缺乏,则依环境条件而异。

矿物质类强化剂

(一)钙盐

性质: 钙盐是由钙离子和酸根离子化合而成的盐类,其中的钙元素为+2价。用于食品强化的钙盐品种很多,有无机钙强化剂、生物钙强化剂、有机钙强化剂,此外还有酸钙复合物。

应用: 维生素D可促进钙的吸收,补钙的同时要注意补充维生素D。全国食品添加剂标准化技术委员会审定,原卫生部公布列入食用卫生标准的钙营养强化剂中属于有机酸钙[含钙量(%)]者有:葡萄糖酸钙(8.90)、乳酸钙(13.00)、苏糖酸钙(13.60)、柠檬酸钙(21.08)、甘氨酸钙(21.27)、乙酸钙(22.70)、天冬氨酸钙(23.39)等;属于无机酸钙[含钙量(%)]者有:磷酸氢钙(23.00)、碳酸钙(40.00)、活性钙(48.00)等。《食品安全国家标准 食品营养强化剂使用标准》(GB 14880—2012)规定的钙盐的使用范围和使用量见表8-8。

表8-8　　　　　　　　　　钙盐的使用范围和使用量

食品类别(名称)	使用量/(mg·kg^{-1})
调制乳	250~1 000
调制乳粉(儿童用乳粉除外)	3 000~7 200
调制乳粉(仅限儿童用乳粉)	3 000~6 000
干酪和再制干酪	2 500~10 000
冰激凌类、雪糕类	2 400~3 000
豆粉、豆浆粉	1 600~8 000
大米及其制品	1 600~3 200
小麦粉及其制品	1 600~3 200
杂粮粉及其制品	1 600~3 200
藕粉	2 400~3 200
即食谷物[包括碾扎燕麦(片)]	2 000~7 000
面包	1 600~3 200

续表

食品类别(名称)	使用量/(mg·kg^{-1})
西式糕点	2 670~5 330
饼干	2 670~5 330
其他烘烤食品	3 000~15 000
肉灌肠类	850~1 700
肉松类	2 500~5 000
肉干类	1 700~2 550
脱水蛋制品	190~650
醋	6 000~8 000
饮料类	160~1 350
果蔬汁(肉)饮料(包括发酵型产品等)	1 000~1 800
固体饮料类	2 500~10 000
果冻	390~800

(二)铁盐

性质: 铁营养强化剂主要成分为无机铁和有机铁两种,按在人体的存在形式可分为血红素铁和非血红素铁两大类。常用于强化的铁盐有氯化铁、柠檬酸铁、柠檬酸铁铵、乳酸亚铁等。氯化铁为黄褐色的结晶或块状,在空气中易潮解成红褐色的液体,易溶于水,水溶液呈强酸性。柠檬酸铁为红褐色透明的小片或褐色粉末,在水中逐渐溶解,极易溶于热水,不溶于乙醇,水溶液呈酸性。

应用: 铁营养强化剂一般对光不稳定,抗氧化剂可与铁离子反应而着色。因此,凡使用抗氧化剂的食品最好不用铁强化剂。因氯化铁的吸湿性和酸性,不宜直接食用。可将氯化铁与乳清作用,生成乳清铁,再添加到食品中去,调制乳粉或婴儿食品时宜添加乳清铁1.0%~1.5%。柠檬酸铁作为铁强化剂可用于强化调制乳粉、面粉和饼干等。但因呈褐色,不适用于不宜着色的食品。《食品安全国家标准 食品营养强化剂使用标准》(GB 14880—2012)规定的铁盐的使用范围和使用量见表8-9。

表8-9　　　　　　　　　　铁盐的使用范围和使用量

食品类别(名称)	使用量/(mg·kg^{-1})
调制乳	10~20
调制乳粉(儿童用乳粉和孕产妇用乳粉除外)	60~200
调制乳粉(仅限儿童用乳粉)	25~135
调制乳粉(仅限孕产妇用乳粉)	50~280
豆粉、豆浆粉	46~80
除胶基糖果以外的其他糖果	600~1 200
大米及其制品	14~26
小麦粉及其制品	14~26

续表

食品类别(名称)	使用量/(mg·kg⁻¹)
杂粮粉及其制品	14~26
即食谷物[包括碾扎燕麦(片)]	35~80
面包	14~26
西式糕点	40~60
饼干	40~80
其他烘烤食品	50~200

(三)锌盐

性质:锌盐呈白色或无色,常用的硫酸锌为无色透明菱形状或针状结晶或结晶性粉末,无臭,味涩,易溶于水,微溶于乙醇和甘油。常用作营养强化剂的锌化合物有硫酸锌、葡萄糖酸锌、甘氨酸锌、乳酸锌、柠檬酸锌、乙酸锌、氧化锌、氯化锌等。

应用:《食品安全国家标准 食品营养强化剂使用标准》(GB 14880—2012)规定的锌盐的使用范围及使用量见表8-10。

表8-10　　　　　　　　锌盐的使用范围及使用量

食品类别(名称)	使用量/(mg·kg⁻¹)
调制乳	5~10
调制乳粉(儿童用乳粉和孕产妇用乳粉除外)	30~60
调制乳粉(仅限儿童用乳粉)	50~175
调制乳粉(仅限孕产妇用乳粉)	30~140
豆粉、豆浆粉	29.0~55.5
大米及其制品	10~40
小麦粉及其制品	10~40
杂粮粉及其制品	10~40
即食谷物[包括碾扎燕麦(片)]	37.5~112.5
面包	10~40
西式糕点	45~80
饼干	45~80
饮料类	3~20
固体饮料类	60~180
果冻	10~20

(四)碘盐

性质:用于营养强化剂的碘有两种形式,一种是碘化盐,另一种是碘酸盐。碘化盐较易被氧化损失,阳光直射、潮湿的环境、食盐中杂质的存在都会使氧化加剧。碘酸盐在水中的溶解性比碘化盐小,但其抗氧化能力较强,挥发性低,稳定性强,不需要添加稳定剂。

应用:使用碘强化剂最广泛的食品是食盐。食盐一般都是加碘强化的。严格控制的碘强化剂是安全的。碘的最大耐受摄入量为 1 mg/d。碘酸钾和碘化钾作为食盐强化剂没有发现任何明显的毒副作用,是控制碘缺乏症的有效预防措施。

四 其他营养强化剂

(一)脂肪酸类营养强化剂

性质:二十二碳六烯酸,即DHA,是人体所必需的一种多不饱和脂肪酸。无色至淡黄色油状液体,纯品无臭、无味。

应用:DHA在体内代谢过程中可由α-亚麻酸生成,但生成量较低,主要通过食物补充。DHA在调制乳粉(仅限孕产妇用乳粉)中使用量是300~1 000 mg/kg;调制乳粉(仅限儿童用乳粉)中使用量是≤0.5%(占总脂肪酸的百分比)。

(二)低聚糖

性质:低聚糖又名寡糖,是一种新型功能性糖源,是由2~10个糖苷键聚合而成的化合物,糖苷键是一个单糖的苷羟基和另一个单糖的某一羟基脱水缩合形成的。低聚糖包括功能性低聚糖和普通低聚糖,共同特点是甜度低,热量低,基本不增加血糖和血脂。

应用:低聚糖并不能被人体的胃酸破坏,也无法被消化酶分解。但它可以被肠道中的细菌发酵利用,转换成短链脂肪酸及乳酸。它们常常与蛋白质或脂类共价结合,以糖蛋白或糖脂的形式存在。低聚糖是一种不消化性糖类,进入大肠后,在大肠中被双歧杆菌利用,而不能被有害菌利用,称作双歧因子,可广泛使用于各类食品作为功能性食品配料。低聚糖一般在调制乳粉(仅限儿童用和孕产妇用乳粉)中使用,规定使用量≤64.5 g/kg。

操作与体验

技能一　营养强化剂在运动饮料中的应用及效果评价

目的与要求

当人体在剧烈运动时会大量出汗,导致身体丧失大量水分和电解质,而运动饮料则是指添加了钾、钠、钙、镁等电解质或其他微量元素、糖和维生素等成分的饮料。运动饮料的核心是补充水分、矿物质等,提高肌肉运动的机能,如氨基酸运动饮料。通过实验进一步了解营养强化剂的作用,掌握营养强化剂的添加方法。

仪器与材料

实验仪器:酸度计,灭菌机,灌装机,喷淋冷却机。

实验材料:白砂糖250 g,限制氨基酸100 g,卵磷脂80 g,B族维生素、维生素C各5 g,氯化钾、氯化钠、葡萄糖酸钙、硫酸镁等矿物质各5 g,钠酪蛋白350 g(均为食品级)。

方法与步骤

1. 调配。将原料中物料混合,用纯水配成10 L溶液。
2. 调pH。加入柠檬酸调整pH至6.4~7.0。
3. 灭菌。将调配好的饮料放在灭菌机中灭菌4 min。
4. 冷却。用喷淋冷却机冷却至室温。
5. 灌装。用灌装机分装饮料。

效果与评价

1. 计算运动饮料中钙的含量。
2. 制作的运动饮料中含有哪些营养强化剂?

技能二　营养强化剂在儿童饮料中的应用及效果评价

目的与要求

儿童正处于身体发育时期,对各类营养素的需求旺盛。采用新鲜水果、蔬菜为原料,制作儿童饮料,添加适量营养强化剂,可以达到补充营养的目的。通过实验进一步了解营养强化剂添加的意义。

仪器与材料

实验仪器：食用锅，捣碎机，筛网，加热器。

实验材料：莲藕 500 g，梨 500 g，冰糖 50 g，营养强化剂适量，水 500 mL。

方法与步骤

去掉莲藕和梨不可食用部分，把两种原料用捣碎机捣碎。用干净筛网过滤，得到鲜汁，放入食用锅中，用加热器小火炖煮 5 min 左右，加入适量冰糖和营养强化剂，冷却后即可饮用。

效果与评价

1. 儿童饮料中添加营养强化剂的目的是什么？
2. 儿童饮料中可以添加哪些营养强化剂？

拓展与提升

叶酸

叶酸在核苷酸的合成和甲基化的过程中起着重要作用，它和维生素 B_{12} 一起参与蛋白质的合成和甲基化过程。叶酸和维生素 B_{12} 的同时缺乏将导致巨幼红细胞性贫血。叶酸摄入量不足，可能导致神经管缺陷及其他先天性疾病的发生率增加。有数据表明，在受精前和受孕 28 d 期间补充叶酸可以减少新生儿神经管缺陷的发生率。在怀孕期间补充的微量营养素，其中只有叶酸补充与早产率的降低有关。

胆碱

胆碱是一种强有机碱，是卵磷脂的组成成分，也存在于神经鞘磷脂之中，是机体可变甲基的一个来源。在体内参与合成乙酰胆碱磷脂或组成磷脂酰胆碱等。胆碱和肌醇一起合作来进行对脂肪与胆固醇的利用，胆碱是少数能穿过脑血管屏障的物质之一。这个屏障保护脑部不受日常饮食改变的影响，但胆碱可通过此屏障进入脑细胞，制造帮助记忆的化学物质。胆碱似乎可以乳化胆固醇，避免胆固醇积蓄在动脉壁或胆囊中。长期摄入缺乏胆碱膳食的主要结果包括肝、肾、胰腺病变，记忆紊乱和生长障碍。

肌醇

肌醇是一种生物活素，参与体内的新陈代谢活动，具有免疫、预防和治疗某些疾病等多种作用，在发酵和食品工业中，可用于多种菌种的培养和促进酵母的增长等。高等动物缺乏肌醇，将会出现生长停滞和毛发脱落等现象。肌醇还是肠内某些微生物的生长因子，在其他维生素缺乏时，它能刺激所缺乏维生素的微生物合成维生素。

左旋肉碱

左旋肉碱是一种非常重要的条件营养素，具有多种生理功能。其最基本的功能是运载长链脂肪酸通过线粒体内膜,进入线粒体基质进行氧化。左旋肉碱在脂肪代谢和能量代谢中起着重要作用,一旦体内肉碱合成受阻或肉碱排出和降解过剩及肉碱转移酶降低或丧失,都将造成机体脂类代谢的紊乱,影响能量供应,导致许多疾病。左旋肉碱具有抗心肌缺血,抗心率失调和降血脂作用。肾病、肝硬化、甲状腺功能低下及某些肌肉和神经性疾病等与左旋肉碱水平低下有关。

思考与练习

一、名词解释
1. 营养强化剂　2. 必需氨基酸　3. 矿物质

二、判断题
1. 人体可从单一食物中获取所有营养素。（　　）
2. 人体所需要的氨基酸都可以自身合成,无须从外源食物获取。（　　）
3. 维生素都是水溶性的。（　　）
4. 维生素 E 是一种脂溶性维生素,是最主要的抗氧化剂之一。（　　）
5. 补充维生素 C 可以抗佝偻病。（　　）
6. 人体铁元素的缺乏会导致甲状腺肿和呆小病。（　　）
7. 铁是人体需要量最大,又最易缺乏的一种微量元素。（　　）
8. 维生素 A 是最早被发现的维生素。（　　）
9. 组成人体蛋白质的氨基酸有 8 种,其中大部分可体内合成。（　　）
10. 营养强化剂补充越多越好,身体越健康。（　　）

三、选择题
1. 下列氨基酸不属于必需氨基酸的是（　　）。
   A. 甘氨酸　　　　B. 缬氨酸　　　　C. 亮氨酸　　　　D. 色氨酸
2. 牙齿构成最主要的矿物质是（　　）。
   A. 铁　　　　　　B. 钙　　　　　　C. 碘　　　　　　D. 锌
3. 缺乏（　　）,夜间视力减退,暗适应能力降低,导致夜盲症。
   A. 维生素 A　　　B. 维生素 B　　　C. 维生素 C　　　D. 维生素 D
4. 被科学家称为人体第一必需氨基酸的是（　　）。
   A. 赖氨酸　　　　B. 缬氨酸　　　　C. 异亮氨酸　　　D. 色氨酸
5. 能参与胶原蛋白的合成,能治疗坏血病的是（　　）。
   A. 维生素 A　　　B. 维生素 B　　　C. 维生素 C　　　D. 维生素 D
6. 能促进淋巴细胞增殖和活动能力作用的是（　　）。
   A. 铁　　　　　　B. 钙　　　　　　C. 碘　　　　　　D. 锌
7. 可维持神经细胞的正常生理活动,参与大脑思维和记忆形成过程的是（　　）。
   A. 氨基酸　　　　B. 矿物质　　　　C. 维生素　　　　D. DHA
8. 人体含量最丰富的矿物质是（　　）。
   A. 铁　　　　　　B. 钙　　　　　　C. 碘　　　　　　D. 锌
9. 可运载长链脂肪酸通过线粒体内膜,进入线粒体基质进行氧化的是（　　）。
   A. 左旋肉碱　　　B. 矿物质　　　　C. 维生素　　　　D. DHA

四、简答题

1. 添加营养强化剂的目的是什么?
2. 营养强化剂的使用要求有哪些?
3. 应用氨基酸类强化剂时应注意什么?举例说明。
4. 结合所学知识,谈谈添加钙强化剂应注意些什么。
5. 维生素类强化剂的稳定性如何?举例说明。

五、计算题

以面包中需要强化营养铁元素为例,如果采用无水葡萄糖酸亚铁作为强化该营养素的化合物来源,根据《食品安全国家标准 食品营养强化剂使用标准》(GB 14880—2012)中面包中强化铁元素的使用量,请计算无水葡萄糖酸亚铁使用量理论范围。

项目九

食品用酶制剂的使用

酶制剂——传统
与科技的融合

学习目标与要求

知识目标

1. 了解食品用酶制剂的品种和剂型。
2. 理解食品用酶制剂的生化性质、作用原理。
3. 掌握常用食品用酶制剂的使用及注意事项。

能力目标

1. 能说出常用食品用酶制剂的用途。
2. 会正确选用食品用酶制剂的品种。

职业素养目标

1. 通过学习常用食品用酶制剂的品种和剂型,培养科学严谨的精神。
2. 通过学习食品用酶制剂的使用及注意事项,树立食品安全意识。
3. 通过学习食品用酶制剂的生化性质,养成良好的思考习惯。

学习重点与难点

重点:常用食品用酶制剂的使用。
难点:食品用酶制剂的性质。

认知与解读

知识点一　认识食品用酶制剂

一　食品酶制剂的概念和种类

酶制剂的定义及发展历史

依据《食品安全国家标准　食品添加剂使用标准》(GB 2760—2024),酶制剂是由动物或植物的可食或非可食部分直接提取,或由传统或通过基因修饰的微生物(包括但不限于细菌、放线菌、真菌菌种)发酵、提取制得,或再经进一步纯化、制剂化等工艺制得的(可含有一个或多个活性酶组分),用于食品加工,具有特殊催化功能的生物制品。酶制剂可用于食品加工中回收副产品、制造新的食品、提高提取的速度和产量、改进风味和食品质量等,几乎可以在一切食品加工业中应用。

酶制剂本质上是酶,在酶的生产及应用过程中,经常要进行酶活力测定。酶活力是指在一定条件下,酶所催化的反应速度,反应速度越大,表明酶活力越高。国际生化联合会规定:在特定条件下(温度可采用 25 ℃或其他选用温度,pH 等采用最适条件),每 1 min 催化 1 μmol 的底物转化为产物的酶量定义为 1 个活力单位,称为酶的国际单位(IU)。为了比较酶制剂的纯度和活力的高低,常常采用比活力这一概念。酶的比活力是指在特定的条件下,每 1 mg 酶蛋白所具有的酶活力单位数。也可采用每 1 mL 酶液或每 1 g 酶制剂的活力单位数表示酶的比活力。

《食品安全国家标准　食品添加剂使用标准》(GB 2760—2024)中的食品用酶制剂可分为 66 种,标准规定了每种食品用酶制剂的来源和供体。根据酶制剂的来源、反应类型、作用底物形态,可进行如下分类。

(一)按来源分类

按来源分类,食品用酶制剂可分为动物来源酶制剂、植物来源酶制剂、微生物来源酶制剂三类。

动物来源酶制剂主要由动物各种分泌腺产生。如来源于牛胃的胃蛋白酶,从猪胰腺组织中提取的磷脂酶。植物来源酶制剂主要来源于植物提取物或植物组织中的酶。如木瓜蛋白酶、菠萝蛋白酶、无花果蛋白酶,可用于水解蛋白质。微生物来源酶制剂主要是从枯草芽孢杆菌中提取的 β-淀粉酶,来源于大肠杆菌 K-12(Eschorichia K-12)的凝乳酶 A。因微生物培养简单、繁殖迅速,酶产量高,可大规模生产,是目前食品用酶制剂的最主要来源。

(二)按反应类型分类

按反应类型分类,食品用酶制剂可分为氧化还原酶、裂合酶、转移酶、异构酶、水解酶、合成酶六大类。

氧化还原酶:催化物质氧化还原反应的酶,如过氧化氢酶。

裂合酶:催化底物分子中 C—C(C—O、C—N)化学键断裂,使一种化合物分裂为两种化合物,或使两种化合物合成一种化合物。

转移酶:催化官能团从一个分子转移到另一个分子的酶,如谷氨酰胺转移酶。
异构酶:促进同分异构体互相转变,使内部基团重新排列,如葡萄糖异构酶。
水解酶:催化水解反应的酶,如淀粉酶、蛋白酶、脂肪酶、果胶酶。
合成酶:促进两分子化合物互相结合的酶,或称连接酶。

(三)按作用底物分类

按作用底物分类,食品用酶制剂可分为蛋白质类食品用酶制剂、碳水化合物类食品用酶制剂、脂肪类食品用酶制剂及其他类食品用酶制剂。

(四)按形态分类

按形态分类,食品用酶制剂可分为液态酶制剂、固态酶制剂。

二 影响食品用酶制剂作用效果的因素

食品用酶制剂来源于生物,一般为蛋白质类物质,影响酶制剂作用的因素主要有温度、pH、浓度、激活剂、抑制剂等。温度对酶促反应速度的影响很大,表现为双重作用:与非酶的化学反应相同,当温度升高,活化分子数增多,酶促反应速度加快,对许多酶来说,每升高反应温度10 ℃,酶反应速度增加1~2倍。但由于酶是蛋白质,随着温度升高会使酶逐步变性,酶的变性反而降低酶的反应速度。各种酶在最适温度范围内,酶活性最强,酶促反应速度最大。pH影响酶促反应速度的原因:环境过酸、过碱会影响酶蛋白构象,使酶本身变性失活。pH影响酶分子侧链上极性基团的解离,改变它们的带电状态,从而使酶活性中心的结构发生变化。pH能影响底物分子的解离。酶在最适pH范围内表现出活性,大于或小于最适pH,都会降低酶活性。在生化反应中,若酶的浓度为定值,底物的起始浓度较低时,酶促反应速度与底物浓度成正比,即随底物浓度的增加而增加。当所有的酶与底物结合生成中间产物后,即使再增加底物浓度,中间产物浓度也不会增加,酶促反应速度也不增加。在底物浓度相同条件下,酶促反应速度与酶的初始浓度成正比。酶的初始浓度大,其酶促反应速度就大。在底物浓度较低时,只有少数的酶与底物作用生成中间产物,在这种情况下,增加底物的浓度,就会增加中间产物,从而增加酶促反应的速度。凡是能提高酶活性的物质,都称为激活剂,其中大部分是离子或简单的有机化合物,如氯离子提高淀粉酶水解淀粉速度。能减弱、抑制甚至破坏酶活性的物质称为酶的抑制剂。酶的抑制剂有重金属离子、一氧化碳、硫化氢、氢氰酸、氟化物、碘化乙酸、生物碱、染料、对-氯汞苯甲酸、二异丙基氟磷酸、乙二胺四乙酸等。如重金属离子Cu^{2+}对唾液淀粉酶有抑制作用。

》》 知识点二 常用食品用酶制剂及其在食品中的应用 《《

一 糖酶类酶制剂

淀粉酶是指能够水解淀粉、糖原、糊精的酶类总称,是食品工业酶制剂中用途最广泛的酶制剂之一。下面介绍几种常用的淀粉酶。

α-淀粉酶又称液化型淀粉酶,亦称细菌 α-淀粉酶、退浆淀粉酶、糊精化淀粉酶和高温淀粉酶等。α-淀粉酶一般为浅棕色粉末,溶于水,几乎不溶于有机溶剂。α-淀粉酶是指能水解糊化后的直链淀粉和支链淀粉中直链部分 α-1,4-键的酶,对 α-1,6-键不起作用。常加入适量的碳酸钙等作为抗结剂使之便于保藏。在高浓度淀粉保护下,α-淀粉酶的耐热性很强,在适量的钙盐和食盐存在下,pH 为 5.3~7.0 时,温度提高到 93~95 ℃ 仍保持足够高的活性。α-淀粉酶对热稳定性高,这一特性在食品加工中极为宝贵。FAO/WHO 指出,α-淀粉酶安全无毒性。α-淀粉酶主要用于水解淀粉来制造饴糖、葡萄糖和糖浆等,以及在生产糊精、啤酒、黄酒、酒精、酱油、醋、味精过程中也有应用;用于面包的生产,以改良面团,如降低面团黏度,加速发酵进程,增加含糖量和缓和面包老化等;在婴幼儿食品中用于谷类原料预处理。

β-淀粉酶又称淀粉 β-1,4-麦芽糖苷酶,安全无毒性,是外切酶。β-淀粉酶一般为棕黄色粉末,产品常制成液体状。β-淀粉酶水解淀粉时,可以从淀粉分子非还原性末端依次切开 α-1,4-糖苷键而生成麦芽糖,但是不能水解支链淀粉的 α-1,6-糖苷键。植物 β-淀粉酶的最适 pH 为 5~6,在 pH 为 5~8 时稳定,最适反应温度为 50~60 ℃;细菌 β-淀粉酶的最适 pH 为 6~7,最适反应温度约为 50 ℃。β-淀粉酶的活性中心都含有巯基(—SH),重金属、巯基试剂能使之失活,还原型谷胱甘肽、半胱氨酸可使之复活。β-淀粉酶主要用于啤酒酿造、饴糖(麦芽糖浆)制造,按生产需要适量添加。

糖化酶又称葡萄糖淀粉酶、淀粉葡萄糖苷酶,安全无毒性。近白色至浅棕色无定形粉末或浅棕色至深棕色液体。最适反应温度为 55~60 ℃,最适 pH 为 4.5~5.5。糖化酶可以从淀粉、糖原、糊精等分子的非还原性末端依次将葡萄糖切下,既可水解 α-1,4-糖苷键,也可水解 α-1,6-糖苷键。因此,作用于直链淀粉和支链淀粉时,能将它们全部分解为葡萄糖。糖化酶主要运用在淀粉糖浆、葡萄糖、蒸馏酒、酒精及其他发酵工业生产中。

果胶酶主要存在于高等植物和微生物中,主要作用是将果胶水解成乳糖醛酸。果胶酶的最适 pH 因底物而异,以果皮为底物时,pH 为 3.5;以多聚半乳糖醛酸为底物时,pH 为 4.5。最适温度为 50 ℃。主要用于果汁澄清,能提高果汁过滤速率,降低果汁黏度,防止果泥和浓缩果汁胶凝化,提高果汁得率,还可用于果蔬脱内皮、内膜和囊衣等。用于果汁澄清时,果胶酶的用量和作用条件因果实的种类、品种、成熟程度及酶制剂的种类和活力不同而不同。用于苹果汁澄清,果胶酶最高用量为 3%。

二 蛋白酶类酶制剂

蛋白酶是能够水解蛋白质中肽键的一类酶。蛋白质在酶的作用下水解成低分子的肽,最后水解成为氨基酸。蛋白酶种类很多,下面介绍几种常见的蛋白酶。

凝乳酶又称皱胃酶,可以分为液态、粉状及片状三种制剂。凝乳酶是澄清的琥珀色至暗棕色液体或白色至浅棕色粉末,略有咸味和吸湿性,是一种含硫的特殊蛋白质,可溶于水,不溶于乙醇、氯仿和乙醚,所含主要作用酶为蛋白酶,主要作用为对多肽类的水解。凝乳酶一般认为是安全的。凝乳酶能使牛奶中酪蛋白水解,并在 Ca^{2+} 存在下使牛奶凝固。主要用于奶酪、干酪、布丁等生产。

木瓜蛋白酶属巯基蛋白酶,其商品名为木瓜酶。巯基蛋白酶是酶蛋白中含有半胱氨酸残基、巯基(—SH)的酶,—SH 是酶活力表现必不可少的基团。白色至浅棕黄色无定形粉末,有一定吸湿性；溶于水和甘油，几乎不溶于乙醇、氯仿和乙醚等有机溶剂。木瓜制备的酶制剂中含有三种酶，因此木瓜蛋白酶是一种混合酶。木瓜蛋白酶的主要作用是对蛋白质有极强的加水分解能力，可水解肽键、酰胺和酯类，特异性较广，安全无毒性。木瓜蛋白酶在食品工业可用于肉的嫩化。如用于牛肉、鸡肉的嫩化，使肉质松散、嫩滑；还可用于啤酒、葡萄糖、面包、饼干、水解蛋白质生产等。

酸性蛋白酶由黑曲霉或蜡样芽孢杆菌制得。淡黄色至白色粉状，溶于水，不溶于60%以上乙醇。可将蛋白质分解为蛋白胨、多肽、氨基酸。最适PH为2.5，最适温度为45℃。铜离子和锰离子对酸性蛋白酶有激活作用，银离子和汞离子有抑制作用。酸性蛋白酶可用作啤酒生产，发酵期添加，水解啤酒中蛋白质，有利于澄清。酸性蛋白酶也用作果酒澄清剂和肉的嫩化剂，还可改善烘焙食品中面团性质。

三　酯酶类酶制剂

脂肪酶是一种特殊的酯键水解酶，它可作用于甘油三酯的酯键，使甘油三酯降解为甘油二酯、单甘油酯、甘油和脂肪酸。脂肪酶一般为近白色至淡棕黄色结晶性粉末。由米曲霉制成的产品，可为粉末，亦可为脂肪状。可溶于水，难溶于乙醇、氯仿和乙醚。最适pH为7~8.5。脂肪酶可从动物的胰腺提取或从微生物菌液中提取，脂肪酶一般都是分泌性的胞外酶，主要的发酵微生物有黑曲霉、假丝酵母等。脂肪酶常用于奶油增香，增香后的乳脂产生很强烈的香味。增香后的奶油可以用于巧克力，也可用于需要增加奶香的冷饮、奶糖、饼干等食品。

操作与体验

技能一　果汁制作中果胶酶的选用与效果体验

▶ 目的与要求

掌握食品用酶制剂的作用和特性，熟悉食品用酶制剂在果汁澄清中的应用。

▶ 仪器与材料

实验仪器：家用榨汁机，恒温水浴锅，真空抽滤装置，721分光光度计，电炉，纱布。
实验材料：果胶酶，硅藻土，碳酸氢钠，柠檬酸，pH试纸，滤纸，苹果。

▶ 方法与步骤

1. 果汁的制备。将苹果洗净，去皮、去核，切成小块，用家用榨汁机取汁，取少量清水洗果渣，用纱布取汁，用pH试纸测定其酸度，必要时用酸、碱将其pH调整到合适范围，待用。至少制备2 L粗果汁。

2. 酶解净化处理。分别将两种果汁分成四份,每份 500 mL,分别添加 0%、0.2%、0.3%、0.4% 的果胶酶制剂,于 45~50 ℃ 恒温保温酶解 2 h,其间要适当搅拌。结束后用冷水浴冷却。

3. 澄清处理。在酶解后的果汁样品中添加 0.5% 的硅藻土,搅拌均匀,分别抽滤,记录每个样品抽滤所用的时间。然后,用 721 分光光度计将抽滤后的果汁在 660 nm 处测 E 值(以蒸馏水为参比)。

效果与评价

将结果填入表 9-1,并对结果进行效果分析。

表 9-1　　　　　　　　　　　果胶酶澄清效果记录表

测定指标	苹果汁果胶酶添加量/%			
	0	0.2	0.3	0.4
E(660 nm)				
抽滤时间/min				
澄清效果				

技能二　面包制作中复合酶的选用与效果体验

目的与要求

近年来,食品用酶制剂因为具有安全可靠、无毒无害、添加量小、效果显著等特点,在面粉行业的发展十分迅速,食品用酶制剂在面包制品中的应用也成为一种趋势。选取面粉为研究对象,通过观察单一酶制剂对面包品质的影响,找出最佳单一酶制剂使用量,然后根据最佳单一酶制剂使用量,通过复合酶制剂对面包品质的影响试验,找出多种酶共同使用时各种酶的使用量。

仪器与材料

实验仪器:控温控湿发酵箱,体积测定仪,千分尺,电子分析天平,电烤箱等。

实验材料:面粉,白糖,鸡蛋,奶粉,酵母粉,盐,食用植物油少许。材料均为市售,高活酵母,α-淀粉酶(8 000 U/g),葡萄糖氧化酶(5 000 U/g),木聚糖酶(3 000 U/g),脂肪酶(20 000 U/g),谷氨酰胺转氨酶(TG 酶)(100 U/g)。

方法与步骤

面包制作工艺流程:称料→和面→第一次饧发→第二次饧发→烘烤→冷却、包装、观察。

1. 单一酶制剂对面包品质影响试验

α-淀粉酶(8 000 U/g)的用量(每 100 g 面粉)设定为 0.02 g/100 g、0.04 g/100 g、0.06 g/100 g、0.08 g/100 g,葡萄糖氧化酶(5 000 U/g)、木聚糖酶(3 000 U/g)、脂肪酶(20 000 U/g)、谷氨酰胺

转氨酶(TG 酶)(100 U/g)用量(每 100 g 面粉)设为 0.04 g/100 g、0.08 g/100 g、0.12 g/100 g、0.16 g/100 g,将原辅料称好,加酶组与对照组同时进行。使用时先制成一定浓度的酶溶液然后按梯度要求添加,其活力均参考生产单位的标注,不再进行测定。

2. 复合酶制剂对面包品质的影响

因为酶存在协同增效作用,根据单一酶制剂的研究结果,依据复合酶制剂中各种酶制剂的用量小于单一酶制剂用量,设定复合酶制剂中各种酶制剂的量。在面粉和面包粉中添加复合酶制剂制作面包。

3. 面包感官评价方法

采用《粮油检验 小麦粉面包烘焙品质试验 直接发酵法》(GB/T 14611—2008)对面包品质进行评分。根据该国标要求,评分项目包括:面包体积(45分)、面包外观(5分)、面包芯色泽(5分)、面包芯质地(10分)和面包纹理结构(35分),共 100 分。

效果与评价

将单一酶制剂对面包品质的影响评分填入表9-2,将复合酶制剂对面包品质的影响评分填入表9-3。

表9-2　单一酶制剂对面包品质的影响评分表

添加量/ [g·(100 g)$^{-1}$]	面包体积 (45分)	面包外观 (5分)	面包芯色泽 (5分)	面包芯质地 (10分)	面包纹理结构 (35分)	总分 (100分)
α-淀粉酶						
葡萄糖氧化酶						
木聚糖酶						
脂肪酶						
TG 酶						
对照组						

表9-3　复合酶制剂对面包品质的影响评分表

序号	面包体积 (45分)	面包外观 (5分)	面包芯色泽 (5分)	面包芯质地 (10分)	面包纹理结构 (35分)	总分 (100分)
1						
2						
3						
4						
5						
6						
7						
8						
9						

拓展与提升

知识拓展一

金属蛋白酶简介

金属蛋白酶(Metalloproteinase)是活性中心依赖于金属离子的一类蛋白酶。大多数金属蛋白酶是Zn^{2+}金属蛋白酶,依据Zn^{2+}的结合位点可将金属蛋白酶分为5类。金属蛋白酶分布广泛,性质特异,具有重要的经济和应用价值。目前主要应用于食品、洗涤剂、化妆品及抗肿瘤等药物和疾病的机理研究等方面。

1. 金属蛋白酶的特点和分布

除具有蛋白酶的一般特点外,金属蛋白酶最大的特点就是活性中心依赖于某种金属离子,能够被金属螯合剂强烈抑制。由于来源不同,金属蛋白酶大多具有自身与众不同的特点,因此具有广泛的应用。从海洋细菌中得到一些性质特异的金属蛋白酶,它们具有嗜低温或耐高温、耐有机溶剂、热敏感、耐碱等性质,这些特性是食品工业和日用化工等领域所迫切需要的,有着很大的应用潜力。基质金属蛋白酶家族是机体内重要的一类蛋白酶家族,目前共发现17个,这类酶具有一些共性:a. 均以酶原的形式分泌出来;b. 活性都依赖Zn^{2+}存在;c. 结构上具有40%~50%的同源性;d. 均能被金属蛋白酶组织抑制因子所抑制;e. 均能降解一种或多种细胞外基质成分。

金属蛋白酶种类多、分布广,基质金属蛋白酶家族广泛存在于机体中。蝰蛇科和蝮蛇科毒蛇蛇毒中的出血毒素也是金属蛋白酶,目前已发现110多种蛇毒金属蛋白酶,它们大多数都是含锌金属蛋白酶。对它们的研究将为治疗蛇伤药物的筛选提供理论依据。同时,金属蛋白酶在微生物类群中也广泛分布,很多微生物属中都有产金属蛋白酶的报道。

2. 金属蛋白酶的结构

大多数金属蛋白酶是含Zn^{2+}的蛋白,Zn^{2+}是很多与新陈代谢密切相关的蛋白的整合组分。对许多含Zn^{2+}蛋白的X-射线晶体学分析已经确定了催化性Zn^{2+}和结构性Zn^{2+}的特征:在所有已知晶体结构的Zn^{2+}酶中,催化性Zn^{2+}与三个氨基酸残基和一个活性水分子配对,而结构性Zn^{2+}则与四个Cys残基配对。His、Glu、Asp或Cys残基的组合组成一个三齿形的活性Zn^{2+}位点,再加上一个活性水分子组成配位区。对金属离子依赖性酶间的结构活性关系的研究有利于为不同目的而设计各种工程金属蛋白酶。将金属蛋白酶的结合位点引入蛋白质,不仅能够调节酶的活性,还能够诱发特异的可预测的构象变化。计算机分析有助于在酶的三维结构中确定可引入金属离子结合位点的合适位置。已被详尽研究的金属蛋白酶可作为其他蛋白结构的参照标准,初级结构的相似性被用于这些蛋白的分类。

3. 金属蛋白酶的应用

金属蛋白酶有许多很具利用潜力的特异性质,在很多行业领域都具有广泛的用途。

食品业: 蛋白酶是食品工业中应用最广泛的酶,能够提高食品的品质、稳定性、可溶性等。微生物金属蛋白酶应用于食品业具有以下优点:来自微生物,可实现微生物工业化生产,提供廉价、丰富的酶制剂。

日用化工：微生物金属蛋白酶在日用化工方面的应用，主要是用于洗涤业和化妆品的生产与开发。微生物金属蛋白酶是洗涤剂常用的添加剂，用于洗涤业的微生物金属蛋白酶要求在低温条件下具有高活性、抗有机溶剂、耐碱性环境等。很多已报道的微生物金属蛋白酶具有以上特性。

化妆品：主要作用是能够促进老化角质层的除去；增强洗净效果；溶解角栓，防治粉刺的形成。化妆品一般要选择来源于微生物和植物，能耐热，最适pH接近中性的酶。另外，据报道，皮肤细胞中的金属蛋白酶mRNA的水平还是一项评估化妆品效果试验的重要参数。

医药：多是利用它们对病理条件下产生的蛋白分解能力。黏质沙雷氏菌(Serratia marcescens)产生一种金属蛋白酶，这种酶在医疗上被用作消炎药。多黏芽孢杆菌(Bacillus polymyxa)可产生一种在医疗上很有利用价值的中性金属蛋白酶，特别是在皮肤病学上，因为它能特异地降解纤连蛋白和Ⅳ型胶原蛋白。

其他：鳗弧菌(Vibrio anguillarum)是鲑类鱼类弧菌病的病原菌，可引起暴发性败血病和迅速组织坏死，给海洋养殖造成重大经济损失。研究表明，该菌产生的金属蛋白酶是这类疾病的重要致病因素，对该酶的研究将有助于对该病发病机理和防治的研究。

知识拓展二

酶制剂生产方式

近年来，在环保节能和绿色生产趋势下，酶技术得到空前发展，生产水平和质量不断提高，生产成本逐渐降低，酶制剂在食品、基础研究、养殖、日用品、医药等领域也得到了广泛应用。酶制剂的生产方式主要有两种：液态发酵法和固态发酵法。

1. 液态发酵法

目前国内外酶制剂生产常用的技术方式是液态发酵法，即将液体培养基灭菌、冷却后接入产酶细胞，在特定条件下发酵。这种生产方式的优势是可以实现纯种培养，目标产物更明确；可以实时监测和自动控制发酵过程参数(pH、温度、溶氧、补料等)，确保发酵过程始终处于最佳条件下，提高发酵效率；有利于大规模、工厂化、现代化生产。其不足是在生产过程中产生大量污染物，增加企业处理污染物的经济负担。一些大型企业和工厂的酶制剂发酵罐容量达几十吨甚至上百吨，如果发酵液被污染，会引起整个发酵罐污染，造成巨额经济损失和资源浪费。因此，液态发酵法需要实时监控发酵过程参数，并通过人为调整优化，确保发酵效率和质量。

2. 固态发酵法

固态发酵法是以麸皮、米糠等为主要原料配制培养基，灭菌后接入产霉菌，在一定条件下发酵。这种生产方式有效避免了液态发酵法的不足，具有污染后经济耗费低、发酵产生的污染面积小、发酵后的废料可以循环使用(只需简单处理即可作为农业肥料)、易处理等优点。固态发酵满足节能环保的需求。利用固态发酵酶制剂技术发酵谷物秸秆，生产的燃料酒精可以缓解石油需求压力，有利于实现资源可持续利用。固态发酵过程不易控制，难以实现稳定生产，因此目前无法达到工业化量产，不能满足市场需求。随着国内外专家对酶制剂生产方式研究的不断深入，固态发酵法的控制难题将得到解决，其应用也将越来越广。

> 思考与练习

一、名词解释
1. 食品用酶制剂　2. 淀粉酶　3. 酶活力

二、选择题
1. 不属于影响食品用酶制剂作用的因素是（　　）。
   A. 温度　　　　　　　B. 浓度　　　　　　　C. pH　　　　　　　D. 水分
2. 下列不属于食品用酶制剂与一般催化剂相比的优点是（　　）。
   A. 效率高　　　　　　　　　　　　　　　B. 反应条件温和
   C. 用量少　　　　　　　　　　　　　　　D. 适应强酸强碱环境
3. 下列不属于食品用酶制剂的来源是（　　）。
   A. 微生物　　　　　　B. 植物　　　　　　　C. 动物　　　　　　D. 化工合成
4. 果胶酶属于（　　）。
   A. 氧化还原酶　　　　B. 水解酶　　　　　　C. 转移酶　　　　　D. 异构酶
5. 过氧化氢酶属于（　　）。
   A. 氧化还原酶　　　　B. 水解酶　　　　　　C. 转移酶　　　　　D. 异构酶
6. 能促进同分异构体互相转变，使内部基团重新排列的是（　　）。
   A. 氧化还原酶　　　　B. 水解酶　　　　　　C. 转移酶　　　　　D. 异构酶
7. 能催化底物分子中化学键断裂，使一种化合物分裂为两种化合物的是（　　）。
   A. 氧化还原酶　　　　B. 水解酶　　　　　　C. 转移酶　　　　　D. 裂合酶
8. 凝乳酶属于（　　）。
   A. 蛋白酶　　　　　　B. 酯酶　　　　　　　C. 淀粉酶　　　　　D. 异构酶
9. 脂肪酶属于（　　）。
   A. 蛋白酶　　　　　　B. 酯酶　　　　　　　C. 淀粉酶　　　　　D. 异构酶
10. 既可作用于直链淀粉又可作用于支链淀粉的酶是（　　）。
    A. 糖化酶　　　　　　B. α-淀粉酶　　　　　C. β-淀粉酶　　　　D. 淀粉酶

三、判断题
1. 转移酶能催化物质氧化还原反应。（　　）
2. 葡萄糖异构酶能够促进两分子化合物互相结合。（　　）
3. 酶制剂全部都是从微生物细胞中提取而来。（　　）
4. 淀粉酶能催化淀粉水解成氨基酸。（　　）
5. 合成酶能催化官能团从一个分子转移到另一个分子。（　　）
6. 脂肪酶是一种特殊的酯键水解酶。（　　）
7. α-淀粉酶只能作用于支链淀粉。（　　）
8. 果胶酶的最适pH是3.5。（　　）
9. 酸性蛋白酶的最适温度因底物的不同而不同。（　　）
10. 底物浓度不会影响酶制剂的反应效率。（　　）

四、简答题
1. 什么是食品酶制剂？
2. 酶制剂在食品工业中有哪些应用？

3.影响食品用酶制剂反应速率的因素有哪些?

4.结合所学,举例说明一种酶制剂在食品加工中的作用。

5.请说明α-淀粉酶和β-淀粉酶在催化性能上的异同。

五、计算题

称取25 mg的蛋白酶粉配制成25 mL酶液,从中取出0.1 mL,以酪蛋白为底物用福林酚比色法测定酶活力,结果表明每小时产生1 500 μg酪氨酸。另取2 mL酶液,用凯氏定氮法测得蛋白氮为0.2 mg。若以每分钟产生1 μg酪氨酸的量为1个活力单位计算(1 IU=1 μg/min),根据以上数据,求:

(1)1 mL酶液中蛋白的含量及活力单位。

(2)比活力。

项目十

食品加工助剂的使用

学习目标与要求

知识目标

1. 了解常用的食品加工助剂的分类。
2. 知道食品工业用加工助剂的概念及作用。
3. 理解常用的食品加工助剂及其在食品加工中的应用。
4. 掌握食品加工助剂在食品工业中的技术目的及使用要求。

能力目标

1. 能运用所学专业知识指导生产实践。
2. 会针对不同材料设计实验确定合适的食品加工助剂及用量。

职业素养目标

1. 通过食品安全事件分析,培养法治意识和社会责任感。
2. 通过弘扬精益求精的工匠精神,树立为人民生产高质量产品的社会责任意识。
3. 通过专业知识的学习,养成诚实守信、求真务实的职业素养。

学习重点与难点

重点:常用的食品加工助剂及其在食品加工中的应用。
难点:食品加工助剂在食品工业中的技术目的及使用要求。

认知与解读

》》知识点一　认识食品加工助剂 《《

助剂科学用
安全我守护

一　食品加工助剂的概念

广义的食品加工助剂包括所有对食品加工具有辅助作用的物质，而实际上仅将单纯有助于生产加工，对最后成品无技术作用的物质称为食品加工助剂。我国《食品安全国家标准　食品添加剂使用标准》(GB 2760—2024)对食品工业用加工助剂的定义为：保证食品加工能顺利进行的各种物质，与食品本身无关。如助滤、澄清、吸附、脱模、脱色、脱皮、提取溶剂、发酵用营养物质等。

二　食品加工助剂功能与特点

(一)功能

食品加工中使用的各种助剂不作为添加剂加入和使用，对加工成品也无直接影响和作用。加工助剂的特殊功能在于辅助加工和利于生产，这些辅助功能包括助滤、澄清、絮凝、吸附、润滑、脱模、脱色、脱皮、溶解、萃取、消毒和发酵中的营养调节等。

(二)特点

1. 食品加工助剂属于一类特殊的食品添加剂，是使食品加工能顺利进行的各种辅助物质，与食品本身无关。
2. 食品加工助剂在最终产品中没有任何工艺功能和作用，在制成最终产品之前应全部除去或仅有极少残留，故不需要在产品成分表中列出。
3. 食品加工助剂在食品工业中应用时，质量要求均为食品级规格。

三　食品加工助剂的分类

根据我国《食品安全国家标准　食品添加剂使用标准》(GB 2760—2024)，目前批准使用的食品加工助剂有183种。按其功能和用途可分为助滤剂、萃取溶剂、脱皮剂、润滑剂、脱色剂、脱模剂、澄清剂、絮凝剂、吸附剂、干燥剂、消毒剂、抑菌剂等。

(一)助滤剂(Filter Aids)

1. 特性

过滤是食品工业中常用的物理处理方法，用以除去液体中的不溶物质。如单独对食品溶液进行过滤,常会因溶液内的细微颗粒堵塞滤布孔眼,造成滤液不清、不能形成滤渣层等问题,导致过滤困难。助滤剂是一类刚性的多孔物质,不易在过滤过程中被滤液压缩形变,形成滤饼时有80%~90%的空隙率,各颗粒间有许多毛细孔相通,能捕捉到粒径在1 mm以下的超微小颗粒。助滤剂的使用方式有两种:一是和待滤食品溶液均匀混合,按一般方法过滤;二是在滤布上预涂一层助滤剂,然后将食品溶液进行过滤。食品级助滤剂化学稳定性极好且不存在潜在污染物,其重金属离子的含量一般在0.005%以下,符合食品添加剂的安全使用要求。

常见的食品助滤剂包括硅藻土、珍珠岩、纤维素粉、膨润土、凹凸棒石黏土(简称凹土)等。

2. 功能

助滤剂的使用,能避免滤液内杂质堵塞滤布和滤饼的过滤通道,使过滤通道持续保持畅通,从而提高滤速,并能延长滤布使用寿命;通过助滤剂形成的滤饼,能够有效地拦截捕捉滤液中的杂质,从而提高滤液的澄清度,提高过滤质量;使滤饼变得蓬松,提高滤饼的吹干率,减少有效成分在滤饼上的残留,提高产品收率,滤渣紧密并能够从滤布上轻松脱落。

(二)润滑剂(Lubricants)

1. 特性

食品级润滑剂主要由基础油、添加剂调配而成。食品级润滑剂主要应用于食品工业中,要求非常严格,不仅要能满足食品机械的润滑,而且不能对产品带来污染,造成安全隐患。与普通润滑剂相比,食品级润滑剂的两种组分要求无毒无害。食品级润滑剂的另一个特点是,其配方专门针对食品机械的高温、低温、高湿等工作环境设计,具有良好的抗氧化、耐高低温和抗乳化能力,使用寿命较长。同时能减少设备的磨损、降低维护频率、延长设备使用寿命。食品级润滑剂按照食品卫生要求可区分为"偶尔与食品接触的润滑剂(USDA H-1级)"、"不和食品接触的润滑剂(USDA H-2级)"和"水溶性油(USDA H-3级)"三大类。

2. 功能

食品级润滑剂已成功应用于食品饮料、酿酒、禽畜屠宰加工、奶制品、烘焙食品、宠物食品、制糖、食品包装、医药、粮食加工、水产、烟草、自来水厂等,用于加工机械润滑、防锈、冷却和密封机械的摩擦部件。

(三)脱模剂与防黏剂(Release Agents and Anti-stick Agents)

1. 特性

脱模是将食品从加工模具中取出的过程,脱模剂又称脱模润滑剂,是一种用在两个彼此易于黏着的物体表面的一个界面涂层,它可使物体表面光滑、洁净、易于分离。脱模剂还具有耐热及应力性能,不易分解、形变和磨损;脱模剂黏合到模具上而不转移到被加工的制品上,不妨碍二次加工操作。在实际应用中,硅酮类乳化剂是较好的脱模剂,一般用水稀释至0.5%~2.0%,用于涂抹食品加工模具。

常用的脱模剂和防黏剂有硅油、矿物油(白油)、油酸、甘油、葡萄糖液等。

2. 功能

食品工业中为防止食品与加工模具黏着需要使用脱模剂和防黏剂，例如制作中式糕点、饼干、面包、蛋糕、糖果、巧克力等食品。食品包装用纸也是经过防黏剂处理的包装材料，如口香糖、泡泡糖的包装用纸；在食品工业的传送带上涂上防黏剂后，可显著提高传送带的防黏性能，减少食品因黏附造成表皮破损，降低次品率。

(四)澄清剂与絮凝剂(Clarificants and Flocculating Agents)

1. 特性

许多液体食品在长期贮存后易产生混浊，形成沉淀，并可能发生氧化反应，从而被误认为是产品变质的表现。混浊的形成主要与带负电荷的果胶、纤维素、鞣质和多聚戊糖等物质有关。当蛋白质与果胶物质、多酚类物质长时间共存时，就会相互结合形成混浊的胶体，甚至出现沉淀。因此，液体食品生产完成后，需要加入澄清剂，以除去上述易形成沉淀的成分，以便获得更好的风味及稳定性。

澄清剂的种类很多，其中有机物质包括明胶、鱼胶、单宁、纤维素等；矿物质有高岭土、膨润土、皂土、活性炭、硅藻土等。另外，还有某些合成树脂，如聚酰胺、聚乙烯吡咯烷酮(PVP)、聚乙烯聚吡咯烷酮(PVPP)；多糖类，如琼脂、阿拉伯树胶、硅胶、脱乙酰甲壳素等。

2. 功能

澄清剂的作用是澄清与去除饮料等液体食品中引起混浊及颜色和风味改变的物质。

(五)脱皮剂(Peeling Agents)

1. 特性

在以果蔬为原料进行食品加工时，由于果蔬皮大多不宜食用或影响感官及加工，加工前需要进行脱皮处理。果蔬外皮一般含有纤维素、木质素、果胶、单宁、碳水化合物、蛋白质等成分，其中起固定作用的主要是果胶类物质。果蔬脱皮，通常采用氢氧化钠(俗称烧碱)处理，若单用烧碱，往往存在使用量大、腐蚀性强、成本高、不易控制、去皮效果不理想等缺点；另外，由于烧碱只具有极性成分，对外皮里的非极性成分分解能力较弱，因而降低脱皮速度，影响脱皮效果。因此，要提高氢氧化钠的果蔬脱皮效果还需配用脱皮助剂。

2. 功能

脱皮助剂是具有一定表面活性的化学试剂，与烧碱配合使用，能增强碱液的浸润、渗透能力，快速溶除果蔬表面蜡质，使碱液能迅速穿过表皮进入中胶层溶解果胶，促进皮、肉分离，加快脱皮速度，提高生产率。同时，脱皮助剂还能减少烧碱使用量，并可使作用条件温和，保护果蔬肉体不被碱液烧伤等。

常用的脱皮剂组分包括氢氧化钠、盐酸、磷酸三钠、月桂酸、脂肪酸等。

(六)脱色剂(Decoloring Agents)

1. 特性

脱色是油脂、果汁、糖品等加工的重要工序之一,脱色效果直接影响产品质量和成本消耗,脱色分为吸附脱色和化学反应脱色。食品工业中通常采用吸附脱色,通过脱色剂选择吸附食品中对食品品质不利的色素成分。

2. 功能

吸附可分为物理吸附和化学吸附,物理吸附靠的是分子间的范德华力,速度快,无选择性,可形成单分子或多分子吸附层,如活性炭吸附;化学吸附是固体吸附剂表面分子和被吸附组分之间发生电子的转移、交换或共有,形成吸附化学键。化学吸附时,吸附位置更深,作用距离更短,只能形成单分子吸附层,且需活化能,并有一定的选择性,吸附速度较慢,如离子交换树脂吸附。常用的化学吸附脱色剂有活性白土和活性炭。

(七)溶剂和萃取溶剂(Solvents and Extraction Solvents)

1. 特性

食品工业所说的溶剂一般是指对非水溶性的食品原材料有溶解作用的非水溶剂,它能为食品溶液内的非水溶成分的提取分离提供条件。对于某些难溶性食品成分的萃取,常加入第三种物质使之形成可溶的络合物、缔合物或复盐等,以提高萃取组分在溶剂中的溶解度,这个第三种物质称为助溶剂,助溶剂多为低分子化合物。

2. 功能

在食品工业中,非水溶剂常常用于各种非水溶性成分的提取,如油脂、香辛料、脂溶性维生素等;也常用于非水溶性物质的稀释,如香精、色素、维生素、虫胶等。

食品加工中单纯用于稀释的溶剂有丙酮、乙醇、丙二醇、丙三醇等。用于脂溶性物萃取的溶剂有二氯甲烷、乙醚、己烷、甲苯等。

(八)消毒剂和抑菌剂(Disinfectors and Micro-organism Control Agents)

1. 特性

消毒剂和抑菌剂是指对食品生产环境、加工设备、附属设施进行灭菌消毒所用的化学药剂。一般消毒剂都具有很强的氧化能力,能杀灭环境和设备中的病原微生物。

2. 功能

消毒剂和抑菌剂虽具有杀菌防腐功能,但不属防腐剂的使用范畴,防腐剂是在食品加工完成后,为防止食品腐败变质、延长保质期而使用的一类有抑菌作用的食品添加剂。消毒剂和抑菌剂只被归入食品加工助剂,然而却是食品加工过程中非常重要的加工助剂,对食品加工过程的工具设备和周围环境进行消毒,不但能避免或减少食品加工过程中微生物污染的概率,同时也可为食品防腐剂充分发挥作用提供良好的环境条件。

常用的消毒剂和抑菌剂有漂白粉、过氧化氢、过氧乙酸、酒精、高锰酸钾、新洁尔灭等。

知识点二　常用的食品加工助剂及其在食品中的应用

一　助滤剂和吸附剂

(一)硅藻土(Diatomaceous Earth)

组成:硅藻土是由古代的硅藻及其他单细胞微小生物的遗骸沉积物的硅质部分组成,经化学变化形成的天然物质,经加工成为产品。硅藻土主要成分为 $SiO_2 \cdot nH_2O$,颜色呈白色、灰白色、黄色、灰色等。其内部疏松多孔,质轻而软,硬度为1.0~1.5,密度为1.9~2.3 g/cm³,一般情况下,密度越小,质量越好。孔隙度可达90%左右,易研成粉末。

性状:硅藻土具有很强的吸附能力,有良好的过滤能力和化学稳定性。原土的孔体积为0.4~0.9 cm³/g,精制品的孔体积为1.0~1.4 cm³/g,比表面积达40~65 m²/g,具有良好的吸附性能,特别适于吸附截留溶液中的悬浮颗粒。

普通的硅藻土是将硅藻土矿经选矿、磨碎和干燥(通常两次),再经预分选和旋流分离器分离,得到的微细粉状产品,普通的硅藻土再经焙烧处理得到硅藻土精制品。

应用:硅藻土作为助滤剂在食品工业中有着广泛的应用。主要应用于各种调味品、饮料、食用油类、糖类产品及酶制剂、乳制品、海藻胶、柠檬酸明胶、骨胶等。使用方法是先将硅藻土加入水中搅匀,然后流经过滤机网片,使其在网片上形成硅藻土薄层,当薄层厚度达1 mm左右时,即可过滤得到澄清的制品。视成品澄清度的下降情况,适时更换硅藻土。

毒性:硅藻土不被人体消化吸收,其精制品毒性低。硅藻土的用量视生产需要而定,可在各类食品加工过程中使用,残留量不需要限定,按FAO/WHO(1977年)规定,ADI暂缓决定。

(二)珍珠岩(Perlite)

组成:珍珠岩是一种火山喷发的酸性熔岩,经急剧冷却而成的玻璃质岩石,因其具有珍珠裂隙结构而得名,珍珠岩矿包括珍珠岩、黑曜岩和松脂岩。其主要成分为钾、钠和铝的硅酸盐。珍珠岩在无机酸和有机酸中的溶解度极低,化学性质稳定,不影响被过滤液体的色、香、味。珍珠岩颗粒是不规则的曲卷片状,形成滤饼时有80%~90%的孔隙率,各颗粒之间有许多毛细孔相通,因此可以快速过滤。

性状:珍珠岩助滤剂使用方法和硅藻土完全相同,与硅藻土相比有以下优点:能吸附滤液(如酒类、高营养饮料类)中的部分高分子蛋白质,更有利于提高滤液的非生物稳定性;可提高过滤速度及过滤总量;节约20%使用量。

应用:珍珠岩助滤剂已被许多国家规定为食品加工助剂,在国内外被广泛使用。食品加工过程中,珍珠岩助滤剂的使用量因处理对象不同而异。

(三) 活性炭

组成：活性炭，分子式为C，为黑色细微的粉末。

性状：活性炭无臭，无味，有多孔结构，有强大的吸附能力，每克的比表面积可达500~1 500 m²，活性炭的一切应用，几乎都基于这一特点。其相对密度为1.9~2.1 g/cm³，表观相对密度为0.08~0.45 g/cm³，不溶于任何有机溶剂。

应用：活性炭一般用于蔗糖、葡萄糖、饴糖等的脱色，也可用于油脂和酒类的脱色、脱臭。用活性炭对淀粉糖浆进行脱色和提纯，其方法是先将糖液中的胶黏物滤去，后蒸发浓缩至48%~52%，加入一定量的活性炭进行脱色，加压过滤，除去残留色素，得到无色澄清的糖液。活性炭对糖液中的焦糖色素、单宁色素、皮渣色素等吸附效果较好，对糖液中的氨基酸等含氮色素吸附能力较弱，可采用离子交换树脂的方式进行脱色。

影响活性炭吸附作用的因素主要有活性炭的质量、脱色温度、搅拌速度、脱色pH、脱色时间、糖液浓度等。

以含有10%活性炭的饲料喂小白鼠12~18个月，与对照组相比较，没有明显差异。植物性的食品活性炭ADI无特殊规定。

(四) 高岭土

组成：高岭土是一种非金属矿产，主要成分为含水硅酸铝，因呈白色而又细腻，故又称白云土，是一种以高岭石族黏土矿物为主的黏土和黏土岩。因发现于江西省景德镇高岭村而得名。

性状：纯净的高岭土为白色粉末，一般含有杂质，呈灰色或淡黄色，质软，易分散于水或其他液体中，有滑腻感，并有土味，相对密度为2.54~2.60 g/cm³，熔点约为1 785 ℃。

应用：高岭土常用于葡萄酒、果酒、黄酒加工过程中的澄清环节。每100 L葡萄酒，用高岭土500 g，加水1 000 mL，搅拌成极均匀的泥浆，加入酒液充分搅拌均匀，可使其自然澄清。其缺点是澄清速度很慢，需3~4周，且高岭土若含有微量铁时，会使酒变黑，实际生产中必须使用品质纯净的高岭土。

毒性：ADI无特殊规定（FAO/WHO，2001）。使用限量：奶粉，10 g/kg；奶油粉，1 g/kg（FAO/WHO，1984）。

二、润滑剂与脱模剂

(一) 白油 (White Oil)

组成：白油别名石蜡油、白色油、矿物油，是石油原油经常压和减压分馏、溶剂抽提和脱蜡、加氢精制得到的液态烃混合物，主要为饱和的环烷烃与链烷烃。碳数在16~24，通式为C_nH_{2n+2}。食品级白油，是以矿物油为基础油，经深度化学精制、食用酒精抽提等工艺处理得到的。

性状：白油为半透明油状液体，无毒，无臭，无味。具有良好的化学稳定性和光稳定性。

应用：广泛适用于食品加工厂的各类紧固件、轴承、法兰、管件、插栓等部件的润滑，能有效防止机械磨损。白油可用于食品上光（如面包、巧克力）、发酵过程中消泡、果蔬和鸡蛋抑菌保鲜等。此外,还可用于食品烘焙、糖果制作、果蔬脱水的脱模与防黏。《食品安全国家标准 食品添加剂使用标准》(GB 2760—2024)规定:白油适用于薯类的加工工艺、油脂加工工艺、糖果的加工工艺、胶原蛋白肠衣的加工工艺、膨化食品加工工艺、粮食加工工艺(用于防尘)、发酵工艺、豆制品的加工工艺、鲜酵母制品加工工艺(最大使用量为 0.1 g/kg)。

毒性: 按 FAO/WTO(1997)规定,对白油的 ADI 不做特殊规定。

(二)石蜡(Paraffin)

组成: 石蜡是从石油、页岩油或其他沥青矿物油的某些馏出物中提取出来的一种烃类混合物,主要由正构烷烃组成,无臭,无味。石蜡是非晶体,但具有明显的晶体结构。常温下为无色或淡黄色固体,碳原子数一般为 16~32,相对分子质量为 300~540,馏分范围为 350~500 ℃,密度通常为 0.9 g/cm³。

性状: 食品用的石蜡分为食品级石蜡和食品包装石蜡。食品级石蜡适用于食品口香糖、泡泡糖、脱模、压片、打光等直接接触食品的用蜡。食品包装石蜡适用于与食品接触的容器、包装材料的浸渍用蜡。食品级石蜡也可以溶于汽油中,对水果进行喷涂,可以防止水果失水干缩及微生物的侵蚀。

应用:《食品安全国家标准 食品添加剂使用标准》(GB 2760—2024)规定,只有食品级石蜡才能作为食品添加剂在规定的使用范围内限量使用。

三 澄清剂与脱色剂

(一)膨润土或皂土(Bentonite)

组成: 膨润土是以蒙脱石为主要成分的非金属矿产,蒙脱石含量为 40%~90%,蒙脱石结构是由两个硅氧四面体夹一个铝氧八面体组成的 2∶1 型晶体结构。蒙脱石可表现为各种颜色如黄绿色、黄白色、灰色、白色等。可为致密块状,也可为松散的土状,用手指搓磨时有滑腻感,小块体加水后体积胀大数倍至 30 倍,在水中呈悬浮状,水量少时呈糊状。此外膨润土还含有少量高岭石、水铝英石、绿泥石、蛋白石、云母等矿物质。膨润土是澄清剂的典型材料,皂土是膨润土在葡萄酒行业惯用的商业名称,由天然膨润土精制而成。

性状: 膨润土是一种复杂的水合硅酸铝,由于蒙脱石晶胞形成的层状结构存在 Na^+、K^+、Cu^{2+}、Mg^{2+} 等阳离子,且这些阳离子与蒙脱石晶胞的作用很不稳定,易被其他阳离子交换,故蒙脱石具有较好的离子交换性。膨润土由带负电荷的不溶性硅酸盐小片组成,当以水悬浮体的形式存在时具有很大的比表面积,可达 750 m²/g。它优先吸附蛋白质,这种吸附作用是因为蛋白质的正电荷与硅酸盐负电荷之间的相互吸引。同时被吸附蛋白质覆盖的膨润土颗粒又可吸附一些酚和单宁,从而达到使溶液澄清的效果。

应用: 膨润土具有良好的物理化学性能,是一种用途广泛的天然矿物材料,可做澄清脱色剂、黏结剂、触变剂、悬浮剂、稳定剂、填充料、催化剂等,广泛用于农业和食品、药品、化妆品等轻工业领域。膨润土用于果汁的澄清处理时,既可以吸附蛋白质等大分子胶体粒子,又可以吸附单宁等多酚类物质,还可与金属离子络合,从而消除引起果汁非生物混浊的多种因素。膨润土在葡萄酒酿造中的主要作用是澄清、稳定酒体,防止葡萄酒内蛋白质凝集产生浑浊、形成沉淀；显著提高葡萄酒对蛋白质、铁、铜的稳定性，有效提高抗葡萄酒"铁破败病""铜破败病"的能力；提高出酒率，并部分改善酒的口感，减少农药残留。经提纯或改性后的膨润土还可广泛应用于油脂和调味品（酱油、陈醋、味精）等的澄清脱色处理。膨润土在使用前，必须在5~7倍水中充分浸泡膨胀4~6 h，只有这样，膨润土才能充分发挥作用。

毒性：膨润土毒性很小，大鼠对膨润土的最大耐受量为8 g/kg。膨润土对神经、呼吸及心血管系统没有影响。

（二）明胶（Gelatine）

组成：明胶没有固定的结构和相对分子质量，是动物皮肤、骨、肌膜、肌腱等结缔组织中的胶原蛋白经部分水解得到的相对分子质量在10 000~70 000的水溶性蛋白质混合物。食用明胶为白色或淡黄色透明至半透明带有光泽的脆性薄片、颗粒或粉末，是一种无色、无味、无挥发性、透明坚硬的非晶体物质，可溶于热水，不溶于冷水，但可在冷水中缓慢吸水膨胀软化，明胶可吸收相当于自身质量5~10倍的水，如果加热，则溶解成胶体，冷却至35~40 ℃，成为凝胶状。

性状：明胶溶液的凝胶化温度与其浓度、共存盐的种类、溶液的pH有关，明胶的凝胶柔软富有弹性，口感较好。明胶的水溶液具有黏性，黏度大小与温度、pH和施加搅拌有关。明胶还具有起泡和稳泡作用，在凝固温度附近起泡能力最强。明胶还是一种优良的保护性胶体，可作为疏水性胶体的稳定剂和乳化剂。

应用：食用明胶是一种食品添加剂，有较高的营养价值，在食品、医药等工业领域有着广泛应用。明胶可以直接制成浓汤、肉皮冻子，还可用于水晶冻、色拉、蛋黄汁、糖霜、奶油糖、香味酱、巧克力、饮料等；在糖果制造中作为冻结剂用于生产明胶冻糖；作为稳定剂，能控制糖晶体大小，并防止糖浆中油水相分离；作为乳化剂、黏合剂用于糖果生产，可减少脆性，有利于成型，便于切割，从而防止各类形式糖果的破碎，提高成品率；在糕点生产中，用作各种糖衣的黏结剂；在乳制品中用作酸奶的稳定剂，防止乳清渗出和分离；明胶还广泛应用于肉制品、餐用胶冻、含明胶点心、糕点等。

毒性：食用明胶为蛋白质，本身无毒性，因此ADI不做限制性规定。

四　被膜剂

（一）紫胶（Shellac）

被膜剂

组成：紫胶又名虫胶片。虫胶为紫胶虫分泌的紫胶原胶经加工制得的工业产品，虫胶的化学成分比较复杂，主要成分是树脂。

性状：虫胶片为淡黄色至褐色的片状物，有光泽，可溶于碱，不溶于酸，有一定的防潮能力。虫胶片的原料紫梗是天然的动物性树脂，是我国传统中药，称为紫草茸，具有清热、凉血、解毒之功效。

应用与限量：可可制品、巧克力和巧克力制品（包括代可可脂巧克力及制品），威化饼干，0.2 g/kg；经表面处理的鲜水果（仅限苹果），0.4 g/kg；经表面处理的鲜水果（仅限柑橘类），0.5 g/kg；胶基糖果，除胶基糖果以外的其他糖果，3.0 g/kg；胶原蛋白肠衣，按生产需要适量使用。紫胶溶解于乙醇中配成10%的溶液，可作为水果被膜剂。紫胶还可用于巧克力的外膜涂层，防止其受潮变黏，并赋予其明亮的光泽。

毒性： 紫胶 ADI 为允许使用，LD_{50} 为 15 g/kg（小鼠，经口）。

(二) 吗啉脂肪酸盐（果蜡）(Fruit Wax)

组成： 吗啉脂肪酸盐的主要成分为天然棕榈蜡、吗啉脂肪酸盐和水。

性状： 吗啉脂肪酸盐为褐色半透明乳状液体，溶于水，pH 为 7~8，在 -5~42 ℃下稳定。

应用： 吗啉脂肪酸盐具有优良的成膜性，涂抹于果蔬表面，可形成薄膜，抑制果蔬细胞呼吸作用，防止内部水分散失。同时可抑制微生物入侵，并能改善外观。吗啉脂肪酸盐主要应用于水果涂膜保鲜，用量按正常生产需要添加，使用时先配制成一定浓度的水溶液，然后用浸果或喷雾的方法处理鲜果，晾干后可在水果表面形成一层薄膜，实际使用时往往配合添加适量的防霉剂，以获得更好的贮藏效果。

毒性： 吗啉脂肪酸盐 LD_{50}>1.6 g/kg（小鼠，经口）。

(三) 巴西棕榈蜡 (Carnauba Wax)

组成： 巴西棕榈蜡由巴西棕榈树叶中取得，主要成分由 C_{24}~C_{34} 的直链脂肪酸酯、C_{24}~C_{34} 的直链烃基脂肪酸酯、C_{24}~C_{34} 的桂酸脂肪酸酯组成，还含有 C_{24}~C_{28} 直链游离脂肪酸、C_{27}~C_{31} 的直链烃类及树脂组成。

性状： 巴西棕榈蜡相对密度为 0.997 g/cm³，为淡棕色至灰黄色的粉末、薄片或形状不规则且质地硬脆的蜡块，具有树脂状断面，微有气味，不发生酸败。熔点为 82~85 ℃，不溶于水，微溶于热乙醇，溶于碱液、氯仿、乙醚及 40 ℃以上的脂肪。

应用：《食品安全国家标准 食品添加剂使用标准》(GB 2760—2024) 规定，作为覆膜剂，巴西棕榈蜡配制成乙醇溶液后用于果蔬涂膜，可形成一层薄膜。巴西棕榈蜡用于新鲜水果，最大使用量为 0.000 4 g/kg（以残留量计）；用于可可制品、巧克力和巧克力制品（包括代可可脂巧克力及制品）以及糖果中，最大使用量为 0.6 g/kg。由于其熔点高于口腔温度，且不易被消化道吸收，也可用作胶母糖胶基。

毒性： ADI 为 0~7 mg/kg (FAO/WHO, 1994)。FDA 将其列为公认的一般安全物质。

操作与体验

技能一　硅藻土在果汁澄清中的应用及效果评价

在饮料过滤中采用硅藻土助滤剂过滤，从性质上讲有三种作用：

1. 筛分作用。当流体流经过滤介质时，过滤介质的孔隙小于杂质粒子的粒径，这样杂质粒子就不能通过而被截留下来的作用称为筛分作用。

2. 阻留作用。此作用也称深层过滤和深度效应。其分离过程只发生在介质的"内部"部分穿过滤饼表面的比较小的杂质粒子，被过滤介质内部深而曲折的微孔沟道和滤饼内部更小的孔隙所阻留。

3. 吸附作用。有些比过滤介质内部孔隙还小的颗粒碰撞在多孔材料内部表面上，并被相反电荷所吸引；还有一种是粒子间的相互吸引形成链团而黏附在过滤介质上，这都属于吸附作用。

▶ **目的与要求**

掌握用硅藻土过滤果汁的方法，能根据实际生产需要设计实验确定适用的过滤材料及用量。

▶ **仪器与材料**

实验仪器：紫外-可见分光光度计，水果打浆机，榨汁机，离心机。

实验材料：硅藻土。每100 mL果汁分别加入0 g/L、3 g/L、4 g/L、5 g/L硅藻土。

▶ **方法与步骤**

1. 工艺流程

苹果→去皮、去核→打浆→稀释→榨汁→粗滤→加入硅藻土→离心→取上清液分析。

2. 硅藻土加入方法

取100 mL果汁4份，调节pH为5，时间为5 h，温度为50 ℃，硅藻土用量分别为0 g/L、3 g/L、4 g/L、5 g/L。

3. 苹果果汁透明度测定。在720 nm下测定苹果果汁的透光率T_{720}，以蒸馏水做参数比（T_{720}=100%）。

▶ **效果与评价**

将添加不同硅藻土的苹果果汁澄清效果评价填入表10-1。

表10-1　　　　　　　　添加不同硅藻土的苹果果汁澄清效果分析

助滤剂使用量/(g·L^{-1})	0	3	4	5
T_{720}				

▶▶▶ 技能二　被膜剂在水果表面的使用及效果评价 ◀◀◀

紫胶是一种天然被膜剂，用于水果涂膜保鲜。使用紫胶处理水果，可抑制其呼吸作用，减少水分蒸发，防止微生物浸染，起到延长供应期和贮存期，提高经济效益的效果。

▎目的与要求

掌握用紫胶对鲜果保鲜处理的方法,能根据实际生产需要设计实验确定适用的水果保鲜材料及用量。

▎仪器与材料

实验仪器:水浴锅,电子秤,毛刷,苹果,单果包装袋,纸箱。

实验材料:碳酸钠,紫胶。将紫胶用3%的碳酸钠水溶液分别配成3%、6%、9%的混合液使用。

▎方法与步骤

1. 水果准备

每组准备鲜摘苹果200个,要求大小均一,无伤无斑,分成4份,1份作为对照,其余3份使用紫胶液处理。准备4个大小适中的纸箱及聚乙烯(PE)单果包装袋若干。

2. 配制紫胶液

先将3%碳酸钠水溶液加热,温度升至50 ℃左右,加入3%、6%、9%的漂白紫胶片。继续搅拌,温度升至60 ℃左右恒温,直至紫胶片完全溶解,降温至30 ℃左右备用。

3. 刷涂紫胶液

用毛刷均匀地将紫胶液刷至苹果表面,自然晾干。

4. 包装贮存

采用单果包装袋包装苹果,存入纸箱,室温贮存。20 d后观察每组果实的失重率和好果率。

▎效果与评价

将添加不同被膜剂的苹果效果评价填入表10-2。

表10-2　　　　　　　　　　添加不同被膜剂的苹果效果分析

紫胶浓度/%	贮存前质量/g	贮存后质量/g	失重率/%	贮存前好果个数/个	贮存后好果个数/个	好果率/%
0						
3						
6						
9						

拓展与提升

其他加工助剂

1. 高锰酸钾（Potassium permanganate）

高锰酸钾又称过锰酸钾。该品为深紫色颗粒状或针状结晶，有金属光泽，味甜而涩，具有强氧化性。该品用于淀粉工业中，具有除臭功能，最大使用量为 0.5 g/kg。

2. 固化单宁（Immobilized tannin）

固化单宁是以五倍子为原料提取单宁，再以适当的固化技术将其结合在水不溶性载体上而成。固化单宁不溶于水、乙醇，对蛋白质、金属离子有极强的亲合力，是一种高效的蛋白吸附剂。

固化单宁为需要规定功能和使用范围的加工助剂，根据生产需要可适量使用，可用作黄酒、啤酒、葡萄酒和配制酒的加工工艺以及油脂脱色工艺的助滤剂、澄清剂、脱色剂、金属螯合剂。

思考与练习

一、名词解释

1. 食品加工助剂　2. 脱模剂　3. 消毒剂和抑菌剂

二、判断题

1. 食品加工助剂在最终产品中没有任何工艺功能和作用，在制成最终产品之前应全部除去或仅有极少残留，故无须在产品成分表中列出。（　　）
2. 食品加工助剂在食品工业中应用时，在制成最终产品之前已全部除去或仅有极少残留，故对质量没有严格要求。（　　）
3. 液体食品长期存放后产生浑浊一定是变质的表现。（　　）
4. 烧碱对果蔬外皮中的极性成分分解能力较强。（　　）
5. 消毒剂和抑菌剂具有杀菌防腐功能，属于防腐剂的使用范畴。（　　）
6. 珍珠岩助滤剂的使用方法与硅藻土完全相同。（　　）
7. 活性炭对糖液中的焦糖色素、单宁色素、皮渣色素等吸附效果较好，对糖液中的氨基酸等含氮色素吸附能力较弱。（　　）

三、选择题

1. 膨润土优先吸附水溶液中的（　　）。
   A. 蛋白质　　　　B. 糖类　　　　C. 单宁　　　　D. 金属离子
2. 在食品工业中，膨润土不可以用作（　　）。
   A. 脱色剂　　　　B. 悬浮剂　　　　C. 填充料　　　　D. 助滤剂
3. 巴西棕榈蜡不溶于（　　）。
   A. 水　　　　B. 氯仿　　　　C. 乙醚　　　　D. 热脂肪
4. 食品工业中，凡士林可用作（　　）。
   A. 助滤剂　　　　B. 澄清剂　　　　C. 润滑剂　　　　D. 覆膜剂

四、填空题

1. 食品级润滑剂主要由_____、_____调配而成。

2.果蔬外皮中起固定作用的主要是_____物质。
3.硅藻土能作为助滤剂应用的主要原因是其内部_____。
4.食品级白油以_____为基础油,经深度化学精制、食用酒精抽提等工艺处理得到。
5.凡士林因用途不同有_____、_____、_____三种颜色。
6.紫胶主要成分是_____。

五、简述题
1.什么是食品加工助剂?它与传统的食品添加剂有什么区别?
2.食品加工助剂的主要功能有哪些?可分为哪几类?
3.助滤剂的使用主要有哪些方式?
4.食品级润滑剂与普通润滑剂的区别主要有哪些?
5.简述明胶在食品工业中的应用。

六、技能题
1.简述用活性炭对淀粉糖浆脱色提纯的方法。
2.简述用紫胶对鲜果覆膜保鲜的方法。

项目十一

各类食品中食品添加剂的综合选用

学习目标与要求

知识目标

1. 知道粮油食品、果蔬食品、肉制食品、饮料类食品等各类食品所用的添加剂种类。
2. 了解各种食品添加剂的特性和使用要求。
3. 理解各种食品添加剂的作用机理。
4. 掌握各类食品中常用食品添加剂的使用方法。

能力目标

1. 能在各类食品加工中正确综合选择与使用各种食品添加剂,并能在食品加工中及时发现和解决食品添加剂选择与使用出现的问题。
2. 会对食品添加剂的使用效果进行正确评价,并根据使用效果进行改进。

职业素养目标

1. 通过各类食品加工中综合合理选择和使用食品添加剂,培养严谨求实、精益求精的工匠精神和勤于动手的劳动精神。
2. 通过各类食品在食品安全领域的一些典型案例,说明合法、合规、正确、合理使用添加剂的重要性,树立食品安全意识、法治意识和社会责任感。
3. 通过分析解决各类食品加工中综合使用多种食品添加剂出现的问题,养成善于思考、善于用科学理论指导解决实际问题的良好习惯。

学习重点与难点

重点:各类食品所用的添加剂种类及其作用机理。
难点:各类食品加工中食品添加剂使用过程中出现的问题及其解决方法。

认知与解读

知识点一　粮油食品中食品添加剂的综合选用

粮油食品是以粮食、油料作物或粮油加工副产品为原料,经加工或深加工而成的食品。粮油食品是食品工业中产量最大的产品,在粮油产品加工制作环节中,食品添加剂的合理规范使用是一项必不可缺的关键内容,直接关系到市场流通粮油产品的安全性,能够帮助企业有效延长粮油产品保质期,同时优化改善粮油食品的色香味,促使赢得更多潜在消费者用户的认可和支持。

一　面包类制品中食品添加剂的综合选用

（一）资料收集

食品添加剂在面包中被广泛应用,《食品安全国家标准　食品添加剂使用标准》(GB 2760—2024)规定,面包中允许使用的添加剂包括防腐剂、抗氧化剂、膨松剂、乳化剂、甜味剂、增稠剂、着色剂及酶制剂等。

面包常用的食品添加剂种类、品种及主要作用见表11-1。

表11-1　面包常用的食品添加剂种类、品种及主要作用

序号	种类	品种	主要作用
1	防腐剂	山梨酸及其钾盐、乳酸链球菌素、丙酸及其钠盐、钙盐等	抑制微生物的繁殖,延长制品保质期
2	抗氧化剂	L-抗坏血酸、L-半胱氨酸等	改善面团性能,提高面团的伸展性等
3	膨松剂	酵母等	产生气体,使面坯起发,形成致密多孔组织
4	乳化剂	司盘类、木糖醇酐单脂酸酯、磷脂等	提高面团的机械加工性能,改善面团的流变学性质,增大面包的体积,赋予制品良好的风味与口感,延缓制品老化,增长其货架期
5	甜味剂	蔗糖、转化糖浆、甜蜜素、麦芽糖醇、山梨糖醇、阿斯巴甜等	在发酵时提供酵母糖源,增加制品的甜味和营养价值,赋予制品良好的色泽和风味,调节面筋的胀润度,延长制品的货架寿命等
6	增稠剂	海藻酸钠、黄原胶、羧甲基纤维素、瓜尔豆胶、沙蒿子胶和魔芋粉等	弥补原料的不足,提高产品的质量,延缓制品的老化,从而延长其货架寿命
7	着色剂	可可壳色等	改善制品色泽
8	酶制剂	有α-淀粉酶、木聚糖酶或戊聚糖酶、葡萄糖氧化酶、蛋白酶、纤维素酶和乳糖酶	强化面团面筋网络结构,增强筋力,分解淀粉和蛋白质,提供酵母营养,改善面包风味和色泽,延缓淀粉老化

续表

序号	种类	品种	主要作用
9	面包改良剂	复合添加剂	能有效改善面团在生产过程的稳定性；显著增大面包成品的体积；改善面包内部组织的均匀性；延缓淀粉老化，保持面包长时间的柔软性能
10	香精	牛油香粉、香兰素等	能使制品产生浓郁的乳香味
11	吉士粉	混合型面点类食品添加剂	丰富制品的色泽和风味
12	分散剂	淀粉	提高面粉的稳定性，便于称量
13	钙盐	碳酸钙、硫酸钙、磷酸钙等	提高水的硬度，增强面筋筋性；调整pH，使酵母在最适pH 5~6正常生长和发酵
14	铵盐	氯化铵、硫酸铵、磷酸铵等	酵母营养剂，促进发酵，增大面包体积

在面包产品中，往往不会使用单一的食品添加剂，因为单一的食品添加剂的功能有一定的局限性，因此在实际应用中，普遍采用复合添加剂，以达到协同增效的作用。根据《食品安全国家标准 食品添加剂使用标准》(GB 2760—2024)规定，同一功能的食品添加剂(相同色泽着色剂、防腐剂、抗氧化剂)在混合使用时，各自用量占其最大使用量的比例之和不应超过1，并且在达到预期效果的前提下尽可能降低在食品中的使用量。虽然复合食品添加剂可以赋予食品更好的品质，但易导致添加剂使用过量或者种类重复的问题，也不符合食品清洁健康的发展趋势。因此，食品从业者应对食品添加剂的功能和作用有清楚的认知，尽可能合并具有相同功能的添加剂，科学合理地进行复配添加，从而发挥出食品添加剂最佳效果。

(二)面包生产及添加剂综合使用

面包的生产方法目前主要有快速发酵法、一次发酵法和二次发酵法。前两者适用于中小型生产规模的企业，生产周期短，而二次发酵法产生的面包，与前两者比较，具有体积大、柔软、气泡细密、风味好、变陈速度慢、酵母用量低等优点，但所需设备、厂房、劳动力较多，生产周期也较长。本环节以一次发酵法面包制作为例，学习面包生产及添加剂的综合使用。

1. 原料

(1)产品基本配方

面粉2 500 g，糖500 g，鸡蛋5个，活性干酵母20 g，奶粉50 g，面包改良剂20 g，盐20 g，水1 250 g，黄油240 g。

(2)食品添加剂

活性干酵母、面包改良剂、香兰素、丙酸钙、吉士粉等。

2. 面包生产工艺流程

原料处理→所有原辅料→面团调制→发酵→分割、成形→装盘→醒发→烧烤→冷却

3. 操作要点

(1)将所有材料称好，粉质过筛，液体过滤，待用。

(2)将称取并过筛好的面粉、糖及酵母、奶粉、香兰素、面包改良剂、丙酸钙、吉士粉等,倒在打面机里,加鸡蛋5个。

(3)然后慢慢加水,加入一部分水后,停一会让面粉浸水后再加水,共加水1 250 g。搅拌一会,当面筋基本形成时,加黄油240 g和盐20 g。

(4)面团搅拌得光滑、柔软时,取出,放在揉面机里,切割并揉成80 g小面团。

(5)在烤盘里刷少许植物油,然后将面团做出各种花样,摆放于烤盘中。

(6)醒发1 h或80 min,从醒发箱拿出后凉一会儿,使面团表面干些,然后刷上鸡蛋液,把色拉酱挤入裱花袋,呈S形挤在面包上。

(7)上火温度为200 ℃,下火温度为190 ℃,烘烤时间为10 min。中间烤一会后调转一下烤盘的前后,使面包受热均匀。

(8)10 min后面包变金黄色时出炉。取出的烤盘在桌面上震动一下,以防面包与烤盘粘连。

(三)食品添加剂用量及效果评价

对不同食品添加剂用量制作的面包,对产品进行效果评价,将结果填入表11-2。

表11-2　面包常用的食品添加剂用量及效果评价

食品添加剂	酵母		丙酸钙		面包改良剂		吉士粉
评价指标	面团发酵时间及面包体积、风味及色泽		常温下面包存放时间		面团性质、面包体积及内部结构		面包风味及色泽
用量/%	0.5	1.0	0.1	0.2	0.5	1	1	3
评价结果								

二、蛋糕类制品中食品添加剂的综合选用

(一)资料收集

在蛋糕的生产和贮藏过程中,容易发生一系列问题,如出现结构粗糙、松散干硬、弹性和风味变差等老化现象;同时,由于蛋糕营养成分和水分含量较高,特别适合霉菌的生长繁殖,所以易发霉变质,降低蛋糕的食用和商业价值,造成极大的浪费。要解决以上问题,除了运用合适的生产和贮存方法,还要综合使用疏松剂、香精、色素、乳化剂、防腐剂等食品添加剂。

蛋糕中常用食品添加剂的种类、品种及主要作用见表11-3。

表11-3　蛋糕中常用食品添加剂的种类、品种及主要作用

序号	种类	品种	主要作用
1	发泡剂 乳化剂	蛋糕油(复合型乳化剂,主要成分为单酸甘油酯加上棕榈油构成)	具有发泡和乳化双重功能,其中以发泡作用为主,可以缩短蛋液打发时间,提高蛋糕面糊的稳定性,增大蛋糕体积,使成品内部组织细腻、口感松软,有效延长蛋糕的保鲜期

续表

序号	种类	品种	主要作用
2	疏松剂	泡打粉[一般由碳酸氢钠、酸(酒石酸、柠檬酸或乳酸)、酸式盐(酒石酸氢钾、磷酸二氢钙、磷酸氢钙、焦磷酸二氢钙、磷酸铝钠、富马酸一钠等)、明矾及淀粉复合而成]	增大制品体积；使制品内部形成均匀的多孔型组织结构
3	酸度调节剂	塔塔粉(主要成分为酒石酸氢钾、单硬脂酸甘油酯、玉米淀粉、麦芽糊精、乳糖、硬脂酰乳酸钙等)	戚风蛋糕制作中，中和蛋白的碱性，增加蛋白的韧性，增加蛋白的起泡性和稳定性，帮助蛋白打发，使产品更为柔软
4	香精	香兰素、色香粉、色香油等(如果味喷粉、香芋色香油、蓝莓色香油、巧克力色香油等)	赋予蛋糕一定的香味
5	着色剂	红曲米、β-胡萝卜素、可可壳色等	改变食物色彩，改善食物的光泽度
6	防腐剂	丙酸钙、山梨酸及其钾盐等	抑制微生物的繁殖，延长制品保质期

(二)蛋糕生产及添加剂综合使用

本环节将以乳沫类蛋糕中的海绵蛋糕为例来熟悉食品添加剂的选用及添加的效果评价。

1. 原料

(1)产品基本配方

A：全蛋500 g，糖200 g，鲜牛奶40 g。

B：蛋糕油20 g，蛋糕粉200 g，盐2 g，泡打粉0.5 g，香兰素0.05 g。

C：色拉油4 g。

(2)食品添加剂

蛋糕油，泡打粉，香兰素。

2. 蛋糕生产工艺流程

鸡蛋→清洗、去壳→蛋液打发→拌糊→注模→烘烤→出炉冷却→包装

3. 操作要点

(1)新鲜鸡蛋清洗、去壳后，用打蛋机打散，A混合拌匀(鲜牛奶只加三分之一)，搅拌至糖融化，使蛋液充分打发。

(2)慢慢加入B后快速搅拌4~5 min，逐渐加入剩下的牛奶，然后慢速搅拌15~20 min。

(3)快速加入C，慢速搅拌均匀。

(4)迅速将面糊装入烤模，注意加至七八成满即可。

(5)入炉，放入已预热上火(200~210 ℃)，下火(180~190 ℃)的烤炉烘烤15~20 min，烤熟为止。

(6)出炉，脱模，冷却。

(三)产品效果评价

对比不同食品添加剂用量制作的蛋糕,对产品进行效果评价,将结果填入表11-4。

表11-4　　　　　　　　　海绵蛋糕中不同添加剂的使用效果评价

食品添加剂	蛋糕油		泡打粉		香兰素	
评价指标	蛋液打发时间	蛋糕的组织结构	蛋糕的体积	蛋糕的组织结构	蛋糕的风味	蛋糕的色泽
用量/%	3	5	0.5	1	0	0.05
评价结果						

三　月饼类制品中食品添加剂的综合选用

月饼——传承文化　彰显匠心

(一)资料收集

月饼早已是中国传统佳节中秋节的符号,吃月饼是中国各地过中秋节时不可或缺的习俗。

食品添加剂对保证月饼质量、延长制品保质期起着举足轻重的作用。例如:过去人们不用防腐剂,为了抑制月饼中微生物的繁殖,延长保质期,往往将月饼做得水分特别少而糖分特别高,口感比较干硬。即便如此,某些口味的月饼(如蛋黄月饼)存放两三周后也会开始发霉。随着生活水平的提高,人们对月饼口感的要求也越来越高,更加偏向于柔软香甜的月饼。因此,为了平衡月饼口感与保质期之间的冲突,必须添加丙酸钙、山梨酸钾等之类的防腐剂。

月饼生产中常用添加剂种类、品种及主要作用见表11-5。

表11-5　　　　　　　月饼中常用食品添加剂种类、品种及主要作用

序号	种类	品种	主要作用
1	月饼饼皮品质改良剂	复合型乳化剂(主要成分:单甘酯、生物酶制剂、硬脂酰乳酸钠、复合磷酸盐、山梨糖醇等)	改善月饼饼皮品质,使月饼皮柔软、回油迅速、富有光泽
2	疏松剂	碱水、枧水(主要成分:碳酸钾和碳酸钠、少量磷酸盐)	中和转化糖浆中的酸;使饼皮容易着色;与酸反应生成二氧化碳,使饼皮膨胀疏松
3	酸度调节剂	柠檬酸	在转化糖浆中促进蔗糖转化、防止白糖返砂;在果味馅料中,改善馅料的风味、防止馅料中白糖返砂
4	防腐剂	丙酸钙、山梨酸钾等	抑制微生物的繁殖,延长制品保质期
5	抗氧化剂	抗坏血酸	防止油脂氧化;改善饼皮品质

(二)月饼生产及添加剂综合使用

广式月饼选料和制作技艺精巧,皮薄馅靓,是全国各地月饼生产的主要品种,占月饼生产总量的80%以上。本环节以广式月饼中的五仁月饼为例评价食品添加剂在月饼生产中的应用效果。

1. 原料

（1）产品基本配方

皮料：糖浆250 g，花生油70 g，低筋粉280 g，高筋粉50 g，枧水6 mL，吉士粉20 g，丙酸钙1 g。

馅料：烤熟面60 g，砂糖20 g，花生油30 g，核桃仁30 g，瓜子仁35 g，白芝麻15 g，橙皮丁25 g，南瓜子45 g，大杏仁20 g，白莲馅60 g，水15 g，山梨酸钾0.175 g。

（2）食品添加剂

枧水，吉士粉，丙酸钙，山梨酸钾。

2. 月饼生产工艺流程

低筋粉、高筋粉、吉士粉过筛　　　分摘←馅料制备
　　　　　↓　　　　　　　　　　↓
糖浆+枧水→油脂→乳化均匀→和面→分馅→包馅→即模成型→摆盘烘烤
　　　　　　　　　　　　　　　　　　　　　　　　　　　　　　↓
　　　　　　　　　　　　　成品←包装←冷却←烘烤←刷蛋液

3. 操作要点

（1）馅料制备。烤熟面，将低筋粉60 g，用170 ℃烤5 min。核桃仁、瓜子仁、白芝麻、南瓜子170 ℃烤5~8 min，晾凉，然后将馅料的所有原材料拌匀。

（2）调制面皮。将花生油、糖浆和枧水混合均匀，加入丙酸钙溶解，充分搅拌至乳化。加入过筛后的低筋粉、高筋粉和吉士粉，拌匀，松弛2~3 h。

（3）饼皮制作。和好的面团，分割称重，用手掌按扁。

（4）分馅。准备好的馅料分摘称重，搓成圆球状。

（5）包馅、即模成型。将馅料放于饼皮上，收口包馅。收口朝外放入月饼模具，用手掌按扁、脱模、摆盘。

（6）烘烤。控制面火（180~230 ℃）、底火（180~200 ℃），烘烤3~5 min，取出刷蛋液，继续烘烤至表面金黄。

（7）回软。冷却后包装，室温下放置2~3 d至月饼回软。

（三）产品效果评价

对比不同食品添加剂用量制作的月饼，对产品进行效果评价，将结果填入表11-6。

表11-6　月饼中食品添加剂的不同用量的效果评价

食品添加剂	枧水		丙酸钙		山梨酸钾	
评价指标	月饼饼皮的色泽、膨松度		月饼保存时间		月饼保存时间	
用量/%	3 mL	6 mL	0.5 g	1 g	0.175 g	0.350 g
评价结果						

四 人造奶油中食品添加剂的综合选用

(一)资料收集

为了改善制品的风味、外观、组织、物理性质、营养价值和贮存性等,还要使用各种添加剂,人造奶油生产中常用的食品添加剂种类、品种及主要作用见表11-7。

表11-7　　　　人造奶油生产中常用的食品添加剂种类、品种及主要作用

序号	种类	品种	主要作用
1	乳化剂	卵磷脂、琼脂、甘油单酸酯、蔗糖单脂肪酸酯等	水和油充分乳化在一起,防止油水分离;其中琼脂还具有增稠剂的作用;甘油单酸酯还具有稳定剂、消泡剂等作用
2	防腐剂	山梨酸或其钾盐	阻止微生物生长繁殖
3	抗氧化剂	维生素E、丁基羟基茴香醚(BHA)、二丁基羟基甲苯(BHT)、特丁基对苯二酚(TBHQ)、没食子酸丙酯(PG)等	防止原料油脂的酸败和变质
4	着色剂	β-胡萝卜素、柠檬黄等	仿效天然奶油的微黄色
5	香味剂	奶油香精、香草粉、丁二酮、丁酸、丁酸丁酯等	使人造奶油香味接近天然奶油香

(二)人造奶油生产及添加剂综合使用

生产人造奶油时,先按配方要求把液体油脂和固体油脂(氢化油脂)送入配合罐,再把食盐、糖、香味料、食用色素、奶粉、乳化剂、防腐剂、水等调配成水溶液;边搅拌边添加,使水溶液与油形成乳化液;然后通过激冷机进行速冷捏合,再包装为成品。

1. 原料

(1)产品基本配方

原料油脂80%~82%,水分14%~17%,食盐0%~2%,甘油单酸酯0.2%~0.3%,卵磷脂0.1%,胡萝卜素微量,香草粉0.1%~0.2%,山梨酸、山梨酸钾0%~0.05%,维生素E 0.05%,BHA 0.02%,固体乳成分0%~2%,柠檬酸0.01%。

(2)食品添加剂

甘油单酸酯,卵磷脂,山梨酸,柠檬酸,抗氧化剂(维生素E、BHA),香草粉,胡萝卜素。

2. 人造奶油生产工艺流程

原辅料→调和→乳化→急冷→机械捏合→包装、熟成。

3. 操作要点

(1)调和。原辅料按照配方比例称量,乳化剂、着色剂、抗氧化剂等倒入原料油中充分溶解;食盐、防腐剂、固体乳成分等倒入水中加热溶解,搅拌均匀。

(2)乳化。乳化锅内油相加热至60 ℃,加入同温度的水相溶液,迅速搅拌。乳化结束时加

入香料,搅拌均匀。

（3）急冷。乳化液送入激冷筒,温度迅速降低至10~20 ℃,成为过冷液。

（4）机械捏合。利用捏合机对物料剧烈搅拌捏合。

（5）包装、熟成。从捏合机出来的人造奶油立即包装,包装后置于比人造奶油熔点低8~10 ℃的熟成室中保存2~5 d。

（三）产品效果评价

对比不同食品添加剂用量制作的人造奶油,对产品进行效果评价,将结果填入表11-8。

表11-8　　　　　　　　　　人造奶油中不同添加剂的使用效果评价

食品添加剂	脱氢乙酸		BHA		柠檬酸	
评价指标	制品保质期		油脂的氧化程度		油脂的氧化速度	
用量/%	0	0.05	0	0.02	0	0.01
评价结果						

知识点二　　果蔬类食品中食品添加剂的综合选用

为提高或丰富果蔬类食品的色、香、味,保证产品质量,延长食物的保质期等,果蔬类食品的加工也需要合理规范使用各类食品添加剂,如果脯、蜜饯类食品加工中需要使用凝固剂、酸度调节剂、护色剂、抗结剂等,腌渍菜加工中需要使用防腐剂、增味剂、着色剂等。

一　果蔬罐头生产中食品添加剂的综合选用

（一）资料收集

果蔬罐头生产中常用食品添加剂种类、品种及主要作用见表11-9。

表11-9　　　　　　　果蔬罐头生产中常用食品添加剂种类、品种及主要作用

序号	种类	品种	主要作用
1	防腐剂	山梨酸钾等	抑制微生物的繁殖,延长制品保质期
2	抗氧化剂	抗坏血酸、D-异抗坏血酸及其钠盐等	减少氧化作用;防止变色;螯合金属离子
3	增味剂	味精、琥珀酸二钠、5′-鸟苷酸二钠、5′-肌苷酸二钠等	补充或增强食品原有风味,改进食品的可口性
4	凝固剂	氯化钙、氯化镁、硫酸钙等	使食品的胶体凝固为不溶性的胶体状态
5	甜味剂	安赛蜜、阿斯巴甜等	增加甜味,调节风味
6	增稠剂	黄原胶、羧甲基纤维素等	提高制品稳定性,增加汁液稠度

续表

序号	种类	品种	主要作用
7	着色剂	红米红、辣椒红、亮蓝、靛蓝等	赋予或改善食品色泽
8	酸度调节剂	柠檬酸、苹果酸等	使罐头具有圆润、滋味美、爽快的酸味;调节糖酸比;降低pH,抑制腐败微生物的繁殖,影响杀菌条件的确定

(二)果蔬罐头生产及添加剂综合使用

本环节以糖水橘子罐头为例评价果蔬罐头中食品添加剂的应用及其对产品品质的影响。

1. 参考配方

新鲜橘子3 000 g,蔗糖260 g,三氯蔗糖0.4 g,抗坏血酸2 g,羧甲基纤维素钠2 g,柠檬酸适量。

2. 糖水橘子罐头生产工艺流程

原料验收→选果、分级、去皮、去络分瓣→盐处理→漂洗→碱处理和漂洗→整理→分选→漂洗→消毒→装罐→排气→密封→杀菌→冷却→观察→检验→贴标、装箱→入库
　　　　　　　　　　　　↑
　　　　　　　　　灌汤(配糖水)

3. 操作要点

(1)原料验收。果面全部呈橙黄至橙红色,香味良好,甜酸适口;果实呈扁圆形、果皮薄、无核,橘瓣数基本一致,无损害果或病虫害;成熟度在90%以上,含糖量为12%以上,含橘皮苷低。

(2)选果、分级、去皮、去络分瓣。按橘子最大横径分级;将橘子置于水中洗净表面尘污;然后将橘子放入0.01%的漂白粉溶液中浸泡5 min左右;最后将橘子捞出,并放入已灭菌的容器,剥皮、分瓣。

(3)盐处理。将橘瓣放入温度为20~30 ℃,质量分数为0.5%左右的NaCl溶液浸泡数分钟。当橘络与橘瓣外表松开脱落时,将橘瓣捞出,并放入水中漂洗。数分钟后,去除附于橘瓣表面的黏着物。

(4)碱处理和漂洗。将橘瓣放入温度为20~35 ℃,质量分数为0.05%左右的NaOH溶液中浸泡,并间歇用压缩空气搅拌。当橘瓣的外表皮分解,外表皮与内表皮分开脱落时,将橘瓣捞出,放入水中漂洗。同时,用压缩空气间歇搅拌,以去除橘瓣部分外表皮的分解物、皮膜、污物。

(5)配糖水。将适量的水放入不锈钢夹层锅,加热至沸腾;将蔗糖放入沸水中(蔗糖与水的质量比为1:3),一边加热一边搅拌,直至蔗糖全部溶化,并重新沸腾;然后加剩下的水、甜味剂;降温到55 ℃时加入稳定剂(羧甲基纤维素钠),边搅拌边缓慢加至完全溶解为止;最后加抗坏血酸,并用柠檬酸调糖水的pH至3.8,并过滤备用。

(6)排气、密封。将橘瓣整理、分选、漂洗、消毒,并按要求装罐后,加入温度为85 ℃以上的糖水(橘瓣300 g,加入糖水200 mL)。接着将其放入温度为80~85 ℃的排气箱内脱气。脱气时罐内中心温度要求不低于75 ℃,时间为5~10 min。脱气结束,立即真空封口,封口时真空度

380~400 mmHg。

（7）杀菌、冷却。将封口后的半成品迅速放入温度为 80~90 ℃的热水，加热直到沸腾。维持该温度 10~35 min 后，迅速将其分段冷却到 38 ℃左右。

（三）产品效果评价

对比不同食品添加剂用量制作的糖水橘子罐头，对产品进行效果评价，将结果填入表 11-10。

表 11-10　　　　　　　　糖水橘子罐头中不同添加剂的使用效果评价

食品添加剂	抗氧化剂（抗坏血酸）		稳定剂（羧甲基纤维素钠）		酸度调节剂（柠檬酸）	
评价指标	罐壁腐蚀与内容物变色情况		汁液混浊情况和贮存期长短		风味及是否易胀罐	
用量/%	0	0.1	0	0.1	0	0.2
评价结果						

二　果酱制品中食品添加剂的综合选用

（一）资料收集

果酱中常用的食品添加剂种类、品种及主要作用见表 11-11。

表 11-11　　　　　　　　果酱中常用的食品添加剂种类、品种其主要作用

序号	种类	品种	主要作用
1	防腐剂	山梨酸钾、苯甲酸钠等	抑制微生物的繁殖，延长制品保质期
2	稳定剂	果胶	主要起到凝胶、增稠、改善质构、乳化和稳定的作用
3	甜味剂	三氯蔗糖、安赛蜜、阿斯巴甜等	增加甜味，调节风味
4	香精	苹果香精、草莓香精等	赋予食品香味
5	着色剂	柠檬黄、日落黄、苋菜红、胭脂红、胭脂虫红、亮蓝等	赋予或改善食品色泽
6	酸度调节剂	柠檬酸等	使果酱具有温和、爽快的酸味；调节酸度，使果胶在糖、柠檬酸作用下由溶胶变成凝胶，形成果酱特有的组织状态

（二）果酱生产及添加剂综合使用

本环节以苹果酱为例评价苹果酱生产中食品添加剂的应用及其对产品品质的影响。

1. 参考配方

苹果 2 000 g，水 600 g，白砂糖 2 080~2 600 g，柠檬酸 5 g，果胶 5 g。

2. 苹果果酱生产工艺流程

```
                          加柠檬酸、香精
                               ↓
原料选择→处理→打浆→加热浓缩→配料加热浓缩→装罐、密封→杀菌、冷却
                               ↑
                       加白砂糖、三氯蔗糖、果胶
```

3. 操作要点

（1）原料选择。生产果酱的苹果要求果胶及酸含量多、芳香味浓、成熟度适宜、品质优良。加工时，可选用正常采收的苹果，也可用等外果和残次果。

（2）洗涤。将选好的苹果原料放入有流动清水的水槽冲洗，清洗时间要短，随放随洗。若苹果上带有较多污物，可用洗涤剂进行清洗。洗净后立即捞出，控去表面水分，以免清洗时间过长，可溶性的果糖、果酸溶出。

（3）去皮切分。对清洗好的原料进行去皮。去皮时，皮要薄，以避免原料的浪费。削皮后挖去核仁、去掉果柄，再对半切分。

（4）加热软化。在锅中加入果块质量1/5的水，煮沸，再加入切好的果块，加热15~20 min。加热软化的主要目的有破坏酶的活性，防止变色和果胶水解；软化果肉组织，便于打浆或糖液渗透；促进果肉组织中的果胶溶出，并蒸发掉部分水，缩短浓缩时间。

（5）打浆。将果块放入筛板孔径0.7~1.0 mm的打浆机内打浆。也可用小型切菜机进行打浆。打浆要迅速，以防止氧化的发生，最好进行真空打浆。果酱加工中，果浆中允许有小的果块存在。

（6）配料、浓缩。白糖加入量为果浆质量的30%左右。配料时，先将白糖配成70%的水溶液，煮沸后过滤，以除去糖中的杂质。同时，在果浆中加入三氯蔗糖和适量的柠檬酸，使成品的含酸量为0.5%~1.0%。浓缩时，可采用常压浓缩法或真空浓缩法。当果酱的含糖量达65%以上（可用手持糖量计测定），或测果酱温度达105~106 ℃时，浓缩结束，最后加入香精。

（7）装罐、密封。装罐前，将瓶与瓶盖洗净，并用热水进行杀菌，控干水分后，马上进行装罐。装罐时，留0.8 cm左右顶隙。罐装后立即拧紧瓶盖。

（8）杀菌、冷却。果酱装瓶后，应立即在沸水中（100 ℃）杀菌20 min或在高压锅中进行杀菌（115 ℃维持15 min）。杀菌后，将瓶置于65 ℃和45 ℃水中逐步冷却，擦干瓶，贴好标签。产品在常温下的保质期为1年。

（三）产品效果评价

对比不同食品添加剂用量制作的苹果酱，对产品进行效果评价，将结果填入表11-12。

表11-12　　　　　　　　苹果酱中不同添加剂的使用效果评价

食品添加剂	柠檬酸		三氯蔗糖		果胶		山梨酸钾		苹果香精	
评价指标	风味、组织状态及保存期		甜度、热量及成本		组织状态及产品稳定性		开罐后的保存期长短		苹果香味大小	
用量/%	0	0.7	0	0.03	0	0.6	0	0.05	0	适量
评价结果										

三 果冻制品中食品添加剂的综合选用

(一)资料收集

果冻生产中常用食品添加剂种类、品种及主要作用见表11-13。

表11-13　　　　果冻生产中常用食品添加剂种类、品种及主要作用

序号	种类	品种	主要作用
1	增稠剂	刺云实胶、琼脂、卡拉胶、魔芋胶、罗望子多糖胶等	提高食品的黏稠度,形成果冻凝胶,从而改变食品的物理性状,赋予食品黏润、适宜的口感;兼有乳化、稳定或使食品呈悬浮状态的作用
2	酸度调节剂	柠檬酸、己二酸等	改变和维持食品的酸度并改善其风味;增进抗氧化作用,防止食品腐败;与重金属离子络合,具有阻止氧化或褐变反应、稳定颜色、降低浊度、增强胶凝特性
3	甜味剂	纽甜、甜蜜素等	增加甜味,调节风味
4	着色剂	二氧化钛、红花黄、红曲米、红曲红、姜黄、姜黄素、焦糖色、辣椒红、番茄红素等	形成果冻色泽
5	香精	香橙味香精、草莓味香精、蓝莓味香精等	形成果冻风味;丰富果冻品种
6	防腐剂	山梨酸及其钾盐	抑菌、防腐、延长保存期
7	乳化剂	蔗糖脂肪酸酯等	改善乳化体系中各种构成相之间的表面张力,形成均匀分散体或乳化体,防止析出

(二)果冻生产及添加剂综合使用

果冻的生产离不开食品添加剂,如琼脂、卡拉胶、色素、增甜剂等。本环节以几种果冻的生产为例评价果冻生产中食品添加剂的应用及其对产品品质的影响。

1. 参考配方

(1)果肉果冻配方:果冻粉[m(卡拉胶):m(魔芋胶)=3:2]84 g,水 10 kg,糖 800 g,柠檬酸 36 g,山梨酸钾 6 g,水溶性果味香精 0.1%,人工色素(主要为胭脂红、柠檬黄和亮蓝)适量,罐头水果 15%。

(2)可吸果冻爽配方:果冻粉 62 g,除去罐头水果,其他同上。

(3)果冻条配方:果冻粉(不加魔芋胶)230 g,水 10 kg,糖 2.5 kg,山梨酸钾 25 g,柠檬酸 20 g,苹果酸 15 g,香精 0.1%,色素适量。

(4)布丁配方:果冻粉 230 g,水 10 kg,糖 2.25 kg,山梨酸钾 6 g,脱脂乳粉 200 g,柠檬酸 33 g,香精 0.1%,色素适量。

2. 果冻生产工艺流程

白砂糖→溶解→过滤
　　　　　　　↓
果冻粉→溶解→调配→过滤→升温→灌装、封口→杀菌→冷却、风干→装箱
　　　　　　↑
果汁、酸度调节剂、香精等其他配料溶解

3. 操作要点

（1）糖的溶解。95 ℃热水溶解糖，糖液混合搅拌 5~8 min。糖浆浓度 30%~40%，通过 200 目的双联过滤器，贮存时温度大于 70 ℃。

（2）果冻粉溶解。果冻粉用少量糖干爽混匀（防腐剂此时加入），果冻粉慢慢撒入（95±1）℃热水溶胶罐中，高速搅拌 5~8 min。

（3）混合。糖液和胶液混合，再将果汁、酸度调节剂、香精和其他剩余的配料加入混合液，用 70~80 ℃的水溶解，搅拌 5 min。

（4）调配。把所有料液全部泵到调配罐中，混合，定容。取样检测料液的理化指标，如感官、可溶性固形物、pH、总酸含量。需要补充糖、酸时可在此时加入。

（5）过滤。合格的料液经过滤袋过滤，转移到半成品罐中，贮存时温度 80~85 ℃，料液贮存时间小于 50 min，即至少在 1 h 内灌完，否则产品胶体会受影响。

（6）升温。料液经板式换热器加热，温度设计在（85±2）℃。料液出口温度大于 90 ℃才能送到灌装机料桶。

（7）灌装、封口。趁热灌装、封口。应在封口后 1 h 内杀菌，初温不低于 55 ℃。

（8）杀菌。杀菌温度控制在 80~85 ℃。杀菌时间为 10~30 min。

（9）冷却、吹干。采用水冷却，将封口的果冻放在不锈钢冷水池中冷却 5~10 min，保证快速冷却。将袋子表面的水珠吹干，装箱、封箱、堆码、入库，放于待检验区检验。

（三）产品效果评价

对比添加和不添加食品添加剂对果冻质量的影响，将结果填入表 11-14。

表 11-14　　　　　　　　使用食品添加剂对果冻质量的效果评价

食品添加剂	柠檬酸		香精		色素		防腐剂		增稠剂	
评价指标	风味、组织状态及保存期		果冻风味		果冻色泽		果冻的保存期长短		组织状态、稳定性	
用量/%	添加	未添加	添加	未添加	添加	未添加	添加	未添加	添加	未添加
评价结果										

四 腌制菜中食品添加剂的综合选用

(一)资料收集

我国腌制菜起源于周朝,距今约有三千年历史。随着工艺和配方的不断改进,我国的腌制菜种类繁多,有上千个品种,采用不同的蔬菜原料、辅助原料、工艺条件、操作方法,生产出的腌制菜的风味迥异。按蔬菜原料分类,可将腌制菜分为根菜类、茎菜类、叶菜类、花菜类、果菜类和其他类。按腌制菜生产中是否发酵,将腌制菜分为发酵性腌制品(如泡菜、酸菜等)和非发酵性腌制品(包括咸菜、酱菜、糖醋菜、盐渍菜等)两大类。

腌制菜生产中常用食品添加剂种类、品种及主要作用见表11-15。

表11-15　　　　腌制菜生产中常用食品添加剂种类、品种及主要作用

序号	种类	品种	主要作用
1	防腐剂	苯甲酸钠、山梨酸钾、脱氢乙酸钠、乙二胺四乙酸二钠等	抑菌,防腐,延长保存期,保持腌制菜原有的色、香、味
2	着色剂	柠檬黄、苋菜红等	赋予或改善腌制菜色泽
3	抗氧化剂	L-抗坏血酸(维生素C)、D-异抗坏血酸等	减少氧化作用;护色;阻断亚硝酸盐的形成
4	保脆剂	氯化钙	增加水的硬度,保持腌制菜的脆性
5	护绿剂	叶绿素铜钠盐、叶绿素铜钾盐	保持蔬菜原有绿色
6	酸度调节剂	乳酸、乙酸、柠檬酸	改变和维持食品的酸度并改善其风味
7	甜味剂	甜蜜素、麦芽糖醇、三氯蔗糖、糖精钠等	增加甜味,调节风味

(二)泡菜生产及添加剂综合使用

泡菜是蔬菜在食盐溶液下添加适量的香辛料、泡椒等辅料,经乳酸菌和酵母菌等微生物发酵而成的发酵类蔬菜食品,有着悠久的历史文化和传承底蕴。其中,比较著名的有四川泡菜和韩国泡菜。泡菜含有丰富的维生素及钙、铁、磷等矿物质,同时具有清爽、脆嫩的独特口感,深受消费者喜爱。本环节以四川泡菜为例评价泡菜生产中食品添加剂的应用及其对产品品质的影响。

1. 参考配方

白菜600 g,食盐160 g,花椒5 g,辣椒50 g,八角2 g,生姜20 g,冰糖10 g,白酒20 mL。

2. 四川泡菜生产工艺流程

调味料
↓
原料选择→清洗→沥干→切配→装坛→注水→封坛→发酵

3. 操作要点

(1)原料选择。选择无烂帮、老帮、烂叶和虫子的白菜。

(2)清洗。将筛选好的白菜,放入清洗槽,用自来水充分清洗 30 min。

(3)沥干。将上一步清洗好的白菜放在沥干架上进行沥干。

(4)切配和调味料。将洗净晾干的白菜进行切条或者切块,生姜切片。

辅料的选择对泡菜风味的形成至关重要,一般将辅料分为佐料和香料。佐料包括白酒、干辣椒、生姜等;香料包括花椒、八角等。它们的主要作用是增加香味,去除异味。

料水的配制:在制作泡菜时,必须先制作好料水,最好是使用含矿物质的净水或矿泉水配制。这样可以使泡菜更加脆嫩。如果使用软水,可在食盐水(6%~8%)中加入 0.05% 的氯化钙或者碳酸钙,将食盐水加热至沸腾,冷却后待用。

(5)装坛。将处理好的菜装入坛中约一半高度时,放入香料包,然后装菜至坛口 5~10 cm 处,用竹枝卡紧。

(6)注水。注入配制好的食盐水至坛口 3~5 cm 处即可,最后加入白酒和冰糖。

(7)封坛。小心地盖上坛盖。

(8)发酵。根据微生物活动和乳酸积累的多少,发酵活动可以分为三个阶段,即初期、中期和末期。泡菜在发酵中期食用风味最佳。

(三)产品效果评价

对比添加和不添加食品添加剂对泡菜质量的影响,将结果填入表 11-16。

表 11-16　　　　　　　　　食品添加剂对泡菜质量的效果评价

食品添加剂	氯化钙		护绿剂		防腐剂	
评价指标	泡菜口感(脆性)		泡菜色泽		在常温下泡菜的保存期长短	
用量/%	添加	未添加	添加	未添加	添加	未添加
评价结果						

知识点三　肉制品中食品添加剂的综合选用

在肉制品生产加工过程中,食品添加剂是比较重要的辅料,对于肉制品加工生产整体质量会产生直接影响。食品添加剂在肉制品加工中的重要性体现在改善肉制品品质和色、香、味、形、原料及成品的保质保鲜,提高食品的营养价值,新产品的开发及食品加工工艺等各个方面。

一　酱卤制品中食品添加剂的综合选用

(一)资料收集

酱卤匠心
传承文化

酱卤制品是酱卤肉制品的简称,是将生肉预熟后与香料、调味料一起煮制而成。酱卤制品是我国历史悠久的一大传统制品,其品种繁多,色彩美观,香气浓郁,酥润可口,深受广大消费者喜爱。在长期的加工生产中,各地根据自己的原料来源、口味特点、气候条件,经过不断改进和提高,形成了各自独具特色的风味品种,创制出许多世界闻名的优秀产品,其独有的色、香、味是现今流行的西式制品所无法相比的,成为肉制品市场上最受欢迎的品种。

酱卤制品包括白煮肉类、酱卤肉类、糟肉类。白煮肉类是将原料肉经(或未经)腌制后,在水(盐水)中煮制而成的熟肉类制品,其主要特点是最大限度地保持了原料固有的色泽和风味,一般在食用时才调味,代表品种有白斩鸡、盐水鸭、白切肉、白切猪肚等;酱卤肉类是在水中加上食盐或酱油等调味料和香辛料一起煮制而成的熟肉制品,主要特点是色泽鲜艳、味美、肉嫩,具有独特的风味,代表品种有道口烧鸡、德州扒鸡、苏州酱汁肉、糖醋排骨、蜜汁蹄膀等;糟肉类是将原料经白煮后,再用"香糟"糟制的冷食熟肉类制品,主要特点是保持了原料肉固有的色泽和曲酒香气,代表品种有糟肉、糟鸡及糟鹅等。

酱卤制品生产中常用食品添加剂种类、品种及主要作用见表11-17。

表11-17　　　　酱卤制品生产中常用食品添加剂种类、品种及主要作用

序号	种类	品种	主要作用
1	发色剂	硝酸钠、亚硝酸钠	使肉制品产生鲜艳的色泽;能抑制肉毒梭状芽孢杆菌的生长;具有增强肉制品风味,防止脂肪氧化酸败的作用
2	着色剂	红曲米、红曲红等	使肉制品表现出比较理想的肉红色
3	水分保持剂	复合磷酸盐	提高肉制品的保水性及成品率;改善肉质,提高嫩度
4	增甜剂	饴糖	增甜和上色
5	增味剂	谷氨酸钠	增强鲜味和增加营养
6	增香剂	乙基麦芽酚	提高肉香鲜味,并有抑酸、抑苦、去腥、防腐等功效
7	防腐剂	纳他霉素、乳酸链球菌素等	有利于杀灭、抑制微生物,有效避免出现腐败变质情况,使食品在保质期内保持新鲜
8	抗氧化剂	异抗坏血酸钠等	减缓氧化作用,消除酸败及褪色情况,保证肉制品的品质

(二)酱鸭生产及添加剂综合使用

酱鸭属于酱卤制品,是我国的传统产品,不论城市还是农村均作为家常菜,在酒、宴席上也少不了它。但各地的制法、风味略有差异,北方咸些,南方稍甜,四川则要麻辣,各有特色,只是颜色均要呈酱色或稍有些红色。其制作方法大致分为腌制和不腌制的直接煮制法两种,但经过腌制后再酱制的产品滋味好。

1.基本配方

以25只鸭计,每只质量为1.5~2 kg。肉豆蔻(碾碎)30 g,八角40 g,花椒40 g,小茴香65 g,桂皮40 g,白芷45 g,山奈20 g,丁香12 g,鲜姜100 g,红曲粉50 g,味精250 g,糖3 kg,酒500 g,酱油7~8 kg,异抗坏血酸钠0.10 kg,乙基麦芽酚0.3 kg。

2.酱鸭生产工艺流程

活鸭→屠宰加工(或冻光鸭→解冻→整修)→卫检→腌制→冲洗→预煮→酱制→冷却→真空包装→高温杀菌→入库→二包→入库

3. 操作要点

(1) 干腌法

①原料的整修与腌制。经屠宰加工或冻光鸭（一级鲜度）经整修加工成全净膛（肺也去除），鸭脚剪下，卫检合格，符合食品卫生要求方可作原料。每只鸭用150~200 g盐擦其全身，口腔、刀口处、颈部肉、胸腹腔均要撒点盐，表皮擦盐需待有水分出来即可。然后把鸭堆在缸中，腌制16~18 h后用水冲洗一下，手提颈，把胸腹腔中的水倒出备用。

②预煮。锅内放清水煮沸，把鸭颈夹在翅膀下整形后投入锅中。水要多，使鸭便于翻身、撇沫，烧20~30 min可以提出。把胸腹腔内的水全部倒出。

③酱制。锅中放入鸭汤（预煮的汤汁过滤）、老卤、酱油、糖，烧开后投入香料（装在纱布袋内扎紧袋口）、生姜（洗过不去皮，拍松），再次烧开后改小火烧，加盖约10 min后将原料投入锅内，先急火烧沸加酒，注意撇沫，约30 min后改文火烧煮40~60 min，即可出锅。起锅前10 min加味精。酱鸭出锅用铁叉或铅丝筑篱轻轻提起出锅，防止破皮。酱卤汁在锅中用大火烧几分钟，待汁浓出锅撇去表面的浮油，取些卤汁作为浇汁，余下的就是老卤，继续使用。

如烧煮第一锅没有老卤，那就先把卤汁烧好，等汁液浓度、咸淡香味、颜色基本上达到要求再投入鸭坯酱制，其主要目的是解决颜色问题，否则酱制出来的产品肯定色淡、不均，特别是腋、胸、腿更为明显。遇到此情况要加进糖浆继续烧煮，把水分烧掉，汁浓缩，颜色自然会转深。

(2) 湿腌法

不需擦盐，减轻劳力，但要煮制腌制液，耗能。大批量生产时，此法比较适用。

①腌制液的煮制。把配好的香料装入纱布袋，扎紧袋口，投入30 kg沸水中，同时加盐4.5 kg，用竹片或木棒捣几下，加盖，后改小火烧15 min，取出倒入缸内，冷却至常温，测8°Bé即可（一般生产要前一天准备好）。用过的腌制液不要倒掉，第二次烧料时，可以香料减半一起烧煮，不但降低成本，而且老卤味鲜。在烧煮过程中多撇沫。如暂时不生产，将老卤烧沸可以放置3~5 d，但要根据气温来决定。每次配的香料烧煮3~4次后可以丢弃。

②腌制。把整理加工好的鸭子投入腌制液中，让腌制液灌入鸭子的胸腹腔，每只都如此操作。然后把鸭子堆放好，在其上放竹片，再压上石头，使鸭子在水面3~5 cm以下，浸泡18~20 h便可取出冲洗。

③预煮。同上。

④酱制。方法同上，如香料袋不另配，就取腌制液的香料袋。如另配香料就取原配方的1/3即可。

(3) 直接煮制法

在炎热的季节，又无高温冷库等设备，无法进行腌制的情况下多采用此法。如要使酱鸭滋味好，需要腌制，那就得加硝酸盐或亚硝酸盐、磷酸盐，加快盐的渗透，同时把腌制的时间缩短为1~2 h。盐稍多加些，并移到通风阴凉处。

①预煮。同上。

②酱制。锅中放鸭汤、老卤、酱油7.5~8 kg，红曲粉50 g，盐1 kg，糖5 kg，鲜姜100 g，香料袋，加盖。待卤汁烧浓后投入鸭坯，卤汁烧沸后撇沫，加酒后再撇沫，改文火烧30 min，此时前后大约烧1 h。如这时鸭的颜色太淡或不均匀，可加焦糖浆0.5 kg，再烧10~15 min。味精可以在出锅前10 min加入。酱鸭出锅后，卤汁留在锅内用大火烧，待汁浓取出，撇去浮油，取些汁作为浇汁，余下便是老卤。

(三)产品效果评价

对比添加和不添加食品添加剂对酱鸭质量的影响,将结果填入表11-18。

表11-18　　　　　　　　　使用食品添加剂对酱鸭质量的效果评价

食品添加剂	谷氨酸钠		红曲粉		异抗坏血酸钠		乙基麦芽酚	
评价指标	酱鸭鲜味		酱鸭色泽		酱鸭酸价		酱鸭肉香鲜美	
用量/%	添加	未添加	添加	未添加	添加	未添加	添加	未添加
评价结果								

二　腊肠中食品添加剂的综合选用

(一)资料收集

腊肠俗称香肠,是以肉为原料,先切块后绞碎,添加辅料,灌入肠衣,经过发酵、成熟、晒干等加工工艺制作的具有独特风味的肉制品,是我国肉制品最多的一类产品,是中国广东、香港、澳门和南方其他地区常见的食品,具有常温可贮藏、节约能源的特性。

中国的腊肠有着悠久的历史,约创制于南北朝以前,始见载于北魏《齐民要术》的"灌肠法",其法流传至今。中国灌制腊肠不加淀粉,可贮存很久,熟制后食用,风味鲜美,醇厚浓郁,回味绵长,越嚼越香,远胜于其他国家的灌肠制品,是中华传统特色食品之一。腊肠的类型也有很多,以广式腊肠、湖南腊肠、四川腊肠最有影响,其中广式腊味又是腊味市场上的"绝对主角",占全国腊味市场的50%~60%。

食品添加剂目前已广泛用于腊肠加工中,对产品的风味、色泽、质构特性等有着重要的影响,腊肠生产中常用食品添加剂种类、品种及主要作用见表11-19。

表11-19　　　　　　　腊肠生产中常用食品添加剂种类、品种及主要作用

序号	种类	品种	主要作用
1	发色剂	硝酸钠、亚硝酸钠	使肉制品产生鲜艳的色泽;能抑制肉毒梭状芽孢杆菌的生长;具有增强肉制品风味,防止脂肪氧化酸败的作用
2	抗氧化剂	异抗坏血酸钠、特丁基对苯二酚等	减缓氧化作用,消除酸败及褪色情况,保证肉制品的品质
3	着色剂	红曲米、红曲红等	使肉制品表现出比较理想的肉红色
4	水分保持剂	复合磷酸盐	提高肉制品的保水性及成品率;改善肉质,提高嫩度
5	增味剂	谷氨酸钠	增强鲜味和增加营养
		烟熏液	形成特有的烟熏风味和色泽;杀菌、防止氧化、增加产品保藏性

(二)广式腊肠生产及添加剂综合使用

广式腊肠是指以猪肉和肥膘等为主要原料经绞制或切制成丁,用食盐、亚硝酸钠、白糖、白

酒等辅料拌和腌制后,充填入天然的肠衣,经晾晒、风干或烘焙等工艺制成的肠类制品。本环节以广式腊肠为例评价腊肠生产中食品添加剂的应用及其对产品品质的影响。

1. 基本配方

原料(单位:kg):瘦猪肉80,肥膘20,食盐4,白糖8,白酒4,味精0.25,亚硝酸钠0.01,特丁基对苯二酚0.1,冰水适量。

2. 广式腊肠生产工艺流程

原料选择→切丁→配料→斩拌→腌制→灌制→结扎→排气→漂洗→日晒或烘烤→熏制→保藏发酵

3. 操作要点

(1)原料选择。以后腿肉为佳,因其筋膜少,肉质好,利用率较高。其次是前腿肉。在分割过程中,应除去筋膜、骨骼、血膜、瘀血、干枯肉。

(2)切丁。原料肉修整,剔去筋腱、结缔组织、骨头和皮。瘦肉用绞肉机以0.4~1.0 cm的筛板绞碎,肥肉切成边长约为0.8 cm的方丁。肥瘦肉分别存放。

(3)配料。按要求称取调味料和香辛料及其他辅料。

(4)斩拌。斩拌时,先将瘦肉放入斩拌机,均匀铺开,然后开动斩拌机,加入少量冰水,利于斩拌。然后加入调味料和香辛料及其他辅料,最后添加脂肪。脂肪要一点一点地添加,使脂肪均匀分布。斩刀的旋转使料温升高,应不时添加冰屑以降温。斩拌后,原料肉和辅料混合均匀,肉馅滑润、致密。

(5)腌制。在0~5 ℃室内或冷库中腌制1~2 h,当瘦肉变为内外一致的鲜红色,用手触摸有坚实感、不绵软,肉馅中有汁液渗出,手摸有滑腻感时,即完成腌制。此时加入白酒拌匀,即可灌制。

(6)灌制。选天然肠衣(猪或羊的小肠)或胶原肠衣,肠衣内径为2.6~2.8 cm。干肠衣先用温水浸泡,回软后沥干水分。肠衣套在灌肠机灌嘴上,使肉馅均匀灌入。灌制要均匀,应做到肉馅紧密而无间隙,防止装得过紧或过松。

(7)结扎。每12~15 cm一节用细线结扎。

(8)排气。用打针机(或特制的针板)在肠身底与面均匀打针一次(针距为1 cm),使肠内多余水分及空气排出,有助于肠内水分快干。

(9)漂洗。灌后的湿肠,放在35 ℃温水中漂洗一次,以除去附着的污物。然后依次挂在竹竿上,以便暴晒和烘烤。

(10)日晒或烘烤。悬挂好香肠送到日光下暴晒2~3 d。一天翻转两次,使晾晒均匀。胀气处应针刺排气。如遇阴雨天可用烘房、果木烘制,温度应在50 ℃左右,烘烤时间一般为1昼夜。

(11)熏制。果木不充分燃烧产生熏烟,在烟熏机中使用循环烟气熏制,50~80 ℃,6~12 h,然后冷却至0~7 ℃。也可用烟熏液涂抹。烟熏是制作熏肠的特有工艺。

(12)保藏发酵。悬挂在通风干燥处,香肠在8 ℃以下的温度,风干1~3个月,香肠干燥失水,失重20%~35%。在挂晾期间,进行乳酸、酵母发酵,赋予制品特殊风味,pH在5.0~5.5,抑制了有害菌特别是霉菌的生长。

(三)产品效果评价

对比添加和不添加食品添加剂对腊肠质量的影响,将结果填入表11-20。

表11-20　　　　　　　　　　使用食品添加剂对腊肠质量的效果评价

食品添加剂	发色剂		特丁基对苯二酚		谷氨酸钠		烟熏液	
评价指标	腊肠色泽及保质期长短		腊肠酸价		腊肠鲜味		腊肠烟熏风味及保质期长短	
用量/%	添加	未添加	添加	未添加	添加	未添加	添加	未添加
评价结果								

三　灌肠中食品添加剂的综合选用

(一)资料收集

灌肠起源于欧洲,后来传到世界各地,目前是我国常见的肉制品之一,如小红肠、大红肠等。灌肠在我国虽仅有百余年的历史,但因其鲜嫩可口,综合利用率高,出品率高,风味可西(西式风味)可中(中式风味),档次可高可低,品种繁多,味美价廉,营养价值高,食用方便,便于携带和利于机械化大规模批量生产等特点,所以传入我国后发展很快。

灌肠在肠衣用料上大多采用大口径的牛盲肠和牛、猪的大肠;肉除使用猪肉以外,还可以加入牛肉和其他肉类,如鸡肉、鸭肉、兔肉等。一般制肉馅时,瘦肉绞成泥状,肥膘肉切成方丁,以味精、食盐调味,并加淀粉,以增加肉馅的黏稠性和凝固性,使产品组织细腻。食用时切口整齐、口味清淡、鲜美。

各地的灌肠产品风味独特、配方各异。按加工方法可分为生香灌肠、生熏灌肠、熟熏灌肠、干制灌肠或半干制香灌肠等。引入我国的主要是熟熏灌肠。

熟熏灌肠生产中常用食品添加剂种类、品种及主要作用见表11-21。

表11-21　　　　　　　熟熏灌肠生产中常用食品添加剂种类、品种及主要作用

序号	种类	品种	主要作用
1	发色剂	硝酸钠、亚硝酸钠	使肉制品产生鲜艳的色泽;能抑制肉毒梭状芽孢杆菌的生长;具有增强肉制品风味,防止脂肪氧化酸败的作用
2	发色助剂	维生素C、异抗坏血酸及其钠盐	促进发色,稳定色泽;减少发色剂用量,减少亚硝胺形成
3	着色剂	红曲米、红曲红、胭脂红等	使肉制品表现出比较理想的肉红色
4	水分保持剂	复合磷酸盐	提高肉制品的保水性及成品率;改善肉质,提高嫩度
5	增味剂	谷氨酸钠	增强鲜味和增加营养
		烟熏液	形成特有的烟熏风味和色泽;杀菌、防止氧化、增加产品保藏性
6	品质改良剂	变性淀粉	提高灌肠成品黏结性,便于切片;增加稳定性,使产品具有弹性;乳化作用,提高持水性;包结作用,使香气持久,增强制品的感官性能

续表

序号	种类	品种	主要作用
7	防腐剂	山梨酸钾、乳酸链球菌素等	有利于杀灭、抑制微生物,有效避免出现腐败变质情况,使食品在保质期内保持新鲜
8	抗氧化剂	异抗坏血酸钠等	减缓氧化作用,消除酸败及褪色情况,保证肉制品的品质

(二)熟熏灌肠生产及添加剂综合使用

熟熏指生肉经过蒸煮、烘烤等工艺处理后再进行熏制的食品加工工艺。熏制品因在熏制过程中,熏烟中的挥发成分如挥发油、挥发性香料及其他醇、醛、酮、酚、酸类等化合物凝结沉积在制品表面和渗入内层,从而使得熏制品具有特殊的香味。此外,熏制可使畜禽食品的保藏时间大为延长。本环节以熟熏灌肠为例评价灌肠生产中食品添加剂的应用及其对产品品质的影响。

1. 基本配方

哈尔滨红肠(单位:kg):瘦猪肉76,肥猪肉24,淀粉6,味精0.09,胡椒粉0.09,大蒜0.3,硝酸钠0.05,精盐3.5~4。

松江肠(单位:kg):瘦猪肉81,肥猪肉19,淀粉4,味精0.09,大蒜0.1,胡椒粉0.14,胡椒粒0.14,桂皮粉0.5,硝酸钠0.1,精盐3.5~4。

猪肉红肠(单位:kg):瘦猪肉90,肥猪肉10,胡椒粉0.125,五香粉0.625,茴香0.063,白砂糖2.5,淀粉5,白酒0.5,精盐3.3,味精0.6,胭脂红0.006。

2. 熟熏灌肠生产工艺流程

原料整理→腌制→制馅→拌馅→灌制→烘烤→煮制→熏制→成品贮藏

3. 操作要点

(1)原料整理。选用新鲜、脂肪含量低、黏着力好的猪肉等原料肉。要求剔去大小骨头、剥去肉皮,剔去肥油、筋头、血块、淋巴结等。将瘦肉切成长约10 cm、宽5~6 cm、厚2 cm的小块,腌制的肥肉可切成0.4 cm、0.6 cm、0.8 cm、1 cm见方的肥肉丁,以备腌制。

(2)腌制。每100 kg原料加入精盐3~5 kg、硝酸钠50 g,磨细拌和均匀后拌和在切好的肉块上,装入容器腌制2~3 d。大规模生产时,在5 ℃以内的条件下进行。待肉块切面变成鲜红色,且较坚实有弹性,无黑心时腌制结束。肥膘的腌制,一般以带皮的大块肉膘进行腌制,也可腌去皮的脂肪块,将按配料比例混合好的硝酸盐均匀地揉擦在脂肪上,然后移入10 ℃以下的冷库,层层堆起,经3~5 d,脂肪坚硬、切面色泽一致即可使用。

(3)制馅。腌制好的瘦肉用绞肉机绞碎,绞成粒度大小在5~7 mm的块状;将腌制好的脂肪切成边长约为1 cm的方丁。

(4)拌馅。拌馅在拌馅机中进行。先加入猪瘦肉和调味料,拌制一定时间后,加定量水继续搅拌,最后加入淀粉和脂肪丁,搅拌均匀,一般拌馅需要6~10 min。淀粉必须先以清水调和,除去底部杂质后,在加脂肪丁前加入。拌馅时间应以拌好的肉馅弹力好,包水性强,没有乳状分离,脂肪块分布均匀为宜。肉馅温度不应超过10 ℃。

(5)灌制。选用猪肠衣,灌制前先将肠衣用温水浸泡,再用温水反复冲洗并检查是否有漏洞。把肠馅灌入灌肠机内,把肠衣套在灌肠机的灌筒上,开动灌肠机将肉馅灌入肠衣内。

(6)烘烤。经晾干后的红肠送烘烤炉内进行烘烤,烘烤温度为70~80 ℃,时间为20~30 min。

(7)煮制。当锅内水温升到95 ℃左右时将红肠下锅,以后水温保持在85 ℃。煮制时间随灌肠粗细而定。一般用羊肠衣灌制的灌肠为10~15 min,牛和猪的小肠衣灌制的灌肠煮20~30 min。待灌肠中心温度达75 ℃以上时用手掐肠体感到坚硬、有弹性时,即为煮熟的标志,可以出锅。煮制时也可在锅中直接加入着色剂,便于煮制时上色。

(8)熏制。把红肠均匀地挂到熏炉内,不挤不靠,各层之间相距10 cm左右,最下层的灌肠距火堆1.5 m。采用阶段升温法,熏制分为两个温度段:35~55 ℃,55~75 ℃,熏制时间8~12 h。

(9)成品贮藏。未包装的灌肠,必须悬挂存放。已包装的灌肠在冷库内存放。

(三)产品效果评价

对比添加和不添加食品添加剂对熟熏灌肠质量的影响,将结果填入表11-22。

表11-22　　　　　　使用食品添加剂对熟熏灌肠质量的效果评价

食品添加剂	发色剂		变性淀粉		谷氨酸钠		烟熏液		着色剂	
评价指标	灌肠色泽及保质期长短		切片性、弹性、风味、口感等		灌肠鲜味		烟熏风味及保质期长短		灌肠表面色泽	
用量/%	添加	未添加	添加	未添加	添加	未添加	添加	未添加	添加	未添加
评价结果										

知识点四　　饮料类食品中食品添加剂的综合选用

食品添加剂在饮料工业中具有极其重要的意义,饮料已成为人们日常生活中必不可少的饮品,但频发的食品安全事件,使人们越来越关注饮料中的添加剂种类和用量。

一、碳酸饮料中食品添加剂的综合选用

(一)资料收集

果汁汽水类饮料添加的食品添加剂种类、品种及主要作用见表11-23。

表11-23　　　　果汁汽水类饮料常用食品添加剂种类、品种及主要作用

序号	种类	品种	主要作用
1	酸度调节剂	柠檬酸、柠檬酸钠等	改变和维持饮料的酸度并改善其风味
2	着色剂	日落黄、柠檬黄等	改善制品色泽
3	甜味剂	安赛蜜、甜蜜素等	增加甜味,调节风味
4	食用香精	果香型香精	提供果香味
5	其他	二氧化碳	清凉作用;阻碍微生物生长,延长碳酸饮料货架寿命;突出香味;产生舒服的刹口感

(二)果汁汽水生产及添加剂综合使用

本环节以甜橙汁汽水为例评价果汁汽水生产中食品添加剂的应用及其对产品品质的影响。

1. 基本配方

白砂糖82 g/kg,甜橙浓缩汁4.17 g/kg,安赛蜜0.1 g/kg,甜蜜素0.1 g/kg,柠檬酸1.1 g/kg、柠檬酸钠1.1 g/kg,日落黄0.003 g/kg,柠檬黄0.002 g/kg,食用盐0.05 g/kg,香精1.5 g/kg,苯甲酸钠1.0 g/kg,六偏磷酸钠0.1%和CO_2气体倍数3.4。

2. 橙汁汽水生产工艺流程

瓶(容器)→清洗→检验
↓
饮用水→水处理→混合→冷却→碳酸化→灌装→封盖→混匀→检验→成品饮料
↑
配制纯糖浆→调配→半成品糖浆

3. 操作要点(用于1 000 L 成品)

(1)配制纯糖浆。①按热熔糖工艺,将白砂糖(白砂糖要求达到0~1级絮凝标准)和水以适宜的比例混合配成糖度为65~70° Bx 的糖浆;②将上述糖浆加热至85~90 ℃,恒温保持20 min;③根据白砂糖的质量添加适量的活性炭和助滤剂(硅藻土)并过滤糖浆,再过片式换热器冷却至常温后检测纯糖浆糖度;④根据纯糖浆的糖度,按配方计算出适当的糖浆量放入配料混合缸,混合缸中糖浆的含糖量应符合:纯糖浆糖分含量(80±2)kg。

(2)配制半成品糖浆。①各配料须严格按投料顺序投放在上述纯糖浆中,并在配料混合缸处于搅拌状态下加入各配料;②固体配料,(投料顺序为苯甲酸钠→甜味剂→食用盐→色素→六偏磷酸钠→酸度调节剂)将各固体配料分别用5~15 kg 处理水充分溶解,经不锈钢筛网过滤,边搅拌边按投料顺序逐一加入已放入纯糖浆的配料混合缸,并各用2~5 kg 水冲洗容器,洗水经不锈钢筛网加入配料混合缸,搅拌至均匀;③液体配料,将各液体配料分别经不锈钢筛网过滤后,加入配料混合缸内,用0.93 kg 的水冲洗容器2~3次,洗水经不锈钢筛网加入配料混合缸,搅拌至均匀;④加处理水进配料混合缸至规定的体积,搅拌至均匀;⑤完成以上各步骤后,立即检验半成品糖浆糖度;⑥为了保证品质,配制完成的半成品糖浆应尽快使用,在配制的6 h内(夏天4 h内)灌装完毕。

(3)配制橙汁汽水。①该汽水由半成品糖浆、处理水和二氧化碳经碳酸饮料工艺处理后包装而成。所用的水、二氧化碳均符合国家标准;②灌装前需对生产线上物料管、贮存缸及灌注机(灌注头)等相关生产设备进行彻底消毒灭菌;③使用自动灌装设备灌装,校准灌装生产线混合系统;④根据技术标准检验成品汽水各项指标。

(三)产品效果评价

对比添加和不添加食品添加剂对果汁汽水质量的影响,将结果填入表11-24。

表 11-24　　　　　　　　　使用食品添加剂对果汁汽水质量的效果评价

食品添加剂	着色剂		香精		酸度调节剂		甜味剂	
评价指标	汽水色泽		汽水的果香味		汽水酸味及风味		汽水的甜度	
用量/%	添加	未添加	添加	未添加	添加	未添加	添加	未添加
评价结果								

二　果蔬汁饮料中食品添加剂的综合选用

(一)资料收集

《果蔬汁类及其饮料》(GB/T 31121—2014)将果蔬汁(浆)类饮料分成6种:果蔬汁饮料、果肉(浆)饮料、复合果蔬汁饮料、果蔬汁饮料浓浆、发酵果蔬汁饮料、水果饮料。

果蔬汁(浆)类饮料添加的食品添加剂种类、品种及主要作用见表11-25。

表 11-25　　　　　果蔬汁(浆)类饮料常用食品添加剂种类、品种及主要作用

序号	种类	品种	主要作用
1	酸度调节剂	柠檬酸、柠檬酸钠、L-苹果酸等	增加酸味,调节pH,改善其风味
2	着色剂	赤藓红、黑豆红、β-胡萝卜素、焦糖色、日落黄、柠檬黄等	改善制品色泽
3	甜味剂	安赛蜜、甜蜜素、阿斯巴甜等	增加甜味,调节风味
4	食品用香精	果香型香精	提供果香味
5	防腐剂	山梨酸钾	防腐、延长保质期
6	稳定剂	果胶、黄原胶、海藻酸丙二醇酯、卡拉胶	使饮料流动性好、不黏,喝起来自然流畅

(二)果蔬汁饮料生产及添加剂综合使用

本环节以果蔬汁饮料为例评价果蔬汁饮料生产中食品添加剂的应用及其对产品品质的影响。

1. 基本配方

草莓汁4.5%,苹果汁4.5%,胡萝卜汁6%,番茄汁5%,白砂糖5%,柠檬酸0.15%,山梨酸钾0.05%,苹果香精0.06%,草莓香精0.05%,甜蜜素0.05%,焦糖色素0.000 5%,果胶0.03%,黄原胶0.085%,海藻酸丙二醇酯0.085%,用水定容至1 000 mL。

2. 果蔬汁饮料生产工艺流程

```
                          果蔬汁+柠檬酸+水   色素、香精
                                  ↓
山梨酸钾、稳定剂、白砂糖→溶解→混合→酸化→定容→调和→均质→真空脱气→灌装
                                  ↑                                          ↓
           甜蜜素+白砂糖→溶解→过滤                           成品←冷却←杀菌
```

3. 操作要点

(1)溶胶。将山梨酸钾、稳定剂与少量白砂糖干混合，在不断搅拌下撒入 250 mL、80 ℃ 的纯净水中，然后加热到 90~95 ℃，搅拌 2~3 min。

(2)溶糖。将甜蜜素与白砂糖加入 200 mL、90 ℃ 纯净水中，煮沸 5 min，搅拌均匀后，使用 300 目滤布过滤，备用。

(3)混合。将溶解好的糖液与胶液混合均匀备用。

(4)酸化、定容及调和。将柠檬酸、果蔬汁用大约 150 mL、60 ℃ 的纯净水溶解，然后将稀释后的溶液缓慢加入料液，搅拌均匀，此时料液应为透明液体。加入 60 ℃ 纯净水，定容至 1 000 mL，调色调香后进行均质。

(5)均质。将调配好的复合汁饮料加热到 50 ℃ 左右，在 15 MPa 的工作压力下均质 4~5 min，使果肉颗粒微粒化，并且使稳定剂等配料均匀地分散在饮料中，起到良好的稳定效果。

(6)真空脱气。在常温下脱气，脱气真空度为 0.09 MPa，脱气时间为 10~15 min，目的是排除饮料中的氧气，防止对氧敏感的营养物质被氧化分解。

(7)灌装、杀菌、冷却。脱气后的果汁要及时灌装，在温度 90 ℃±5 ℃ 下杀菌 12~15 min 后冷藏。

(三)产品效果评价

对比添加和不添加食品添加剂对果蔬汁饮料质量的影响，将结果填入表 11-26。

表 11-26　　　　使用食品添加剂对果蔬汁饮料质量影响的效果评价

食品添加剂	山梨酸钾		稳定剂		甜蜜素		柠檬酸		香精、着色剂	
评价指标	保质期长短		饮料稳定性、组织状态		饮料甜度		饮料酸味及口味		饮料果香味大小、色泽	
用量	添加	未添加	添加	未添加	添加	未添加	添加	未添加	添加	未添加
评价结果										

三　乳饮料中食品添加剂的综合选用

(一)资料收集

乳饮料中添加的食品添加剂种类、品种及主要作用见表 11-27。

表 11-27　　　　乳饮料常用食品添加剂种类、品种及主要作用

序号	种类	品种	主要作用
1	酸度调节剂	柠檬酸、柠檬酸钠、乳酸等	增加酸味，调节 pH，改善风味
2	着色剂	胭脂红等	赋予和改善饮料色泽
3	甜味剂	安赛蜜、甜蜜素、纽甜、阿斯巴甜等	增加甜味，调节风味

续表

序号	种类	品种	主要作用
4	食品用香精	果香型香精	提供果香味
5	防腐剂	山梨酸钾等	防腐、延长保质期
6	乳化剂	酪蛋白酸钠、单,双甘油脂肪酸酯、硬脂酰乳酸钠、蔗糖脂肪酸酯等	促进乳液稳定
7	增稠剂	微晶纤维素、羧甲基纤维素钠等	增加饮料黏度
8	稳定剂	果胶、黄原胶、卡拉胶、瓜尔胶等	提高乳酸菌饮料中脂类物质的亲水性,阻止脂肪球聚集上浮;提高产品稳定性
9	乳酸菌(非食品添加剂)	保加利亚乳杆菌、嗜热链球菌、植物乳杆菌等	促进牛乳发酵,产生乳酸

(二)乳酸菌饮料生产及添加剂综合使用

本环节以褐色乳酸菌饮料为例评价乳酸菌饮料生产中食品添加剂的应用及其对产品品质的影响。

1. 基本配方

酸乳 30%~45%,苹果酸 0.1%,蔗糖 9%,香精 0.15%,稳定剂:羧甲基纤维素添加量 0.10%,海藻酸丙二醇酯添加量 0.05%,果胶添加量 0.15%,用水定容至 100%。

2. 乳酸菌饮料生产工艺流程

脱脂乳、葡萄糖→溶解→杀菌→冷却接种→恒温培养至凝乳→后熟→破乳
　　　　　　　　　　　　　　　　　　　　　　　　　　　　　　　　↓
　　　　　　　　冷藏←灌装←均质←调香←调酸←混合
　　　　　　　　　　　　　　　　　　　　　　　　↑
　　　　　　　　稳定剂、甜味剂等辅料→溶解→杀菌→冷却

3. 操作要点

(1)原料乳。原料要选用优质脱脂乳或复原乳。

(2)杀菌与冷却。杀菌温度一般控制在 115 ℃,保持 15 min,然后冷却至 40~43 ℃。脱脂乳和葡萄糖配成乳液后要进行杀菌热处理,这不仅可以杀灭乳中的致病菌和有害微生物,同时可以使乳中蛋白质变性,增加蛋白质的持水能力,改善发酵乳的硬度、黏度。热处理还可以有效改善培养基质,形成乳酸菌生长促进物质。另外,加热处理可发生美拉德反应,形成褐色乳饮料的色泽和特殊风味,且杀菌强度越大,美拉德反应越充分,生成的风味物质越多。

(3)接种发酵。制作乳酸菌饮料常使用的发酵剂为嗜热链球菌和保加利亚乳杆菌,比例为 1:1 或 2:1,发酵温度为 42~43 ℃,接种量为 2%~3%。发酵时间:一般要求直投式菌种发酵时间在 3.5~6 h,继代式菌种的发酵时间稍短,一般在 2.5~4 h。

(4)冷却、调配。发酵过程结束后进行冷却和破碎凝乳,边碎乳,边混入已杀菌的稳定剂、糖液等混合料,再加入果汁、酸度调节剂,最后加入香精。

（5）均质。可增强稳定剂的稳定效果，用胶体磨或均质机进行。均质压力为20~25 MPa，温度为53 ℃左右。

（6）杀菌。采用灌装前95~108 ℃、30 s，或110 ℃、4 s杀菌，或灌装后95~98 ℃、20~30 min杀菌，然后冷却。活性乳酸菌饮料不需要后杀菌。

（三）产品效果评价

对比乳酸菌饮料中不同添加剂的使用效果，将评价结果填入表11-28。

表11-28　　　　　使用食品添加剂对乳酸菌饮料质量影响的效果评价

食品添加剂	稳定剂		甜蜜素		苹果酸		香精	
评价指标	乳酸菌饮料稳定性、组织状态		饮料甜度		饮料酸味及口味		饮料果香味大小、色泽	
用量	添加	未添加	添加	未添加	添加	未添加	添加	未添加
评价结果								

四　功能性饮料中食品添加剂的综合选用

（一）资料收集

功能性饮料兴起于西方，21世纪之前，功能性饮料在我国发展缓慢。进入21世纪后，我国功能性饮料行业发展迅速。

不同种类的功能性饮料所使用的添加剂有很大的不同，以红牛饮料为例，其添加的食品添加剂种类、品种及主要作用见表11-29。

表11-29　　　　　红牛饮料常用食品添加剂种类、品种及主要作用

序号	种类	品种	主要作用
1	营养强化剂	牛磺酸	加速糖酵解；增强心肌收缩力；增加血液输出，防止心肌损伤；可增加运动能力，改善内分泌状态，增强人体免疫
		赖氨酸	调节人体代谢平衡；提高钙的吸收积累，加速骨骼生长；促进生长发育，增加食欲，减少疾病和增强体质
		咖啡因	作用于中枢神经，使思维敏捷清晰；减少疲劳，促进代谢；刺激肝释放肝糖原以增加体内能量；促使血液中肾上腺素增加，加快心率，增加血流量，保证能量不断得到补充
		肌醇	促进体内产生卵磷脂，降低胆固醇，有助于去除肝中脂肪，帮助体内脂肪再分配；预防动脉硬化
		烟酰胺	参与能量代谢、组织呼吸的氧化过程和糖原分解的过程；参与蛋白质、脂肪和DNA的合成
		维生素B_6	参与酶类代谢，催化肌肉与肝中的糖原转化；在氨基酸代谢中起重要作用；有助于脑和其他组织中的能量转化
		维生素B_{12}	在体内转化为各种辅酶参与糖类、脂肪和蛋白质的代谢；促进红细胞的形成；维护神经系统的正常功能

续表

序号	种类	品种	主要作用
2	酸度调节剂	柠檬酸、柠檬酸钠	调节酸度、增加酸味
3	着色剂	柠檬黄、胭脂红	改善色泽
4	防腐剂	苯甲酸钠	抑菌,延长保质期

(二)功能性饮料生产及添加剂综合使用

运动饮料作为功能性饮料体系中的一种,是指针对运动或体力活动人群而研制的能及时补充机体水分、电解质和能量的一种饮料,它是继碳酸饮料、果蔬汁及茶饮料之后的新一代热点饮品。本环节以运动饮料为例评价功能性饮料生产中食品添加剂的应用及其对产品品质的影响。

1. 基本配方

乳清蛋白3.0%,混合甜味剂(蔗糖和低聚糖为1∶1.5)3%,混合酸度调节剂(柠檬酸和苹果酸为1∶1)1.5%,食盐1.2%,维生素C 2.5%。

2. 生产工艺流程

乳清蛋白液与辅料混合均匀 → 调节pH → 均质、脱气 → 灌装、杀菌 → 冷却 → 成品

3. 操作要点

(1)投料顺序。先将酸性乳清蛋白完全润湿,加适量水高速搅拌使其充分溶解后,再加入事先混合均匀的辅料混合物。

(2)调节pH。为保证乳清蛋白运动饮料的澄清度,应该将饮料的pH严格控制在3.3以下。

(3)均质、脱气。采用25 MPa的压力对饮料进行均质处理,并在0.09 MPa的真空度下进行脱气。均质是为了保证饮料的澄清度和细腻度,防止灭菌后饮料分层或产生沉淀;脱气是为了防止饮料氧化变色。

(4)灌装、杀菌。乳清蛋白质是热敏性蛋白质,杀菌温度太高将会导致乳清蛋白饮料产生絮状沉淀,因此饮料灌装后应采用较高的巴氏短时灭菌,灭菌温度为95 ℃,保持1 min。

(三)产品效果评价

对比运动饮料中不同添加剂的使用效果,将评价结果填入表11-30。

表11-30　　　　使用食品添加剂对运动饮料质量影响的效果评价

食品添加剂	甜味剂		酸度调节剂		苯甲酸钠	
评价指标	饮料甜度与甜酸比		饮料酸度与甜酸比		饮料保质期长短	
用量/%	1	3.5	1	3	0	0.1
评价结果						

操作与体验

技能一　食品添加剂在月饼制作中的综合使用

▶ 目的与要求

掌握食品添加剂在月饼制作中的使用方法，能够根据月饼的焙烤效果正确调整食品添加剂的添加量。

▶ 仪器与材料

实验仪器：烤箱，月饼模具。

实验材料：精面粉，白砂糖，食用植物油，枧水，柠檬酸，吉士粉，丙酸钙，红豆沙。

▶ 方法与步骤

一、基本配方

糖浆熬制过程所用基本配方：白砂糖 2 500 g，水 1 500 g，柠檬酸 25 g。

月饼皮料配方：枧水 30 g，精面粉 1 000 g，食用植物油 200 g，糖浆 650 g，吉士粉 60 g，丙酸钙 3 g；皮馅比例为 1∶3。

二、工艺流程

　　　　　　　　　　　　面粉、食用植物油、枧水　　　制馅
　　　　　　　　　　　　　　　↓　　　　　　　　　↓
白砂糖、水、柠檬酸搅拌→煮沸→调节 pH→糖浆→和面→制皮→包馅→压模→成形→烘烤→刷蛋液→烘烤→冷却→检验

三、操作方法

1. 糖浆熬制。准确称取 2 500 g 糖，加入 1 500 g 水，置于铝锅中熬制，沸腾后加入柠檬酸 25 g，保持 115 ℃，熬制时间 25 min。

2. 馅料制备。在红豆沙馅中加入 0.1% 的山梨酸钾，拌匀。

3. 调制面皮。将植物油、糖浆和枧水混合均匀，加入丙酸钙溶解，充分搅拌至乳化。加入过筛后的面粉和吉士粉，拌匀，松弛 2~3 h。

4. 饼皮制作。将和好的面团分割称重，用手掌按扁。

5. 分馅。将准备好的馅料分摘称重，搓成圆球状。

6. 包馅成形。将馅料放于饼皮上，收口包馅。收口朝外放入月饼模具，用手掌按扁、脱模、摆盘。

7. 烘烤。控制面火（180~230 ℃）、底火（180~200 ℃），烘烤 3~5 min，取出刷蛋液，继续烘烤至表面金黄。

8. 回软。冷却后包装，室温下放置 2~3 d 至月饼回软。

四、月饼制作过程中常见问题及原因分析

1. 月饼发生泻脚

原因分析:(1)转化糖浆的浓度过高或用量过多;(2)转化糖浆酸性过大(柠檬酸过量)。

2. 月饼表面横向开裂

原因分析:(1)饼皮中枧水等膨松剂过量;(2)转化糖浆浓度太低。

3. 饼皮颜色太深

原因分析:(1)饼皮中枧水等膨松剂过量;(2)转化糖浆转化度过高。

4. 月饼白腰、饼面颜色浅

原因分析:(1)饼皮中枧水浓度太低;(2)转化糖浆浓度太低或用量不足。

5. 月饼收腰

原因分析:(1)饼皮中枧水浓度太高或配方中枧水比例太高;(2)转化糖浆浓度太低。

6. 饼面有斑点

原因分析:糖浆、枧水没有混合均匀。

7. 月饼回软慢或不回软

原因分析:(1)转化糖浆酸度不够或转化度不够;(2)转化糖浆浓度太低或用量不足。

8. 月饼回油慢或不回油

原因分析:(1)转化糖浆浓度过高或过低;(2)转化糖浆转化度不够;(3)饼皮油脂、转化糖浆、枧水比例不当,饼皮酸碱失调。

效果与评价

一、效果

1. 经过本次实训,掌握广式月饼的制作方法,提高对月饼制作过程中食品添加剂作用的认识。

2. 经过本次实训,能够分析和解决月饼制作过程中的问题,提高处理实际问题的能力。

二、评价

1. 实训态度。实训前积极参与准备工作,实训过程中遵守实训纪律,实训结束后认真撰写实训报告。

2. 实训过程。操作熟练,包馅、烘烤、刷蛋液等步骤操作规范,能够理论联系实际分析月饼制作过程中出现的问题,并加以解决。

3. 实训结果。制作的月饼大小均匀、皮薄松软、造型美观、图案精致、花纹清晰。

技能二　食品添加剂在番茄酱制作中的综合使用

目的与要求

掌握番茄酱的制作方法,能够根据产品需要正确添加食品添加剂;对番茄酱加工中出现的问题能够分析其原因,并加以解决。

仪器与材料

实验仪器：组织捣碎机，手持糖度仪。

实验材料：番茄，柠檬酸，苯甲酸钠，山梨酸钾，番茄香精，蔗糖，食盐，磷酸酯变性淀粉。

方法与步骤

一、基本配方

番茄原浆 2 000 g，淀粉 60 g，蔗糖 200 g，食盐 30 g，蒸馏水 100 g，番茄香精和柠檬酸适量，苯甲酸钠 1 g，山梨酸钾 1 g。

二、工艺流程

挑选新鲜成熟的番茄→洗涤热烫→破碎打浆→混合→蒸煮浓缩→杀菌→装罐→冷却

三、操作方法

1. 原料选择。选择成熟度刚好、新鲜无损坏的番茄。成熟得太过的番茄，其果胶的含量会减少，影响番茄酱成品的凝胶性；没有成熟的果实则口感不好。

2. 洗涤热烫。倒入自来水，洗去番茄表面的脏泥、农药残留等。然后对番茄进行热烫处理，这么做的目的主要是抑制果胶酶的活性，防止番茄酱出现固液分层；软化果肉，使打浆更容易进行，能够减少打浆时果浆的损失，提高成品的黏度；果实组织间隙以及浆汁中不会出现大量气体，不会使维生素被破坏，避免在加热浓缩过程中有气泡出现。

3. 破碎打浆。将番茄去皮、去籽适度破碎后，用组织捣碎机将果肉打成浆。

4. 蒸煮浓缩。在蒸煮浓缩开始阶段，先加入一定量的蔗糖和食盐，再将配好的淀粉乳倒入。蒸煮过程中，温度不宜过高，用铁勺在锅内不断搅动，防止局部温度过高导致糊底。番茄酱需要蒸煮浓缩近六倍，蒸发掉大部分水分，浓缩时间约 30 min。

淀粉乳的制备：先取一定量所需淀粉，放在烧杯中，再加入适量的蒸馏水，用玻璃棒不断搅匀，获得一定浓度的淀粉乳。

5. 终点判断。在番茄原浆浓缩快达到终点时，用手持糖度仪测量番茄酱的可溶性固形物含量，达到 22%~24% 即停止加热。

6. 装罐密封。加热结束后，向番茄酱中加入番茄香精、苯甲酸钠和山梨酸钾，再加入适量 10% 柠檬酸溶液，调节其 pH，使其达到国标中番茄酱规定值，再装进罐中密封起来，最后在 100 ℃沸水中加热灭菌 20 min，然后冷却到室温，放入冰箱中保存待用。

四、番茄酱制作过程中常见问题及原因分析

1. 在长时间贮存中，番茄酱发生固液分离

原因分析：使用的稳定剂和增稠剂不合适或使用方法不对。

2. 番茄酱色泽发暗、发黄、色差值低

原因分析：(1)加工过程中番茄红素经过长时间受热导致色差降低。另外，酶促褐变、非酶褐变、焦糖化褐变与维生素 C 褐变都会随受热时间的延长而加深，使色差降低，使酱体发暗变黑；(2)在灌装过程中，灌装室蒸汽压力大，一部分蒸汽进入无菌袋，致使番茄酱表面被氧化；(3)原料成熟度低，青黄果数量大。

3.番茄酱感官中黑色、褐色、白色斑点多

原因分析：(1)原料果中病虫果、青黄果、霉烂果过多，机器采收番茄带入了泥土、番茄叶，无计划地集中装车、运输中原料挤压、霉烂和杂质的混入造成番茄酱中黑褐点多；(2)在原料破碎、蒸发工序及杀菌工序中，由于番茄酱受热产生美拉德反应，致使番茄酱颜色变暗，同时番茄酱受热温度过高，物料结块焦糊；(3)破碎时将成熟度低的番茄籽破碎，打浆分离过程中，破碎的番茄皮、番茄籽混入产品。

4.黏度不达标

原因分析：(1)果胶酶对成熟番茄的作用很慢，但对破碎受伤番茄的作用迅速。物料预热温度不够高，造成钝化酶的效果不佳，致使黏性果胶物质在弱酸性受热环境中可继续降解而失去黏性；(2)原料的成熟度控制不好，原料过于成熟或青黄果含量高都不利于黏度控制，设备故障，番茄或番茄酱反复加热，导致番茄酱呈弱酸性、果胶分解，反复高压输送，会使酱体中的纤维素变短，从而使黏性降低。

5.霉菌超标

原因分析：(1)原料霉烂；(2)生产工序中霉菌繁殖，冲洗次数少，特别是遇到设备故障时，番茄长时间浸泡在水中，霉菌繁殖，此外番茄破碎器中存在死角，产生霉菌。

效果与评价

一、效果

1.经过本次实训，掌握番茄酱的制作工艺，学会在番茄酱制作过程中正确使用食品添加剂。

2.经过本次实训，能够正确判断导致番茄酱质量问题出现的原因，并加以解决。

二、评价

1.实训态度。实训前积极参与准备工作，实训过程中遵守实训纪律，实训结束后认真撰写实训报告。

2.实训过程。操作规范，能够及时发现番茄酱制作过程中出现的问题，正确判断原因，并采取措施予以解决。

3.实训结果。制作的番茄酱色泽鲜红，酱体均匀细腻，黏稠适度，具有番茄的特有风味。

技能三　食品添加剂在香肠制作中的综合使用

目的与要求

掌握发酵香肠的制作方法，学会在香肠加工中对食品添加剂进行综合选择和使用，对添加剂的使用效果能够正确评价，对香肠制作过程中出现的问题能够及时发现并加以解决。

仪器与材料

实验仪器：绞肉机，灌肠机，熏蒸炉，恒温培养箱，高压灭菌锅。

实验材料：原料肉（新鲜猪肉），肠衣（猪小肠），食盐，玉米淀粉，大豆蛋白，味素，桂皮粉，白胡椒粉，大蒜，卡拉胶，白糖，红曲，亚硝酸钠，发酵剂。

方法与步骤

一、基本配方

猪肉（肥瘦比为1∶4）100 kg，食盐4 kg，大豆蛋白1.5 kg，桂皮粉0.15 kg，白胡椒粉0.2 kg，味素0.5 kg，大蒜5 kg，卡拉胶0.1 kg，白糖1 kg，亚硝酸钠0.01 kg，红曲0.14 kg，发酵剂（植物乳杆菌和啤酒酵母菌）10^7 CFU/g。

二、工艺流程

原料肉→清洗→绞肉→添加辅料→接种发酵剂→斩拌→摔打→灌肠→恒温发酵培养→蒸煮→烘烤→成品→测定指标

三、操作方法

1. 原料肉的处理。选取新鲜的猪肉，去除筋膜，将肥肉与瘦肉分开。

2. 清洗。将其切成小块的肥肉和瘦肉，分别用温水清洗，沥干。

3. 绞肉。将肥肉与瘦肉分开绞碎，将瘦肉打成肉糜，将肥肉切成边长约3 cm的方丁，放入冰箱冷却至4 ℃以保证肉馅的制备效果。

4. 斩拌。按实验要求称取一定比例绞碎后的肥瘦肉，搅拌到一起并摔打。

5. 接种。按照比例接种一定量的植物乳杆菌和啤酒酵母菌（发酵剂比例为2∶1，发酵剂添加1%），搅拌均匀。

6. 灌肠。用清水将肠衣表面的食盐清洗干净，置于温水中浸泡，换水数次以保证肠衣内外食盐已彻底洗净，也可润滑肠衣内壁，有助于灌肠。将处理好的肠衣套在灌肠器漏斗上，在最前端用细绳系口，开始往肠衣中灌馅。灌肠要求肠体紧密饱满，避免产生气泡，如有气泡产生，要用牙签刺破肠衣将气体排出，避免影响发酵香肠的感官品质及货架期。

7. 恒温发酵培养。在恒温培养箱中，根据发酵剂最适宜的温度发酵一定时间（发酵温度为31 ℃，发酵时间47 h）。如果在发酵过程中，由于发酵条件不当，肠体表面受到微生物污染，可采用浓度10%以上的盐水清洗。

8. 蒸煮。中心温度70 ℃保持30 min。

9. 烘烤。中心温度70 ℃烘烤2 h。

四、香肠制作过程中的常见问题及原因分析

1. 出油现象或形成脂肪包

原因分析：(1)斩拌过度；(2)瘦肉量少，盐溶性蛋白质溶出不足；(3)蒸煮温度过高，时间过长。

2. 腐败变质现象

原因分析：(1)原料肉不新鲜，或加工环境、加工过程中受到污染；(2)杀菌、包装、贮藏不合理。

3. 色泽过于鲜红或过暗

原因分析：(1)香肠色泽过于鲜红，是由于腌制时加入了发色剂亚硝酸盐；(2)色暗，主要是原料肉的不合格造成的，即一方面，原料肉不是鲜嫩的前后腿肌肉，而选用了粗老的小腿肌肉或老母猪肌肉或兔肉、牛肉等；另一方面，原料肉腐败变质。

4. 外表起破皮

原因分析：烘烤火力大、温度高或者肠子下端离火堆太近，都会使肠子下端起硬皮，严重时会起壳，造成肠馅分离（撕掉起壳的肠衣后可见肉馅已被烤成黄色）。

5. 肠身松软无弹力

原因分析：(1)原料在预冷腌制的过程中，被细菌污染而变质，灌肠的局部以至全部会产气、发渣；(2)原料肉未煮熟煮透，这种肠不仅肠身松软无弹力，在气温高时还会产酸、产气、胀袋，不能食用；(3)肌肉中的蛋白质凝聚得不好，也就是某种因素影响了馅的乳化性能。

6. 切面气孔多

原因分析：肠馅中混进了空气。空气中的氧使得一氧化氮肌红蛋白氧化褪色。因此，灌肠时最好使用真空拌和机和真空灌肠机。

7. 切面不坚实，不湿润

原因分析：(1)肠身松软无弹力；(2)加水不足，制品少汁，质粗；(3)绞肉机刀面装得过紧、过松、不平以及刀刃不锋利等，都会引起机械发热而使绞肉受热，影响品质；(4)脂肪绞碎过细，热处理易于融化，影响切面。

效果与评价

一、效果

1. 经过本次实训，掌握在香肠加工中对食品添加剂的综合选择和使用，提高对食品添加剂功能的认识。

2. 经过本次实训，显著提高学生在肉制品加工中分析和解决实际问题的能力。

二、评价

1. 实训态度。实训前积极参与准备工作，实训过程中遵守实训纪律，实训结束后认真撰写实训报告。

2. 实训过程。操作规范，注意观察，对出现的问题正确判断，及时处理。

3. 实训结果。制作的香肠表面及瘦肉呈玫瑰红色，肥肉透明，切面有光泽；肠衣紧贴肉馅，切面紧实整齐，肥瘦相间，结合紧密，香肠有弹性；香肠肉馅紧实，表面和内部均干燥；具有发酵香肠特有的气味，香味浓郁，口感良好。

技能四　食品添加剂在橙汁饮料制作中的综合使用

目的与要求

掌握橙汁饮料的制作方法，能够根据产品需要正确添加食品添加剂；对橙汁饮料加工中出现的问题能够分析其原因，并加以解决。

仪器与材料

实验仪器：榨汁机，搅拌机，旋转蒸发仪。

实验材料：橙子，白砂糖，柠檬酸，维生素C，山梨酸钾，复合稳定剂。

方法与步骤

一、基本配方

橙汁43%，橙皮浆液4.0%，白砂糖5%，柠檬酸0.05%，维生素C 0.04%，山梨酸钾0.02%，复合稳定剂：羧甲基纤维素钠0.09%，果胶0.06%，黄原胶0.05%。

二、工艺流程

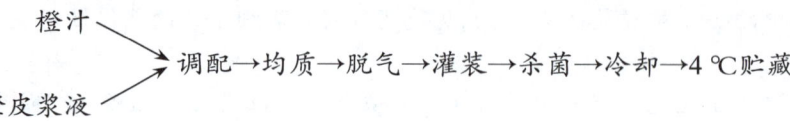

三、操作方法

1. 橙汁的制备。挑选新鲜无腐烂、色彩鲜艳的橙子，先用0.1% $KMnO_4$ 溶液清洗消毒，再用水清洗干净。去皮，内果横切成两半，用榨汁机榨出橙汁，用两层干净纱布过滤后盛于烧杯中，备用。

2. 橙皮浆液的制备。取新鲜橙皮外果皮，切碎，成为边长约5 mm的方丁，用乙醇浸泡10 min以除去难闻气味和苦味，然后用清水浸泡5 min。用榨汁机榨出橙皮汁液，用两层干净纱布过滤后盛于烧杯中，备用。

3. 混合调配。将橙汁、橙皮浆液、白砂糖、柠檬酸、维生素C、山梨酸钾按照一定的比例调配，在白砂糖、柠檬酸溶解后过滤。

4. 均质。将调配好的混合果汁用滤布过滤，采用搅拌机均质。均质压力为20 MPa，温度为50 ℃，均质时间为4 min，均质2次。

5. 脱气。采用旋转蒸发仪对橙汁进行脱气，防止氧化反应。温度为85 ℃，脱气时间为5 min。

6. 杀菌、冷却。常压灭菌，温度为91 ℃、时间为10 min。

四、橙汁饮料制作过程中常见问题及原因分析

1. 悬浮剂的酸热降解。

原因分析：(1)配料中加酸时间过早，贮料桶容量过大，热料在贮料桶内贮存时间过长；(2)稳定剂选择不合理。

2. 饮料胀气

原因分析：(1)原料污染；(2)生产过程中的污染；(3)产品杀菌不彻底；(4)防腐剂使用不当。

3. 析水现象

原因分析：(1)生产过程中的边冷却边摇动破坏了胶体凝胶的持水状态，形成不完全凝胶，析出部分自由水；(2)饮料形成凝胶后受到较强烈的机械振荡。

4. 饮料口味、色泽异常

原因分析：(1)调配料液发生微生物变化；(2)调配间称量错误或称量不全、定容或糖度检测不准确；(3)原辅料不合格或使用错误；(4)杀菌温度过高或出料温度过高。

效果与评价

一、效果

1. 经过本次实训，掌握橙汁饮料加工方法，并能够正确选择和使用食品添加剂。

2. 经过本次实训，学生在饮料制作中具有分析和解决实际问题的能力，并能够在工作中展现出来。

二、评价

1. 实训态度。实训前积极参与准备工作，实训过程中遵守实训纪律，实训结束后认真撰写实训报告。

2. 实训过程。操作规范，注意观察，对出现的问题正确判断，及时处理。

3. 实训结果。制作的饮料具有很浓的橙子香气及滋味；色泽橙黄色；液状均匀，无果肉沉淀；无可见外来杂质。

拓展与提升

复配食品添加剂

一、什么是复配食品添加剂？

根据《食品安全国家标准 复配食品添加剂通则》（GB 26687—2011），复配食品添加剂是为了改善食品品质、便于食品加工，将两种或两种以上单一品种的食品添加剂，添加或不添加辅料，经物理方法混匀而成的食品添加剂。

复配食品添加剂主要包括复配营养强化剂、复配防腐保鲜剂、复配抗氧化剂、复配香料、复配增稠剂、复配凝胶剂、复配乳化剂、复配甜味剂、复配酸度调节剂、复配膨松剂、复配凝固剂、复配品质改良剂、复配护色剂及复配消泡剂等。

二、复配食品添加剂的优点

复配食品添加剂比普通食品添加剂具有更明显的优势，在短短的十几年得到迅猛发展，从最早的几个应用品种发展到当今的上百个品种。复配食品添加剂的优点主要表现在：(1)使各种单一食品添加剂的作用得以互补，从而使复配产品更经济、更有效；(2)使各种食品添加剂的效力得以协同增加，从而降低其用量和成本；(3)减少单一食品添加剂用量，从而减少其副作用，使安全性得以提高；(4)使食品添加剂的风味得以互相掩蔽、优化和加强，改善食品的口感；(5)使食品添加剂的性能得以改善，提高食品加工工艺性能；(6)可以方便采购、运输、贮存和使用；(7)可以大大缩短食品企业新产品开发的周期，降低研发费用；(8)复配食品添加剂的专一性与多功能性；(9)满足个性化需求；(10)简单易用。

三、复配食品添加剂的执行标准

复配食品添加剂的执行标准为《食品安全国家标准 复配食品添加剂通则》（GB 26687—2011）；复配膨松剂也属于复配食品添加剂，但另外执行《食品安全国家标准 食品添加剂 复配膨松剂》（GB 1886.245—2016），而对于采用诸如混合、配合等类似于复配食品添加剂工艺生产的食品用香精和胶基糖果中基础剂物质，则是由单独的专用产品标准来管理，并不适用于《食品安全国家标准 复配食品添加剂通则》（GB 26687—2011）标准，因此不属于复配食品添加剂范畴。

复配食品添加剂的配方组成基于《食品安全国家标准 食品添加剂使用标准》（GB 2760—2024）的规定，复配后的产品在指导说明的使用量及适用范围下任何一个配方食品添加剂都不应出现超量、超范围的情况。

四、国家标准对复配食品添加剂的基本要求

《食品安全国家标准 复配食品添加剂通则》(GB 26687—2011)对复配食品添加剂的基本要求如下：

1. 复配食品添加剂不应对人体产生任何健康危害。
2. 复配食品添加剂在达到预期的效果下，应尽可能降低在食品中的用量。
3. 用于生产复配食品添加剂的各种食品添加剂，应符合 GB 2760—2024 和国家相关部门发布的公告的规定，具有共同的使用范围。
4. 用于生产复配食品添加剂的各种食品添加剂和辅料，其质量规格应符合相应的食品安全国家标准或相关标准。
5. 复配食品添加剂在生产过程中不应发生化学反应，不应产生新的化合物。
6. 复配食品添加剂的生产企业应按照国家标准和相关标准组织生产，制定复配食品添加剂的生产管理制度，明确规定各种食品添加剂的含量和检验方法。

五、复配食品添加剂的命名

复配食品添加剂常以其在终端食品中发挥的全部功能或者主要功能命名，即"复配"+"GB 2760—2024 中食品添加剂功能类别名称"，也可以在命名中增加终端食品类别名称，即"复配"+"食品类别"+"GB 2760—2024 中食品添加剂功能类别名称"，例如：复配增稠剂、复配增稠乳化剂、复配肉制品水分保持剂等。一般情况下，企业会对复配食品添加剂冠以商品名称，但应当同时按照国家标准要求规范标示名称。但也有例外情况，复配膨松剂在国家标准中也明确规定了几个商品名称，如：泡打粉、发泡粉、发酵粉，因此这些也属于标准规定的规范名称。

六、复配食品添加剂的发展趋势

中国食品添加剂生产应用工业协会二届二次理事会议在《关于复配食品添加剂管理工作的意见》中明确指出："复配食品添加剂是一种符合国际潮流发展方向的生产应用技术。"复配食品添加剂是利用有限的食品添加剂品种，产生数以万计的复配食品添加剂，用以改善食品品质、口感和加工工艺。生产实践表明，很多复配食品添加剂可以产生增效作用或者派生出一些新的效用。研究复配食品添加剂不仅可以降低食品添加剂的用量，进一步改善食品的品质，提高食品的食用安全性，还可以通过研究复配食品添加剂中原单一食品添加剂的品种和加入量，避免由于企业以次充好和偷工减料给下游食品企业带来潜在的食品安全风险。

思考与练习

1. 面包生产中常用哪些食品添加剂？各有什么作用？
2. 果蔬罐头生产中常添加什么作为抗氧化剂？有什么作用？
3. 硝酸钠、亚硝酸钠在成型火腿加工中的主要作用是什么？
4. 腊肠加工中常用哪些食品添加剂？各有什么作用？
5. 熟熏灌肠中，变性淀粉的作用、使用方法及注意事项是什么？
6. 二氧化碳在碳酸饮料中有什么作用？添加方法是什么？
7. 乳酸菌饮料中可以用什么添加剂作为稳定剂？稳定剂有什么作用？其使用方法是什么？
8. 橙汁饮料中常用什么添加剂作为稳定剂？添加时应注意哪些事项？

参考文献

[1] 魏丽君.食品添加剂安全问题及法治策略研究[J].中国调味品,2021,46(09):185-187.

[2] 朱柳枫,欧阳静.食品添加剂在食品中的应用[J].现代食品,2017,4(07):68-70.

[3] 刘钟栋.食品添加剂[M].南京:东南大学出版社,2006.

[4] 郝利平,聂乾忠,陈永泉,等.食品添加剂[M].2版.北京:中国农业大学出版社,2009.

[5] 周璐艳.食品添加剂研究现状与发展趋势研究[J].现代食品,2019(03):20-21.

[6] 何明祥,王良玉,项雷文,等.食品添加剂在食品中使用现状及发展趋势[J].食品安全导刊,2022(04):29-31.

[7] 李小彦,姜晓燕.GB 2760—2014食品添加剂使用标准常见问题浅析[J].现代食品,2020(08):136-137+142.

[8] 刘晓丹.美国、欧盟和日本食品添加剂安全规制及对中国的启示[J].世界农业,2018(04):62-67.

[9] 李少莉.我国食品添加剂监管制度研究[D].烟台大学,2018.

[10] 王常柱,武杰,高晓宇.食品添加剂的历史、现实与未来[J].中国食品添加剂,2014(01):61-67.

[11] 刘润平.食品添加剂的发展及展望[J].农产品加工,2009(08):6-7.

[12] 高燕.国际食品法典委员会(CAC)[J].中国标准化,2016(05):100-104.

[13] 田静.食品添加剂和污染物法典委员会及FAO/WHO食品添加剂联合专家委员会简介[J].中国食品卫生杂志,2006(03):286-288.

[14] 阮春梅.食品添加剂应用技术[M].2版.中国农业出版社,2008.

[15] 高彦祥.食品添加剂[M].北京:中国轻工业出版社,2019.

[16] 杨玉红. 食品添加剂应用技术[M]. 北京:中国质检出版社,2013.

[17] 杨双春,邓昊,潘一. 微生物食品防腐剂的研究与应用现状[J]. 中国食品添加剂,2013(2):186-189.

[18] 江建军. 食品添加剂应用技术[M]. 北京:科学出版社,2011.

[19] 高雪丽. 食品添加剂[M]. 北京:中国科学技术出版社,2013.

[20] 孙宝国. 食品添加剂[M]. 3版. 北京:化学工业出版社,2021.

[21] 彭珊珊,钟瑞敏. 食品添加剂[M]. 北京:中国轻工业出版社,2021.

[22] 孙平,张颖,张津凤,等. 新编食品添加剂应用手册[M]. 北京:化学工业出版社,2017.

[23] Owen R Enema. Food Chemistry(Fourth Edition)[M]. CRC Press Inc,2008.

[24] 卢雪花,成坚,白卫东. 我国食用色素工业的现状及对策[J]. 中国调味品,2010,5(35):35-39.

[25] Ghidouche S, Rey B, Michel M, et al. A rapid tool for the stability assessment of natural food colours[J]. Food Chemistry,2013,139(1-4):978-985.

[26] 胡玉莉,骆骄阳,胡淑荣,等. 天然植物色素在大健康产业中的应用进展[J]. 中国中药杂志,2017,42(3):2433-2438.

[27] 李宏彦,王二梅,邓跃伟. 食品添加剂二氧化硫的质量检测方法研究[J]. 河南科技,2011,07(下):55.

[28] Wang L, Xu L. Cyclic Volumetric determination of free and total sulfide in muscle foods using an oxyacetylene-carbon black-poly(vinyl brutality)modified glassy carbon electrode[J]. Journal of Agricultural and Food Chemistry,2014,62(42):10248-10253.

[29] 于丽萍. 精白甘薯粉丝加工新技术[J]. 新农村,2007,03:27.

[30] 葛建鸿,魏雪涛,肖潇,等. 我国批准使用的食品着色剂理论风险评估[J]. 中国食品卫生杂志,2022,34(01):98-104.

[31] 林兴义. 食品中二氧化硫检测方法存在问题的综述[J]. 工程技术,2017,20:293.

[32] 孙宝国,陈海涛. 食用调香技术[M]. 3版. 北京:化学工业出版社,2017.

[33] 郝利平,聂乾忠,周爱梅,等.食品添加剂[M].4版.北京:中国农业大学出版社,2021.

[34] 孙宝国,曹雁平,李健,等.食品科学研究动态[J].食品科学技术学报,2014,32(2):1-11.

[35] Brenna E,Fuganti C,Gatti F G,et al. Biocatalytic methods for the synthesis of enantioenriched odor active compounds [J]. Chemical Review,2011,111(7):4036-4072.

[36] 孙宝国.肉味香精技术进展[J].食品科学,2004,25(10):339-342.

[37] 王玉娇,邓伟,刘通,等.食品中香精香料分析方法研究进展[J].食品安全质量检测学报,2019,2:400-406.

[38] 黄文,江美都,肖作兵,等.食品添加剂[M].2版.北京:中国质检出版社,2013.

[39] 吴酉芝,邓代君,吴巨贤.食品添加剂[M].北京:中国质检出版社,2018.

[40] 魏明英,翟培.食品添加剂应用技术[M].北京:科学出版社,2020.

[41] 高雪丽.食品添加剂[M].北京:中国科学技术出版社,2013.

[42] 高彦祥.食品添加剂[M].2版.北京:中国轻工业出版社,2017.

[43] 齐艳玲,王凤梅.食品添加剂[M].北京:海洋出版社,2014.

[44] 顾立众,吴君艳.食品添加剂应用技术[M].北京:化学工业出版社,2020.

[45] 食品安全国家标准 食品营养强化剂使用标准:GB 14880—2012[S].北京:中国标准出版社,2012.

[46] 刘彬,赵惠新.维生素C含量测定方法综述及其比较[J].课程教育研究,2018,0(42):178-179.

[47] 唐劲松.食品添加剂应用与检测技术[M].北京:中国轻工业出版社,2012.

[48] 迟玉杰.食品添加剂[M].北京:中国化学工业出版社,2013.

[49] 陈书明、陈玮.复合酶制剂对面包品质的影响[J].山东食品发酵,2014,3:22-26+37.

[50] 荆谷,冯静,孔健,等.微生物金属蛋白酶的研究进展[J].生物工程进展,2002,22(1):61-63+56.

[51] 孙铭,王宁.酶制剂生产方式及应用研究[J].农业科技与装备,2020,5:64-65.

[52] 王璐,汪鸿,韩云堂,等.面包中的油脂与食品添加剂[J].农业机械,2012,5:76-79.

[53] 汪隽波.制作糖水橘子罐头新工艺[J].农产品加工(学刊),2014,6:38-39.

[54] 卢锡纯.苹果酱加工工艺改进及质量提高[J].农业科技与装备,2012,12:60-61.

[55] 许雅楠,池承灯,姚闽娜.四川泡菜的制作工艺及风味形成原理[J].农产品加工(学刊),2014,7:31-32.

[56] 薛志勇.酱鸭的制作[J].肉品卫生,2003,5:41-42.

[57] 苗清霞.火腿午餐肉罐头工艺设计[J].肉类工业,2017,10:1-6+10.

[58] 易雪丽,邱凡雨,袁浩.咸伙计甜橙汽水加工工艺研究[J].现代食品,2019,23:65-68.

[59] 邵士凤,刘洋,提伟钢.褐色乳酸菌饮料加工工艺优化[J].乳业科学与技术,2014,37(3):1-4.

[60] 符桢华.功能性饮料概述[J].现代食品,2019,17:12-14.

[61] 李艳茹.新型体力恢复运动饮料的研制[J].四川体育科学,2013,32(5):42-44.

[62] 丁兆萍.无菌袋装番茄酱质量问题及控制措施[J].食品安全导刊,2020,6:64.

[63] 张娜.低胆固醇发酵香肠的制备及功能性评价[D].黑龙江八一农垦大学,2015.

[64] 周艳蕊.鲜榨橙汁加工新工艺及副产物高值开发[D].合肥工业大学,2020.

[65] 段丽爽,周长民,张君,等.我国复配食品添加剂现状及发展研究[J].农业科技与装备,2017,2:71-73.

[66] 王勇,马超,葛玉全.复配食品添加剂产品合规性浅析[J].中国果菜,2018,10:20-22+30.

[67] 梁轶媛.天然食品添加剂相关技术探讨[J].食品安全导刊,2021,20:174-175.